京大人気講義シリーズ

地球環境学

複眼的な見方と対応力を学ぶ

京都大学地球環境学堂 編

丸善出版

刊行によせて

本書は、京都大学地球環境学堂の若手の教員からなるグループ「京都大学地球環境学研究会」が企画・執筆した『地球環境学のすすめ』（二〇〇四年）、『地球環境学へのアプローチ』（二〇〇八年）に続く第三番目の出版物で、京都大学全学共通科目の講義「地球環境学のすすめ」の内容を中心にまとめている。その執筆にあたっては、従来の若手准教授を中心とした前二回よりも、より広い学堂関係者からの協力を得たことで、今回は、京都大学地球環境学堂（編）として刊行することとなった。

地球環境学堂は二〇〇二年創立の大学院で、経済・法学などの文系から工学・農学など理系分野まで地球環境に関わる種々の研究分野からなる学際的研究・教育の場である。ここには、他の大学院には見られない様々な特徴があるが、その一つが半数以上の教員が五年を目途に交代する流動分野を有する点であり、このため個々の教員の研究進捗だけでなく人材交代で、学問領域・範囲を拡充してきた。「地球環境学のすすめ」から本書「地球環境学——複眼的な見方と対応力を学ぶ」までの三つの書の合計四九章の執筆者は四五名に上るが、これは流動の交代や新任教員の着任が寄与している。常に若い研究者が加わることで、本研究分野の活性化と深化が進展している。なお三回目にあたる今回の出版は、その流動分野が三廻り目となったことにも対応している。

ところで、前書出版以降の最も重大な環境関連事項は東日本大震災で間違いないだろう。本震災は東北地方太平洋沖地震に端を発し、それにより生じた巨大津波、さらに福島第一原子力発電所メルトダウンにより未曾有の災害となった。これは原子力発電所の安全性不備という人為的な要素も含むが、千年に一度の大自然災害が引き金となって生じており、我々現代社会に投げかけた問題や教訓は多くかつ深い。津波のために用意された巨大防潮堤は巨大津波の前にはあっけなく倒壊し、構造物だけによる防災は不可能で、むしろ避難誘導等ソフト対策が重要であることを学ばせた。また日本の原子力発電は過剰安全でチェルノブイリのような問題は起こりえないと多くの日本人が信じていたが、今から思えば何の根拠もなかった。原発の問題は、その後のエネルギー政策や放射能汚染対策を提起し、震災から三年になろうとしているにも拘わらずその方向性が明確とはなっていない。ただし今回の震災から原子力発電のもつ潜在的危険性を十分熟知し、対応することの必要性を多くの人が理解した点は重要である。

ところで、震災による原子力発電の停止に伴い、その代替エネルギーの確保を急ぐあまり、地球温暖化対策が、議論も含めほとんど棚上げ状態となったことは、非常に危惧される。今回の被害は甚大ではあるが、千年に一度のレベルで地球規模では限られた範囲での事象であるのに対し、地球温暖化は地球全体でしかも半世紀後には確実に生じうる環境問題である。このような地球規模への環境問題は、我々個々人が常に自覚し、行政を含め様々なレベルで対応することが必要であり、そのためには実態を理解する様々な知識と視点が必要となる。本書は、「環境問題をどのように捉えるのか」「環境変化とどのようにつきあうか」「自然災害への適応力をどのように高めるか」の観点から、様々な地球環境問題を講述しており、そのためのヒントを与えるものと信じている。本書を読むことで、個別の問題から地球全体の環境を理解する手助けとなることを期待している。

最後に本書の出版にあたり、とりまとめで尽力を頂いた地球環境学堂森晶寿准教授および丸善出版株式会社小林秀一郎さんに感謝と敬意を表して刊行によせる言葉を結びたい。

二〇一四年二月

京都大学地球環境学堂長　藤井滋穂

まえがき――本書のねらいと構成

地球環境学堂・学舎の設立から十年が経ち、それぞれの学問分野を相互に理解することで新たな共同研究に取り組んでいる。また、教員一人一人が視野を広げて研究に学際性を持つなど、地球環境の保全という課題を解決するという目的指向型の研究・教育を進めつつある。本書は、こうした研究・教育の成果を活用しつつ、全学共通科目「地球環境学のすすめ」のテキストとして書き下ろしたものである。

地球上の様々な環境問題を解決するには、環境変化を複眼的に捉え、多様な方策を創りだし社会に受け入れられながら広めていくという創造的総合力が求められる。この点を踏まえて、本書は研究分野ごとのアプローチを超えて、環境問題の捉え方の変更、環境変化への対応策、自然災害への適応力というより統合的な問題解決を指向した構成とした。

第Ⅰ部「環境問題をどのように捉えるか」では、環境変化を問題として捉える方法は一つではないこと、そしてどのような問題として捉えるかが、「解決」策の立案・実施に決定的な影響をおよぼすことを示す。

第1章は、開発事業による移住問題を取り上げる。経済理論上は、受益者から不利益を受ける人に補償を行ってもなお便益を得られれば、開発事業は正当化される。しかし実際には補償は十分には行われず、移住後の生活再建は容易でないことが多い。移住者の生活再建の観点に立って考えた場合の解決策を、ベトナムの事例から考察する。第2章は、リモートセンシングの環境問題への適用可能性を概説した上で、モンゴルの都市拡大と砂漠化問題を取り上げる。リモートセンシングと統計情報を用いて首都ウランバートルの周縁部の拡大状況と植生指数の変化を観測し、それぞれの対策を提案する。

第3章と第4章は、これまでの生産力強化を重視した農林業の慣行や制度を、生物多様性保全や文化的景観の保全の観点から捉える。第3章は、我々の生活を支える自然の恵みを科学的に捉える概念である「生態系サービス」を手がかりに、開発行為や農林漁業生産活動、生態系の保全を考える上での新たな枠組を紹介する。第4章は、事例の検討に基づいて、文化的景観を維持するための社会的経済的な仕組みや精神性の重要性を指摘する。

第5章は、近代化や市場経済が浸透する中で失われつつある風土建築がもつ環境親和性に着目し、伝統木造建築の再建プロジェクトを実施した経験に基づいて、風土建築を地域の人々が継承する要件を考える。

第6章は、エネルギー政策を取り上げ、原子力発電の推進を気候変動政策の中核に据えるというエネルギー・気候変動政策統合に変わる政策統合のあり方を議論する。

第Ⅱ部「環境変化とどのようにつきあうか」では、環境変化による社会へのプラスおよびマイナスの影響にどのように対応していけばよいのかについて考える。

第7章と第8章は、化学物質管理と土壌・地下水汚染の対策を取り上げる。化学物質の多くは、生産力を高め人間の生活を豊かなものにすることを目的に開発されてきた。その半面、化学物質の環境中への放出は、人間の健康に直接、あるいは生態系・土壌・水系等への影響を通じて間接的に悪影響をおよぼしうる。第7章は、規制対象の化学物質の拡大とともに、環境中の挙動を把握するための評価モニタリングも強化されていることを指摘する。第8章では、土が本来有する機能を活用した土壊・地下水汚染対策が、資源・エネルギー・財源を効率的に活用できるものであることを、具体的な事例とともに示す。

第9章と第10章は、衛生管理を取り上げる。第9章は、エコロジカルサニテーションによる問題解決の有効性と課題を、途上国および東日本大震災後の実践例に基づいて考える。第10章は、現在行われている廃棄物の処分・処理・資源循環の方法を紹介した上で、廃棄物処理施設で起こっている事故とその安全対策を述べる。

第11章と第12章は生物的対応を取り上げる。第11章は、遺伝子組換えなど新たな技術の利用も含めて、生物による環境問題解決への期待を論じる。第12章は、生態系を大きく崩してしまうような人為的な環境変化の未然防止に資すると期待されている生物種の環境変化への感知メカニズムと適応を取り上げ、イオンチャネルによる「感知」メカニズムに関して明らかになった知見を示す。

第13章は、社会基盤（インフラ）の老朽化に対して、新たな建設工事ではなく予防的な維持管理で対応するのに不可欠な、土木構造物の健全度評価手法の一つであるヘルスモニタリングを取り上げ、その評価事例と手法の課題を述べた。

こうして示された「解決策」も、社会が受け入れ納得しなければ、効果的に実施することが困難になる。そこでリスクコミュニケーションが重要となるが、的確に焦点を当てたものでなければ、消費者や市民の不安や不信感を解消できない。第14章では、このことをBSE騒動の事例に基づいて示した。

第Ⅲ部「自然災害への適応力をどのように高めるか」では、地震や土砂災害などの自然災害に適応する能力を高めるための方策を、コミュニティの視点に立って考える。

第15章は、伝統的な地域防災・防火を目的とした消防団と地域住民主体による自主防災活動、およびその連携の事例を紹介し、高齢化・過疎化という社会経済状況の変化の中で、地域防災・防火力を高めていくための方策を考える。第16章は、東日本大震災の経験を踏まえて、コミュニティの防災力の強化のためには、従来の公助・共助・自助の概念を超えて、地域内外の幅広い関係者との支援体制が重要との認識が広がりつつあることを指摘する。第17章は、東日本大震災後の各地の防災力強化への取組みを紹介する。

最後にエピローグとして、地球環境学の教育面でのアウトプットである学生への影響を紹介する。地球環境学を学習したことが、卒業後の社会経験の中にどのように活かされているかを、地球環境学舎修士課程二期生への聞き取り結果に基づいて述べる。

本書を一読し、読者のみなさまが、地球環境学に携わる教員や学生が問題解決に向けた研究を進め、卒業生を送り出していることを実感していただければ、また自らも一緒に問題解決のための研究や活動に携わりたいという情熱を持っていただければ、望外の喜びである。

二〇一四年二月

執筆者一同

目次

第Ⅰ部　環境問題をどのように捉えるか

第1章

開発による強制移住*1

——経済成長が引き起こす犠牲とは？

これまで経済成長はその国のすべての市民にとって喜ばしいことだと考えられてきた。国の経済が成長を始めると、それに伴って人々が経済的に成功するチャンスも増え、政府は教育、医療、インフラや社会福祉へ投資することができると——。国連総会が一九八六年に採択した『発展の権利に関する宣言』では、すべての人は「経済的、社会的、文化的および政治的発展に参加し、貢献し、並びにこれを享受する」権利があると明記されている。

ところが現在でも発展途上国では、道路建設、水力発電用ダム建設、都市の再開発や住宅地開発、大規模な農地収奪などによって、住む場所を追われたり、経済的発展から除外されたりと、発展の権利を不当に侵害されている例が数多く存在する。

開発に伴う強制移住

開発によって移住を余儀なくされる人々の数は世界中で増え続けている。二〇世紀の間にダム建設に関連して移住した人の数は四〇〇〇万～八〇〇〇万人に上るとみられている。二〇一一年から二〇二〇年の一〇年間に最大で二億五〇〇〇万人が開発や土地収奪によって、土地を追われるだろうとの予測もある。中でも、中国の三峡ダムは影響が大きく、四〇〇万人近くが直接的、間接的な影響を受け、退去を余儀なくされると言われている。専門家によれば、こうして強制移住させられた人々は、新しい土地で貧困化する傾向にある。社会学者のMichael Cernea（2000）は移住民が直面するとされる八つのリスクを指摘している（①土地の喪失、②職や生活基盤の喪失、③住居の喪失、④経済的、社会的、心理的な疎外、⑤病気や死亡率の増加、⑥食料不足、⑦共同利用財産や資源へのアクセスの喪失、⑧社会的な絆やコミュニティの崩壊）。そしてこれらのリスクは、紛争による難民、自然災害による避難民、気候変動による難民にもあてはまり、二一世紀が進むに連れ、さらに多くの人が強制移住すると言われている。

世界銀行やアジア開発銀行などの多国間機関は一九九〇年代に、非自発的に移住した人々が移住先で貧困化しないためのセーフガード規定を作成した。そこには、まず可能な限り移住という選択肢を避けるべきであること、そして強制移住した場合には暮らしが移住前と同じレベルか、それ以上の水準に保たれるように配慮することなどが記されている。加えて、影響を受ける人々に対するインフラ面での補助（道路、電気、学校、病院等の整備）、手放した住居、土地、その他の財産に対する公正な金銭的賠償、移住後も一定の生活レベルを保つためのトレーニングの実施等を義務づけている。このほかにも開発援助を行う多くの政府系機関や金融機関では、途上国で大規模な開発事業を行う際のガイドラインを独自に作成しており、セーフガード規定をクリアしていない開発事業には投資を行わないことを定めている。

強制移住がもたらす影響

なぜ移住者は強制移住後に貧困化するのか？　それは、住民のほとんどは移住で失う財産に対して何らかの賠償を得て、新しいコミュニティに再定住するものの、それでも彼らには経済的、社会的、そして文化的に著しい損失が起こるからである。彼らが失うものの中には、社会的ネットワークやコミュニティの絆といった経済的価値に置き換えて換算できないものも含まれており、金銭的な賠償だけでは補完されない。また多くの国では、強制移住者への金銭的補償も、実際の市場価値に照らして公正でない場合もあり、支払いが遅れることもある。たとえ彼らが公正な額の賠償金を一度に現金で受け取ったとしても、資産管理の方法について正しい知識をもっていなければ、家具やテレビといった日常生活を満たす物品を一度に買い揃えるなどして使ってしまい、農地等の長期的な生活の安定につながる投資にお金が回らないといった問題も起こる。

農家に対しては普通、元の収穫高に似合った代替地が賠償されることになっている。しかし、こうした代替地は元の農地と比べ、土地が貧弱であったり、面積が狭かったり、住家から遠く離れた土地が代替されるといった問題が生じている。こうしたことから、彼らが一年を通じて安定した食料を確保することが難しくなる。新しいライフスタイルや職業に対する知識やトレーニングが不十分なまま、地方から都市部へ移住し、あるいは河川沿いから内陸部に移住となることも多い。例えば中国の三峡ダムの場合、強制移住した住民の半数は農民だったが、彼らのほとんどは初め都市部へ移住し、そこで職を得るのに必要な能力をもたなかったため、結局元の地方へ戻ることになった。しかしそのときには、彼らの帰る家と土地は無かった。

こうしたことから、ダム建設に伴う強制移住の事例では、大規模デモや反対運動に発展した例がいくつも存在する。インドでは三六〇〇カ所に上るダム建設事業によって、最大で四〇〇〇万人が移住を余儀なくされ、一九八〇年代から建設反対を唱える大規模な抗議運動や訴訟が繰り返された。一九八九年にはナルマダ渓谷のダム建設によって周辺の二三〇のコミュニティが強制退去させられることになり、これに反対する五万人もの人が抗議デモに参加した。その大半は貧しい部族の出身者だった。抗議デモでは地元警察から暴力的に排除されたり、逮捕されたりする者も出たが、ハンガー・ストライキや、ナルマダ川入水などの抗議活動は続き、世界銀行などの大手融資先がこの事業から撤退した。また最近の訴訟でインドの裁判所はダムの高さと貯水面積を軽減することで、ダム建設による影響を抑えるように命じている。こうした流れを受け、二〇〇四年には移住に関する国家ガイドラインも制定された。

貧困化のリスクを抑えるために

開発に伴う移住プロジェクトを成功させる鍵となる政策と補償制度として、例えば、ダム事業者に環境アセスメントの導入を義務づけ、その中で計画の段階から住民にその事業の情報が公開されるようにすること、移住後に技術トレーニングや就職支援などを行うことなどが挙げられる。

ほかにも、移住プロジェクトを成功させる方法として「便益分配メカニズム（benefit-sharing mechanisms）」がある。これは移住民が長期間にわたって持続的に開発事業から利益を享受できるようにする仕組みのことである。例えば、ダム建設で強制移住した住民に対して、電気料金や医療費を無料にする。その費用はダムによって電力や灌漑などの利益を得る電力会社や下流の自治体の住民の税金で賄うといった方法などがこれにあたる。日本のあるダム事業の事例では、ダム用地に農地を所有していた農家に対して、ダム事業が継続する期間にわたって農地の借用料が支払われるよう取り計らわれた（Nakayama, 2009）。また生態系サービス支払い（Payment for Environmental Services：PES）では、水力発電事業者、飲料水事業者、エコツーリズム業者など、ダムのある流域から利益を得る事業者が、恩恵を受ける生態系サービスに特化した税を支払うといった試みも行われている。税による歳入は、ダムの影響を受けるコミュニティに分配され、地元住民が森林保全を行う費用として使用されるほか、違法伐採から森林を保護するための費用等にも用いられる。このような制度によって森林が健全に保全され、浸食も抑えられるため、結果としてダムの貯水量も保たれることになり、事業者にもクリーンな水が持続的に供給されるというメリットがある。

土地収奪――地方開発の危機

先に述べた通り、強制移住は、開発、紛争、気候変動、自然災害等の様々な原因によって起こる。そんな中で近年、発展途上国の農民の間で、多国籍企業等による大規模な土地の獲得行為によって農地を奪われる、「土地収奪（land-grabbing）」と呼ばれる現象への危機感が高まっている。土地収奪は自然資源が豊富で、土地価格が安く、かつ所有権に関わる法律も未整備な、いわゆるガバナンスの脆弱な国がターゲットとされる。オックスファム（Geary, 2012）によれば、二〇〇一年からこれまでに、少なくとも四〇〇〇万ヘクタールの土地（ざっと見積もって日本の国土と同等の面積）が収奪された。特にアフリカ（収奪された総面積の約七〇％）、東南アジア、南米、そして東欧でこの現象が増加している。例えばカンボジアでは、全耕地の五分の一にあたる土地が、経済的土地コンセッションとして、政府から大規模投資家に貸与されている。その半面、もともとその土地を耕作していた農家には相応の補償が支払われていない。エチオピアでは、バイオ燃料やコットン栽培等のために土地が転換利用されており、これによって、農業共有地や畜産用牧草地が奪われている。この傾向は森林伐採にも拍車をかけており、現在の森林面積は四％にまで減少している（日本の森林面積は六八％）。土地利用の転換によって利益を得ているのは、主に多国籍企業、外国の政府、裕福な個人投資家、そして融資を裏で手引きする腐敗した公務員などである。発展途上国も先進国もこうした大規模な土地獲得には意欲的で、特に中国、サウジアラビア、韓国、マレーシア、アメリカ、インド、日本が活発に獲得活動を繰り広げている。

ではなぜ土地収奪現象は急増しているのか。それは、不動産市場や投資のグローバル化、人口増加、中間層の拡大、といった近年の国際的な動向と連動して、食糧や資源の需要が増大していることに関係している。食糧価格の変動やエネルギー需要の増加に伴って、多くの国は自国のために、食料や資源を十分に確保しておかなければならないと懸念するようになった。そこで投資家は外国に購入した土地で輸出用の穀物や果物を栽培し、アブラヤシやゴムの木等を育て、鉱物を採掘する。こうしてアフリカや南米で栽培された穀物や果実は、世界のスーパーマーケットに並ぶ。日本の食料供給の六〇％近くは海外から輸入しており、イギリスも現在四〇％以上を輸入に頼っている。途上国で栽培され、輸入される食品はますます増える傾向にある。そして皮肉なことに、バイオ燃料の使用拡大や国立公園の制定、炭素クレジット等、環境保全のためと謳われるイニシアチブも、土地収奪を激化させる要因の一つとなっている。宅地開発や都市開発などの大型開発も結果として、人々が受け継いできた土地を失う要因となる。

地元の雇用促進、貧困の緩和、海外資本の受け入れによる歳入の増加が、外国資本による土地獲得

図 1-1　アデンの移住村　（筆者撮影）

を促進する理由として説明され、「開発イニシアチブ」といったプロジェクトが立ち上がる。これについて政府は、農家の多少の犠牲を伴うとしても、広い視野に立って見れば、もともと土地を持っていなかった労働者にも大規模農園で雇用される機会ができ、輸送用道路の建設など、関連のインフラ事業によって地方の経済が潤うといった利益も少なからずあるとの見解を示している。

　土地コンセッションによって直接的に居場所を奪われなかったとしても、結果的に土地を失うこともある。土地へのアクセスを遮断される場合もあるからである。ある日突然に自分の農地や牧草地が大規模農園によって遮断されるということが起こる。土地が経済コンセッションによって獲得された農園に阻まれ、近くの農業用水へのアクセスを遮断されたり、川が堰き止められて川の水系や水の質が変化していたりする。このように、時には間接的に土地収奪の影響は広がっている。また産業化された大規模農園では農薬や化学肥料が使用される。これらが地下水に染み出せば健康に被害を与える恐れがある。農地利用や集約型農業のための森林伐採により、森林減少と砂漠化が進行し、生物の多様性が失われる。土地の価格も上昇するので、地元の農家には土地を購入することが不可能になる。集約型農業によって生産された安価な農産物が地元の市場に出回ることで、作物の価格が相対的に下がり、地元農家の収入を圧迫する。

こうした土地収奪ブームの一方で、土地を失った農民と彼らをサポートするNGOや人権擁護団体による反対運動や抗議活動が増加している。カンボジアでは経済的コンセッションを警護する軍警察や警備員によって、デモ参加者が逮捕・射殺される事件も起こっている。抗議活動の参加者は、共有地における土地の所有権を認めること、経済的コンセッションを行う際には必ずコミュニティの代表者や住民に情報を提供して事前に同意を得ること、地元の利益を保障する契約書を交わすこと、環境保全のモニタリングを行うことなど、農民の権利を守るための提案を続けている。国境を越えた土地の獲得に関する国際的なルール作りの必要性も指摘されている。

ケース・スタディ――ベトナム中部のダム開発に伴う強制移住と少数民族の村のコミュニティのレジリエンス

筆者はベトナム中部の少数民族の村の強制移住の事例についての調査を実施しており、そこから強制移住後の現状と新しい環境に適応していく過程を検証している。ベトナム中部に位置するクアンナム省では水力発電ダムの建設に伴い、六つの村の住民が強制的に移住させられた。ダムは二〇〇六年に完成し、同じ年にアーヴォン（A Vuong）川沿いの村落が三つの地域に分かれて移住した。今回の調査はダムの現場から約二〇キロ離れたところに隣接する、アデン（Aden）村とチョーグン（Tro Gung）村の二カ所で行った。調査した二つの村を合わせた人口は五六九人で、その内の九五％は、ベトナムの五三の先住少数民族の中のコトゥ（Co Tu）族であった。

移住したすべての世帯には住宅用地と家屋、高地に七五〇平方メートルの耕作用地、五〇〇平方メートルの水田が割り当てられた。二つの村のインタビュー調査とアンケート調査から、インフラ面の環境は移住した土地で格段に良くなっていることがわかった。ダム建設を担った行政によって、電気や道路、小学校といった設備が整えられたためである。しかし一方で、多くの住民が割り当てられたコンクリート製の住居の粗悪さについて不満を訴えていた。フォーカス・グループへの聞き取り調査で問題点として挙がったのは、指摘の多かった順に、新しい土地の質と面積、暮らし向きの悪化、森林や川など自然資源へのアクセスの不便さであった。

移住した地域の森林面積は、インフラ開発や森林の違法伐採、また移住後に生活に必要な農作物を収穫できなくなった移住民たちが、森林の枝葉を伐採したり、焼いたりして農地に転換していること等が原因となり減少している。住民によると、以前は農業のほかに、川で漁をしたり、森林で狩りをしたりしていたが、開発に伴って野生動物の数が減少し、狩猟が困難になったという。また、移住地が川から遠く離れた場所に用意されていたため、漁は続けられなくなっていた。水田についても、灌漑の整備が粗悪で稲がきちんと育たないなどの問題点が挙げられた。こうした原因から、移住後の最大の変化は食料事情の悪化で、栄養失調になる子どもも出ていることが確認された。

移住後の環境とレジリエンスに影響を与える要因

世界銀行独立評価グループ（二〇一一）による報告書によれば、移住プロジェクトを成功させるために必要な要因として、①政府や実行機関のコミットメント、②影響力のある実施機関の存在、③正当な法制度、④総合的な事業計画、⑤移住後の生計を支えるための（土地や灌漑に対する）サポート実施を盛り込んだ開発計画、⑥地元の参加とリーダーシップ、⑦コストの現実的な見積もり、の七つが挙げられる。この中で今回のベトナムの事例では、地方政府の実行能力、コミュニティの参加、土地の問題が主要な問題として浮かび上がった。ベトナムの開発事業では大抵そうなのだが、移住民は当事者であるものの、移住用地の選定、住居形態、その他の生活の質に関連する重要な意思決定に参加の機会がなく、このことが様々な問題を起こしている。

移住者用に用意された住宅は欠陥のある粗悪な造りだったため、住民は限られた土地の空き地部分を利用して資産を投じて階段の修復などを行い、住宅機能を補完するために新しい棟を増設していた。トイレの設備も入居後すぐに機能しなくなったので、仕方なく屋外や近くの小川で用を足したという。さらに、あるグループはアーヴォン・ダム建設のために二〇〇六年に移住したが、希望とは関係なく、ダム下流の川岸の浸食の進んだ崖の隣の土地を分配されていた。そこは雨季になると毎年のように地すべりが発生し、家屋や村の建物が流されてしまったので、アーヴォン川から遠く離れた地に、二度目の移住をしていた。この一件は地元政府と追加賠償を求める住民との間に衝突を幾度も招いている。

図 1-2　移住民は用意された欠陥住宅を補完するために、伝統様式の家をもう一棟増築している（筆者撮影）

一方で、コミュニティの結束、先住民の伝統儀式、村の伝統的な配置様式への配慮といった社会・文化的なファクターが移住後の住民とそのコミュニティのレジリエンスを大きく左右する要因となっていることも明らかになってきた。例えば、村の結束を保つことは、昔から村落間の争いに際して、またアニミズム的な信仰からも、コトゥ族にとって最も重要なことだった。そこで地元政府はアーヴォンの村落の住民が皆同じ地域に移住できるよう手配し、村の地名もそのままの形で使用できるようにした。これによって村の結束と社会的ネットワークが保たれることになった。また重要な決定事項があるときには、選挙で選ばれた代表が、村を治める立場にあった長老たちに意見を聞き、伝統的な尊厳と尊敬が守られている。かやぶきと竹を使用する伝統的建築様式に則ってコミュニティ・ハウスが建造されたこともコミュニティのレジリエンスにはプラスとなっている。コミュニティ・ハウスは村の中心的な存在となり、会合、伝統的儀式、結婚式や寄合所として活用されている。

ベトナムのケース・スタディから、コミュニティが元の形態をできるだけ保持し、伝統的な社会的構造を維持し、伝統的建築様式を尊重するなどの配慮によって、再定住後のレジリエンスを高める結果につながることが明らかになってきた。しかし一方で、資金不足、農業以外の知識に限りがあること、自然資源の劣化などから、食料が不足するなどの事態も起こっており、生活面の環境は悪化している。

結論と提言

環境学は自然環境とそれに影響を与える人間活動を研究する学際的な研究分野だと言われている。生態学、工学、農学、経済学、政策学、法学、開発学、さらには哲学やコミュニケーション学まで——環境学は実に様々な学問分野からアプローチされ、その理論や研究手法を取り入れてきた。環境学の研究者は、人間活動が環境に与える影響を分析し、どうしたら我々人間が健全な環境を次の世代に引き継ぐことができるのかを考察する。

しかし環境の変化というものは単調で定期的に起こるものではなく、複雑でダイナミックなものであるという点を忘れてはならない。原因が気候変動にあろうと、森林伐採による環境劣化にあろう

図 1-3　伝統的様式で建てられたコミュニティ・ハウス　村人によって建築され、維持されている（筆者撮影）

と、人口増加にあろうと、開発にあろうと、環境が影響を受ければ、翻って自然環境を基盤として存在している我々も少なからず影響を受けることになる。

強制移住後の住民が環境の変化によってどのような影響を受け、その変化にどのように適応していくかを深く理解するためには、自然環境の変化や生活環境の変化だけをみるのではなく、広く社会的、経済的、文化的な資源にも目を向け、それらを活用する方法を探る必要があるだろう。

持続可能な発展という普遍的な目標には大きな関心が寄せられてきた。持続可能な発展は一九八七年に国連ブルントラント委員会で「将来の世代の欲求を満たしつつ、現在の世代の欲求も満足させるような発展」と定義されているが、より良い生活の質を将来の世代に受け継ぐためには、環境、経済、社会の持続可能な発展が必要となる。開発による強制移住を検証することで、開発とそれに伴う環境的、経済的、社会的変化の複雑な関係を知ることができるだろう。

［ジェーン・シンガー］

＊1　本章では「強制移住」を displacement の訳語として使用した。強制移住とは、非自発的に住居、土地、地域から移住することを指す。

第2章

衛星からみる環境問題

――都市の拡大と砂漠化

地球環境問題は広大な地域で発生し、時には国境をまたぐような広範な空間で相互に影響しあう課題となる。こうした地域を対象とする問題に向き合う場合、現地に赴いてのフィールド踏査による観測、測定には多大な労力と資金が必要となり正確な状況把握が難しく、事実上不可能な場合も少なくない。発展途上国の多くでは人口増加とともに大都市部に人口が集中し、大気汚染、衛生環境の悪化、インフラの不備、などの課題がみられるが、すべてを踏査することは困難である。多くの環境問題が存在する都市周辺地域では、都市的土地利用が農地や森林を侵食し、多くの環境学者がその実態把握と問題解決に取り組んでいるが、空間的に分散して点在していたり、土地利用変化が想像以上の速度で進んでいたりして、現状把握さえままならない場合がある。本章では、こうした広範な地域を扱う際のリモートセンシングデータの利用可能性、さらには統計情報の利用について言及した上で、都市部への人口集中、および周縁部での砂漠化が懸念されているモンゴルでの研究事例を紹介する。

リモートセンシングの歴史

リモートセンシングという用語は、単純に説明すれば、地球表面と地球大気にある対象を上空から電磁波により観測する手法である。より簡単に、遠くに離れている事物を観測する技術ともいえる。およそ紀元前四世紀にまで遡ると、アリストテレスの暗箱にリモートセンシングの淵源がある。現代的な意味でのリモートセンシングは一九世紀に入ってからであり、人間の目が認識する可視波長の領域以外での電磁波が明らかにされたことによって、赤外線、紫外線、電波が発見され、一八六三年にはマクスウェルによって電磁気リオンが打ち立てられ、リモートセンシングで用いられる電磁波現象を利用する基礎ができあがった（久世ほか、二〇〇五）。

ライト兄弟が初めて動力飛行機を飛ばしたのが、一九〇三年であり、飛行機技術の発展はリモートセンシング技術に機動性をもたらすこととなった。航空機から直接写真撮影をすることで地表面の状態を広く観察できるようになり、第一次世界大戦の間には軍事偵察用等に用いられた。軍事的な情報を収集する上でリモートセンシング技術は極めて有用であることから、皮肉なことに第二次世界大戦によってさらに飛躍的な発展を遂げる。可視波長帯域の写真撮影から、近赤外波長帯域、さらにはレーダシステムへと展開し、従来の受動型の航空写真カメラと大きく異なり、フラッシュライトを用いて撮影するように自ら発信したエネルギーを受信することができるようになる。地形観測等の偵察にも重宝され、また、電波探知機は夜間爆撃機に採用されるようになった。

軍事では、戦いを有利に進めるために、敵の情報を事前に収集することは戦略上不可欠かつ重要であり、リモートセンシングの技術は情報戦の中で一翼を担った。大戦後も東西の大国を中心としてリモートセンシングの技術は発展していった。大きな転機は一九七二年のＮＡＳＡによるＥＲＴＳ

（Earth Resource Technology Satellite、地球資源技術衛星）の打ち上げと運用開始である。ここから舞台は空から宇宙へ移る。このＥＲＴＳはその後ランドサット（Landsat）一号と一九七五年に改称された。二〇一三年二月には後継機となるＬＤＣＭ（Landsat Data Continuity Mission）ランドサット八号が打ち上げられ、これまでのランドサットの特性を引き継いでいる。なお、これらの画像データはアメリカメリーランド大学のＧＬＣＦ（Global Land Cover Facility）やアメリカ地質研究所（United States Geological Survey）において無償で提供されている。

その後、各国の軍事衛星が公開され、ほかにも数々の商用衛星が運用されるなど、リモートセンシングは一般に広く知れ渡り、容易に利用することが可能となった。一九九〇年代からはこれらのデータを取り扱うパソコンの計算能力向上、およびソフトウェアの開発が機を共にしており、幅広い分野で利用されている。中でも世界中で環境問題が露呈し、人々の環境への意識が高まった時期でもあったことから、リモートセンシングは環境分野でも広く活用されることとなった。

近年の日本独自の人口衛星探査機としては、陸域観測技術衛星ＡＬＯＳ（だいち）が挙げられる。東日本大震災の際にも災害緊急観測などで多くの成果を挙げたが、二〇一一年五月に運用を終了した。二〇一三年度中に打ち上げ予定の後継機ＡＬＯＳ-２（だいち二号）が運用されれば今後も環境分野で幅広く活用されていくであろう。

環境問題への活用

環境問題と一口に言ってもその規模や特性が様々である。その問題に対して、リモートセンシングの衛星の打ち上げ時期やセンサーがもつ空間分解能等によって、どの衛星データを用いれば最も効果的かつ有用であるかを検討しなければならない。無償で配付されていて、一般に広く使われているものが先述のランドサットの衛星画像である。一九七〇年代に打ち上げられたランドサットは、多くの先進国が近代化を遂げた時期から運用されており、都市部の過去の都市化現象を捉える際に広く利用されている。空間分解能は、ランドサットMSSの約八〇メートル、ランドサットTMの約三〇メートルとなっており、目的によっては十分に精査な現象把握が可能である。都市化、人口推定、植生調査等の時系列分析に強みを発揮する。一方で、より詳細な事象を扱う分析には適さない場合がある。都市化でも宅地の一区画ごとの変化を知ろうとしても空間分解能が粗すぎるし、都市のスラム地域などの空間範囲を特定しようとしてもやはり空間分解能が十分とはいえない。こうした分析を遂行するためには、高分解能を有する衛星データを用いた方がよい。代表的なものではイコノス（Ikonos）、クイックバード（Quickbird）が挙げられる。これらはそれぞれ約一メートル、〇・六メートルの詳細な空間分解能をもち、先述のような分析にも適している。ただし、商用衛星であるため価格が比較的高価であること、および打ち上げられたのが二〇〇〇年前後ということで、それ以前の事象は遡って捉えることはできないという弱点はある。

空間分解能に対し、時間分解能も考慮しなくてはならない。一年のうちでも雨季や乾季によって土地の見え方は変わってくるため、時系列変化を追うためには同じような季節で撮影した衛星画像を比較する必要がある。そのため撮影頻度が高ければ高いほどその場所の時系列変化は詳しく調べることができる。その点で時間分解能が高い衛星であるモーディス（MODIS）は今後、様々な用途で利用される可能性を有している。モーディスは全球を毎日二回撮影している。無償で提供されていることもあり多くの環境分野の研究で用いられている。熱帯では空を雲が覆っていることが多く、これまでリモートセンシングは乾燥地で活用されることが多かったが、時間分解能が高ければ、雲の影響を排除することができるため、熱帯でも十分に活用可能である。ただし、空間分解能は約二五〇メートルと粗い。

森林伐採、砂漠化、海面上昇、自然災害といった地球環境問題に対しても、リモートセンシングをうまく活用することで、適切なモニタリングに基づく現象把握とその対策を考えることができる。

モンゴルの環境問題

モンゴルは、ロシアと中国に挟まれた内陸国で、日本の国土の約四倍の広大な国土をもつが、人口は約二八七万人（二〇一一年）と日本の四〇分の一にも満たない。夏場の気温は時に四〇度を超え、冬場の気温はマイナス三〇度を下回ることもある。国土の年平均降水量は約二〇〇ミリメートルと乾燥地であるとともに、夏場の期間は短く、日平均気温が〇度を下回る時期が長く、寒冷地にも属している。乾燥地かつ寒冷地である国は世界的にも珍しい。国土の約八〇％は草原ステップで、古来より遊牧民らがモンゴルの厳しい自然環境と融和しながら草原を利用して遊牧を営んできた。一九九〇年代に社会主義国から民主化し、大きな転換期を迎えた。公務員は職を失い、その多くは草原へと戻り、遊牧生活を営むことになる。このため、国家によって計画的に統制されていた家畜数が増加し、草原への負荷が増大した。民主化に伴いそれぞれの遊牧民世帯は自由に利潤を追い求めることとなった結果、カシミヤの取れるヤギの数が激増する。ヤギは一般的に草原への負荷が高い家畜と言われており、春先や冬に入る前の草原の草本密度が疎である時期には、地際まで草本を食すためダメージが大きくなる。一般に遊牧民が所有する家畜は、ラクダ、馬、牛、羊、ヤギの五種類であるが、民主化後の家畜頭数をみるとヤギが最も増加していることが顕著にわかる（図2-1）。民主化した一九九二年の総家畜数は、約二五七〇万頭でヤギの数はその約二二%の約五六〇万頭である。二〇一一年には、ヤギの数は約一六二〇万頭と、約三倍まで増加し、総家畜数の約四四%を占めている。

職や子供の修学の機会を求めて首都ウランバートルに移民が集まり、現在は一〇〇万人以上が居住している。移民の中には家畜を連れてくる者もおり、ウランバートル周辺での草原に影響を及ぼすようになった。民主化後に一旦、遊牧をしている世帯数は増加したものの、一九九九年から三年間にわたって発生したゾドと呼ばれる自然災害によって多くの家畜が失われ遊牧世帯数は横ばいからやや減少へと転ずる。ゾドは二〇一〇年にも発生し、家畜が減少していることがわかる（図2-1）。自然への高い対応力を備えた昔ながらの遊牧民に対し、民主化後に新しく遊牧を始めた人々は自然災害に対応する知恵や経験をもっていなかったことも家畜減の一因と言われている。また、ネグデルと呼ばれる互助組織である協同組合がなくなり、それぞれの世帯で独自に災害に対する備えをしなければならなくなったことも原因と考えられている。二度のゾドにより結果的に家畜の総数は調整されているが、自由主義経済のもとでの現行の社会システムで遊牧が営まれている限りは、家畜が増えていく傾向はこれからも続くものと考えられ、今後も草原への負荷が増大し続けることが懸念

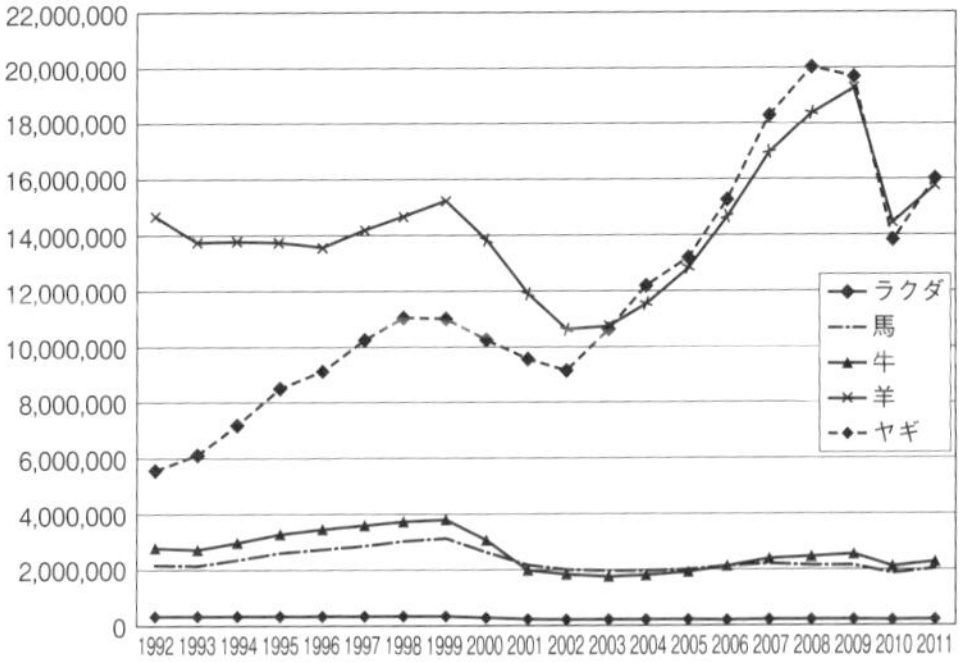

図2-1　モンゴルの家畜頭数の変化

されている。

ウランバートルの人口集中

我が国では高度経済成長期に首都圏や都市部に人口が集中し、公害として環境問題が顕在化し始めた。多くの公害問題については、克服してきたが、現在、途上国ではかつての先進国を後追いするように発展の過程で都市部へ人口が集中し、それに伴う活発な人間活動により慢性的な交通渋滞、大気汚染、水質汚染等の環境問題が発生している。ウランバートルでは、ゾドで家畜を失った遊牧民が移り住み人口が増加したが、二〇〇三年に施行された土地法によりその傾向は加速する。この法律では土地を登記すれば、ある一定面積まで無償で土地を所有することが可能となった。モンゴル内でも地域によって所有できる土地面積は定められており、ウランバートルでは、一世帯当たり〇・〇七ヘクタールまでの土地を所有することが認められている。こうした背景もあり、地方からは多くの移民が集まり、ウランバートルの周縁部に定住しながら遊牧を行う者、街中で就職する者などが増加することとなった。こうした周縁部では土地をカシャー（Khashaa）と呼ばれる木の柵で囲み、中にゲル（Ger）と呼ばれる移動式住

図 2-2　ゲル地域

居や簡易な木造家屋が建てられ、一般にゲル地域と呼ばれている（図2-2）。こうした地域は治安も悪く、不法に滞在する移住者も多く地域コミュニティも形成されにくく多くの課題がある（地域コミュニティの役割は第15章、第16章参照）。また、上下水道は整備されておらず、生活インフラ整備が遅れスラム化しているといわれている（下水道の問題は第9章参照）。長く厳しい冬は石炭を燃料とすることが多く、この地域から排出される煤煙によってウランバートルの大気汚染が深刻化している。また、市内中心部の慢性的な渋滞の一因ともなっている。今後、環境と調和した望ましい都市のあり方を考えるために、かつ有効な施策を打つためにもゲル地域の正確な位置情報を確認し、拡大地域の傾向を把握する必要があると考えられる。図2-3は、イコノスの衛星画像を用いてウランバー

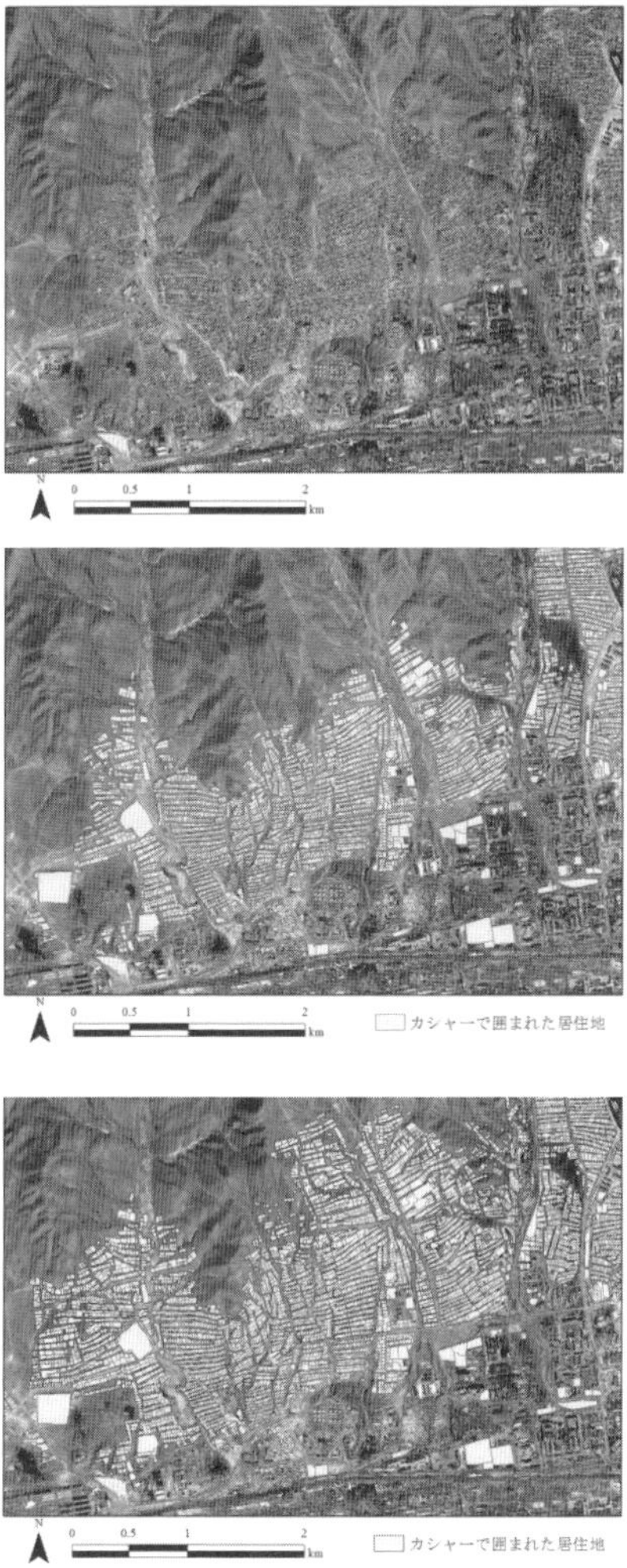

図 2-3　ゲル地域の拡大の様子
上）イコノス衛星画像　中）2000 年のゲル地域　下）2008 年のゲル地域

トル北西部のゲル地域の拡大の様子を示したものである。空間分解能が一メートル未満と極めて微細なため、カシャーによって囲まれている土地の区画やその中にあるゲルや固定家屋の位置を正確に把握することが可能となっている。

時系列でみるとゲル地域は都市中心部や道路に近い地域から徐々に拡大しており、その後、丘陵部の傾斜が急な場所でもゲルを設営し始めている（図2-4）。すでに緩傾斜地、中心部や道路に近いといった好立地な場所は飽和状態に近づいているが、無秩序なゲル地域の拡大は進んでいることがわかる。

図2-4　傾斜地でのゲル地域拡大の様子

ウランバートル周辺地域の砂漠化

ゲル地域の住民以外にもウランバートル周辺にゲルを設営し、移動を伴わない牧畜活動を行う遊牧民も増えている。遊牧は長い歴史を経てモンゴル人が営んできた生業であり、適度な移動は、家畜の食害を受けた後の草原の回復を促し、持続可能な自然環境を維持してきた。同じ場所に長く留まり、遊牧を行うことは倫理的に好ましくない行動として批判の対象となってきたが、道徳的な規範は時として一瞬にして瓦解することがあり、これもその一例といえるかもしれない。移動を伴わないと、空間的に限られた土地で家畜が草原を食べ、草原の再生産を上回る過放牧が起こる可能性があると指摘されている。実際に、ウランバートル周辺を訪れると、幹線道路の近くに遊牧民が集まり、家畜の密度も高い。道路周辺では草原の密度は疎となり、あるいは、家畜が好んで食べようとはしないグレイジング耐性植物が優占し草原の多様性が喪失している状況が実際に観察できる。藤田（二〇〇六）は、こうした多様性が喪失した草原では土壌がアルカリ性に傾き、草本は次第に枯れ果て、砂漠化していくことを指摘している。砂漠化した土地に緑を回復させることは難しい。

統計情報を利用したヤギ密度とNDVIの空間分布

リモートセンシングでは広域的に分布する事物を捉え、図化することで現象把握の点において強みを発揮する。さらには統計情報と組み合わせることで多くの環境問題をさらに深く理解することができる。ここでは、草原への影響が最も大きいと言われるヤギの分布と草原の植生量の分布を俯瞰してみる。

現状のモンゴルで「家畜の摂食圧が草原の再生産を阻むほどの影響を与えている」のか、といった命題に対しては、プロットなどを用いた非常に狭い範囲での実験では、こうした影響が存在することが明らかになっているが、広域的な範囲を考えた場合には、実はいまだによくわかっていない。過去の多くの研究を紐解くと、乾燥地での草原の牧草量は降水量に大きく依存することが明らかにされている。実際にモンゴルでも雨が多い年には草本が密に芽吹き、豊かな緑の草原が広がり、雨が少ない年には、その逆となる。このため、家畜が草原にダメージを与えても、多く雨が降れば一定程度は回復するため摂食の影響を定量化することは難しい。

家畜数はソムと呼ばれる行政単位ごとに毎年集計されている。ソムは日本でいうところの市町村と考えればわかりやすい。あるソムに居住している遊牧民は、家畜を伴って遠距離を移動して他のソムに居住することもある。移動した先で長期に渡って居住する場合には、納税や子どもの教育の都合もあり、移動先のソムにて住民登録を行うのが一般的であり、移動したとしてもその動きは統計として反映されている。なお、モンゴルの税制では家畜の保有頭数によって課税額が決められるため、政府は家畜数調査のための資金を毎年確保し、厳格に調査を行うことから、家畜数の統計情報の信頼性は高いことがわかっている。この家畜に対する税制は、日本の固定資産税に性格が似ており、家畜によって得られる利益とは関係がない。したがって、不要な家畜を多数所有するとその分だけ税が高くなるため、遊牧民にとっては付加価値の高い家畜を積極的に増やすインセンティブが働くような税制となっている。

草原の植生量を示す指標として植生正規化指数（Normalized Differences Vegetation Index : NDVI）がある。ＮＤＶＩは、衛星データを使って植物の状況を把握するために開発された指標で、植物の量や活性度を表すことができる。このＮＤＶＩは先述のモーディスより算出することができ、時間分解能が高いため、草本の量が季節によって増減するモンゴルの草原の植生量を計る上でも有用である。

図2-5にウランバートル周辺地域のソムごとに集計されたヤギ密度の分布、および夏場のＮＤＶＩの値を示す。ヤギはウランバートルから西の豊かな草原地帯にて多く分布していることがわかる。ＮＤＶＩは北部から南に向かって緩やかに減少している。北部は森林地帯なので、ＮＤＶＩの値は飽和しやすく、適切に植生量の値を示していない可能性はあるが、降水量は北部から南に向かって減少するためこれに比例して分布していることがわかる。理論的には、家畜やＮＤＶＩの値の地図を重ね

合わせたり、あるいは統計的な計算で関連を測定することで、家畜の摂食圧を調べることが可能となる。到底、現地に赴いての調査ではほぼ不可能な地域を簡単に俯瞰でき、その関連を探ることができるため、こうした統計情報とリモートセンシングデータを援用することで地域の問題点をあぶり出し、対策を考えることが可能となる。

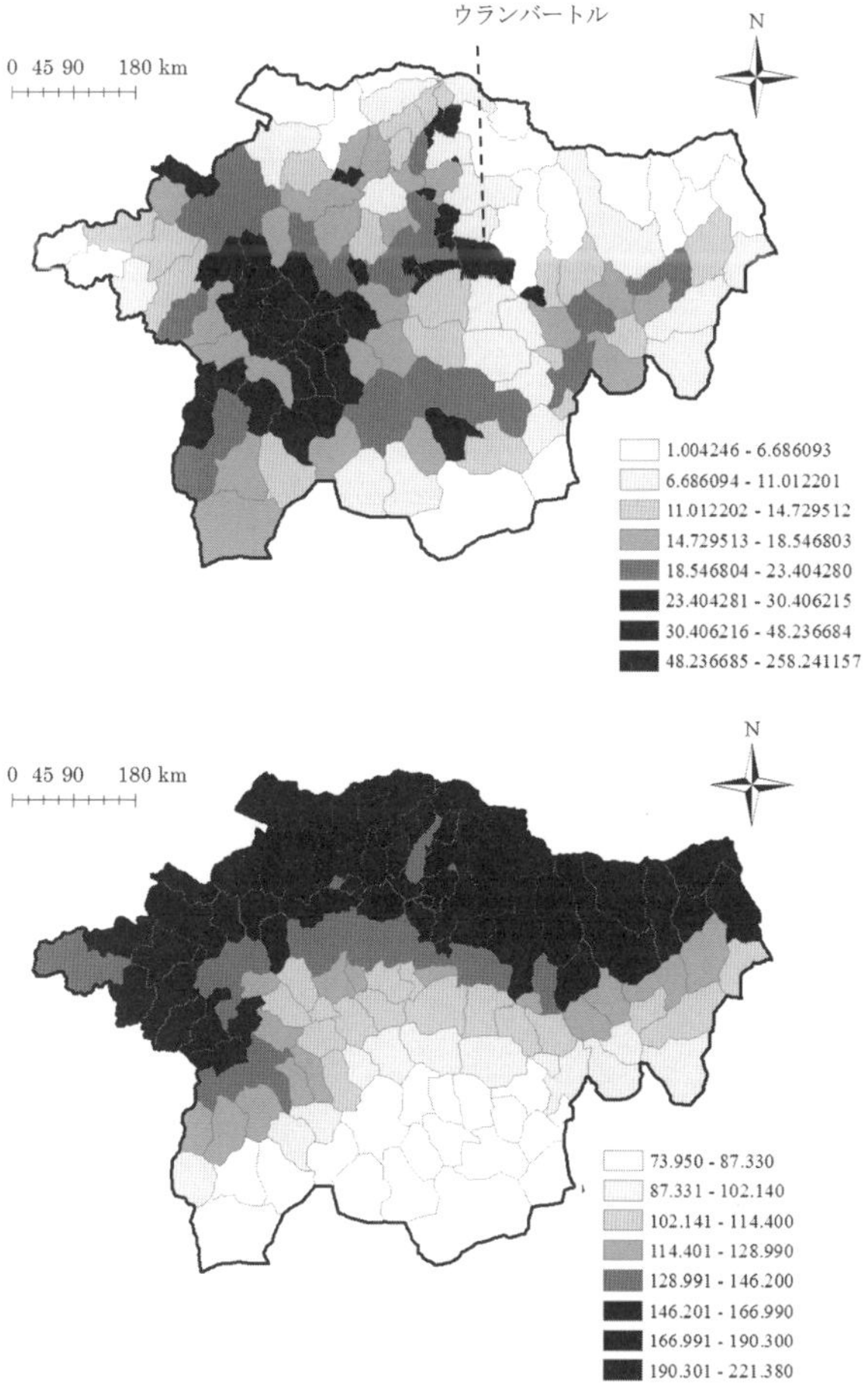

図 2-5　統計情報の地図化（2007 年）
上）ヤギ密度の分布頭数 /km^2
下）NDVI の分布

都市の拡大と砂漠化への対策

Saizen et al.（二〇一三）によると、家畜の分布は草原の植生量の夏期の増加を阻害している地域があることを示しており、また、その場所を空間的に特定している。しかし、多くの地域では家畜分布と植生量の関係は降雨量の影響が大きすぎるため検出されず家畜の摂食圧の影響が明らかになってはいない状況にある。

過放牧に対して広域的な対策を講じる際には、植林などの局地的な植生の回復を目指すよりは、具体的には法制度の整備等をとることの方が効果的であろう。現在、モンゴル政府は、家畜の急激な増加を抑制するために、政府による全家畜の登録の義務化と畜産物加工のできる工場建設を促進するといった方策を打ち出そうと検討している。遊牧民が無計画に所有する家畜を増やすことを抑制しようとする狙いがある。一方で、過放牧が起きている地域や、その恐れがある地域で重点的にこうした対策を打ち出せればより効果的であるのだが、現状では科学的な根拠に基づく対策を打ち出すことは難しい状況にある。今後明らかにしていくべき研究課題の一つであるといえる。

ウランバートルの都市域の拡大については、まず直接的原因である移民の増加を抑制する必要がある。土地法はモンゴル人の定住を促進するための法律であるが、遊牧民に限っていえば定住は過放牧という現象を引き起こしやすく、環境面ではマイナスに作用することを理解しなくてはならない。また、衛星画像から判明したように、本来、居住するには好ましくない地理的条件の土地が徐々に浸食されつつある。防災面や生活インフラ面の改善を効率的に図るためには、土地利用規制による誘導と将来を見据えた都市計画を打ち立てる必要がある。

［西前　出］

第3章

生態系サービスと社会

我々の生活は、水や穀物や野菜、薬草、木材、動物の肉や卵、魚介類、塩、香辛料、茶などの「自然の恵み」なしには成り立ちえない。我々が自然から享受する恩恵には、ここに挙げた食料や資材にとどまらず、湿地や水田がもつ水質浄化や洪水制御、農地や山林が適切に管理されることで生み出される地下水涵養や土砂崩壊、河川の流況の安定化、さらには美しい景観やそこでのレクリエーション機会なども含まれる。これら自然の恵みは、いずれも豊かな生物多様性や生態系の健全な機能を基礎とする点で共通しており、専門的には「生態系サービス」と呼ばれる。より詳細には生態系サービスはその性質により、①供給サービス（木材、食料、繊維、水、等）、②調整サービス（気候調整、洪水制御、土砂崩壊防止、炭素固定、等）、③文化サービス（美しい景観、教育・精神・宗教的価値、レクリエーション、等）、④基盤サービス（栄養塩循環、一次生産、土壌形成、等）、の四種類に分類されている（MA, 2003）。

近年の研究では、生態系サービスの多くは非持続的な利用がされており、その影響は貧困にあえぐ後進国農村部において大きいことがわかっている。例えば、第1章で紹介されたように、後進国の農村で暮らす人々は、その地域で得られる生態系サービスに大きく頼った生活をしている。急激な工業化や近代化にともなう開発は、土地の収奪や強制移住を通じて、住民の生活意識を損なうことがある。また、第2章のモンゴルの砂漠化のように、急激な人口増加も、その地域で暮らす人と自然との関係を変質させ、非持続的な自然の利用に帰結することもある。我が国を対象とした研究でも、現在我々が享受している豊かな生活は、過去数十年にわたる工業化や都市化の中で、国内の生物多様性の損失と国外からの生態系サービスの供給の上に成り立ってきたことや、近年では経済のグローバル化や都市化、高齢化や人口減少の複合により、国土の利用低下が進んでおり生態系サービスの供給基盤の劣化が進んでいることが指摘されている。第4章で紹介される地域に根ざした文化的景観も生態系サービスの一つであるが、地域社会と地域資源との関係が変わることで、その存続が危機に直面している。

本章では、まず近年国際的にも急速に関心が高まりつつある生態系サービスとはどのような概念であるか、また生態系サービスは世界的にみて現在どのような状態にあるのかを紹介する。その後、生態系サービスがどのような性質をもつか、その劣化に適切に対処するためにどのような考え方が必要であるか、またそのような努力を促進するための近年の国際的な取組みについて解説したい。

生態系サービスと生物多様性

生態系サービスは生物多様性と密接な関係にあることが知られている。「生物多様性」というと「いろいろな生きものが存在すること」（種間の多様性）と捉えられがちだが、実際にはこのほかにも

「同じ種類の生きものでも多様な個性があること」（遺伝的多様性）や「様々な生きものの相互作用で構成される様々な生態系が存在すること」（生態系の多様性）という概念を含んでいる。一般的には、生物多様性が豊かな土地は、一次生産や受粉、栄養塩の循環、水循環、土壌形成などの様々な生態系の機能をもち、それら機能の相互作用により清浄な水の供給や洪水防除、安定した水の流れなどの様々な生態系サービスを生み出すと考えられている（例えば、Fisher et al., 2009）。ただし、生態系サービスが人々の便益として認識されるためには多くの場合、社会資本整備や農業生産活動などの形で外部からの資本や労働の投入が必要となる。例えば、ダムや貯水池に蓄えられた水は取水設備で河川等から取水され、沈砂池、導水管等を経て浄水場で浄化され配水施設を経由して初めて家庭で水道水として利用できる。また水田での稲作は、水田や用排水路、取水堰（河川からの水の取り入れ口）やため池などの整備の他、農作業労働や維持管理活動が不可欠である。

ところで、生態系は必ずしも人々に便益をもたらすサービスばかりを生み出しているわけではない。病原菌や害虫、野生鳥獣による農作物への被害はその好例である。また、農業生産は、取られる農法や農地や施設の維持管理の内容しだいでは、水域の富栄養化による生態系の破壊、生物の生息域の縮小、温室効果ガスの発生等の様々な問題を引き起こす可能性を秘めている。このような人々に望まれない生態系サービスを、「生態系（の）ディス・サービス」（ecosystem dis-service）や「負の生態系サービス」（negative ecosystem services）と呼ぶこともある（吉田、二〇一三）。

ミレニアム生態系評価の衝撃

生態系が人間社会に様々な恩恵をもたらしていることは学術的にも一九世紀半ば頃には認識されて

いたが、研究が活発に進められるようになったのは一九九〇年代以降のことである。中でも、現在の研究や国際的な枠組づくりに大きな影響を与えた取組みの一つとして、二〇〇一年から二〇〇五年にかけて、世界九五カ国からの一〇〇〇人を超える研究者・専門家が参加して実施された。MAでは全世界を対象として、①人類がこれまでどのように生態系を改変してきたか、②生態系サービスの変化が人間の福利（human well-being）にどのような影響を与えてきたか、③生態系の変化は今後人間社会にどのような影響を与えうるか、④生態系の管理を改善し、貧困をはじめとする様々な問題に対処するためにはどのような対応策が地方や国、国際レベルで取られるべきかについて、科学的知見の粋を集めて検討された。評価結果の概要は次のようになる（MA、二〇〇五）。

- 一九六〇年から現在までに地球上の人口は二倍、経済活動は六倍に、食料生産量は二・五倍に増加している。一九五〇年から三〇年間の間に耕作地に転換された土地面積は、一七〇〇～一八五〇年の間に転換された面積よりも多く、今後さらに一〇～二〇％の草地や森林が二〇五〇年までに転換されると見込まれている。また、過去四〇年間で河川や湖沼からの取水量は倍増、ダムや貯水池の貯水量も約四倍に増加している。また、人類は自然界にある窒素量と同程度の窒素を人工合成し、その量は二〇五〇年までに六五％程度増加する見込みである。
- 全世界で約一一億人の人々が一日に一ドル未満の収入で生計を立てており、そのうち約七割の人々が農村に暮らしている。彼らは生態系サービスに大きく依存した生活を送っている。生態系サービスの劣化はとりわけ、これら人々の福利に大きな影響を与えると考えられる。
- 評価対象とした二四種類の生態系サービスのうち約六割（一五種類）が劣化あるいは非持続的な利用がされている。これには漁獲や遺伝子資源、淡水、生化学物質、などの供給サービス、大気質の調節、気候調整、浸食制御、水質浄化、疾病制御などの調整サービス、景観、精神的・宗教的価値などの文化サービスが含まれる。

- 生態系の管理を通じて生み出される経済的価値は、生態系を他の用途（例えば農耕地）に転換することで得られる経済的価値よりも大きいが、多くのサービスの価値が適正に認知、評価されていないし、そのための方法論も十分に構築されているわけではない。
- 今後必要な対応策としては、各部門における生態系管理の目標と開発目標との統合、政府や民間部門の透明性の向上、生態系サービスの過剰利用を引き起こす補助金の廃止、生態系サービス管理への経済的手法や市場アプローチの活用、農業生産における環境負荷の少ない生産技術の活用、市場価値が認められていない生態系サービスを考慮した資源管理やこれら施策を適切に実施できる人的・制度的な能力の向上などが挙げられる。

MAが画期的であったのは、生態系や生物多様性、生態系サービスの評価だけでなく、生態系サービスと人間の福利との関係を明示した点である。生態系サービスは、保健・休養（食料や正常な水へのアクセス）や生活の安全（防災）など、人々が良き生活をおくるうえで不可欠なものである。MA以降、生物多様性をめぐる議論の枠組みは「生物多様性のための保全」から「人間の福利のための生物多様性、生態系の保全」へと大きく転換した。しかし、右に紹介したMAの知見からもわかる通り、必ずしも十分な対応が取られているわけではない。その理由の一つは、生態系サービスの性質が十分に理解されていないこととも関係している。そこで、以下では数節にわたり生態系サービスがもつ性質について紹介したい。

生態系サービスのバンドルとインターリンケージ

生態系サービスは一つひとつが必ずしも独立して生産されるわけではない。例えば稲作は農産物としての米（供給サービス）のほかに、農作業労働や農地や畦、水路の管理を通じて洪水制御や地下水涵養、水質浄化、土壌浸食防止（調整サービス）、田園景観（文化サービス）等を我々に供給している。森林も林産物（木材やきのこ、等、供給サービス）のほかに、二酸化炭素吸収や、表面浸食防止、洪水緩和（調整サービス）やレクリエーション空間（文化サービス）等を供給している。このような、ある範囲の土地から、複数の生態系サービスが複雑に絡み合って生産されることを「生態系サービスのバンドル（bundles of ecosystem services）」という。自然の劣化（例えば砂漠化）により健全な生態系が失われたり、大規模開発による土地の収奪や強制移住により自然へのアクセスが絶たれたりすることは、これら生態系サービスが享受できなくなることを意味している。

また、ある地域で生み出される生態系サービスは、他の地域で産出される生態系サービスとも密接に関係している。例えば、稲作には灌がい用水が不可欠であるが、この水は、降雨により水田に直接供給されるほか、近隣の森林に蓄えられた雨水が渓流や地下水となり、栄養塩類とともに、河川、用水路等を通じても供給される。つまり、「米」という供給サービスの生産は、より上流域にある森林がもつ一次生産や土壌形成、水循環、栄養塩循環等の基盤サービスに依存していることになる。このような生態系サービスの相互関係のことを、生態系サービスの「インターリンケージ（inter-linkage）」という。漁師の経験から生まれた、豊かな森が豊かな海を生み出すという「森は海の恋人」という言葉も、森林と沿岸海域の生物生産の関係も生態系サービスのインターリンケージの一例である。

生態系サービスのトレードオフ

このような生態系サービスの密接な相互関係ゆえに、ある生態系サービスの増加が他の生態系サービスの低下を引き起こすことがある。これを生態系サービスのトレードオフ（trade-off）という。

図3-1はある土地での生態系サービスのトレードオフの概念を図示したものである（de Groot et al., 2010）。図の横軸は生物多様性（高－低）と土地利用（自然的－都市的）の状態を、縦軸は生態系サービスの多寡（Ecosystem Service Level：ESL）を表している。図中の曲線はそれぞれ、P（供給サービス）、R（調整サービス）、Cr（文化サービスのうちレクリエーション）、Ci（文化サービスのうち情報、精神的価値、教育）、Σ（ESL）はこれら生態系サービスの総和を表す。

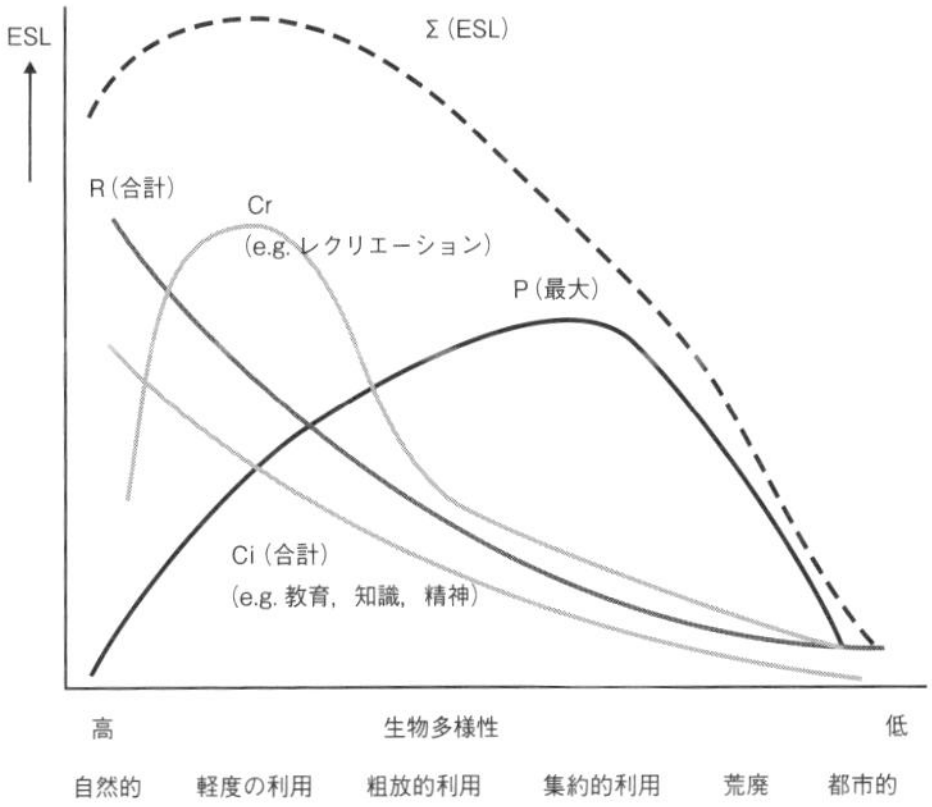

図3-1　生態系サービスのレベル（ESL）と生物多様性、土地利用の一般的関係（de Groot et al. 2010から訳出）

この図を解説すると次のようになる。手つかずの自然は、供給サービスをほとんどもたないが、調整サービスや文化サービス（情報）は豊富にもつ。この地に、開墾などの形で人の手が入り、自然が徐々に改変されると調整サービスや文化サービス（情報）は減少に転じる。他方で、供給サービスの水準は、農産物が植えられ、肥料や農薬が投入されることで手つかずの自然の状態よりも高まる。文化サービス（レクリエーション）の水準は、人のアクセスができない手つかずの自然の状態では低いが、適度なアクセスが確保されると高まりを見せる。しかし、人の手が入りすぎると再び減少に転じる。土地利用が極度に人の手が入った形態である都市に近づくほど、生態系が生み出す供給サービスや調整サービス、文化サービスは減少し、最終的にはゼロに近づく。第2章で紹介される過放牧の問題は、草地の集約的利用が進み荒廃に近い状態に到達している状況と説明できるだろう。

生態系サービスの財・サービスとしての性質

生態系サービスが財やサービスとしてどのような性質をもつか、その利用や消費（受益）の「競合性」と「排除可能性」の観点で分類しておきたい。ここで競合性（競合－非競合）とは、誰かがその生態系サービスを消費すると他の人が消費できない性質のことを、また排除可能性（排除可能－排除不可能）とは、生態系サービスを消費する人と消費しない人とを区別し、排除できる性質のことを意味する。世の中にある財やサービスはこの競合性と排除可能性の二つの観点から、①私的財（競合×排除可能）、②公共財（非競合×排除不可能）、③コモンプール財（競合×排除不可能）、④クラブ財（非競合×排除可能）の四種類に大きく分けられる（図3-2）。

この分類に従うと、供給サービスである農産物や木材、林産物の多くは、ある人が消費すると他の人は消費することができないし（競合性）、それらを独占的に利用・消費するには対価（代金）を支払う必要がある（排除可能）から、私的財に該当することになる。他方、農地や森林が生み出す洪水緩和や気候調整、土砂崩壊防止（調整サービス）、景観（文化サービス）など生態系サービスは、誰かの消費が他の人の消費に影響えることが少なく（非競合）、またサービスを消費できる人とできない人とを区別することも容易ではない（排除不可能）。したがって、これらの生態系サービスは公共財に分類できる。これに対し、農業用水や漁業権設定区域内での漁業、入会地の利用（供給サービス）、入場料を徴収する自然公園（文化サービス）などは、水利権や漁業権、入会権の保有や入場料の支払等を求めることで、サービスを消費・利用する者を選別できる（排除性）。また、過剰取水や乱獲、過剰利用がされない限りは、競合が生じることも少ない（非競合）。したがって、これらの生態系サービスはクラブ財に分類できる。最後は、野生動植物や地下水、公海の漁業資源等である。これらの生態系サービスは、基本的には誰でも利用・消費できる状態にあるが（排除不可能）、総量に限りがあるため、常に乱獲や過剰利用・取水の危機にさらされている（競合）。これらはコモンプール財に分類できる。

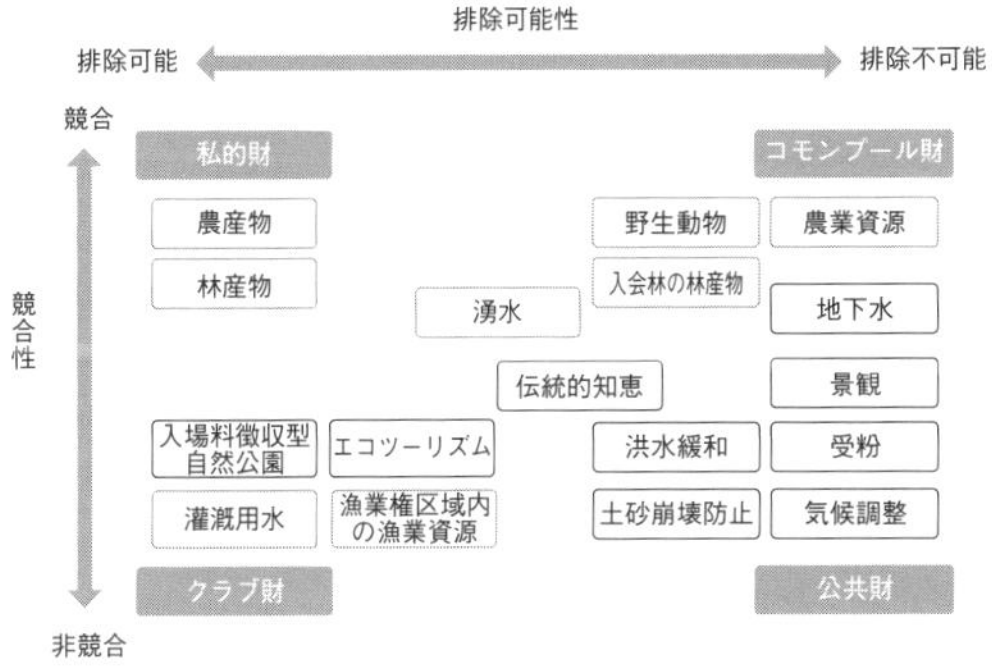

図 3-2　生態系サービスの財・サービスとしての性質
（Jansea and Ottitsch, 2005 および林編，2010 をもとに作成）

　ここから、生態系サービスのうち市場で取引されるのは私的財やコモンプール財、クラブ財に分類される供給サービスの一部にすぎないことがわかるだろう。調整サービスや文化サービスの多くは市場を経由せずに、我々に便益をもたらしている。つまり、我々は対価を支払うことなくこれらサービスの恩恵にあずかっているのである。その結果として、人々の関心は市場で取引される供給サービスの多寡やその生産や利用の効率性にばかり目が向き、供給サービスと一体的に（あるいは密接に関係をもって）生み出される他の生態系サービスの状態は、供給サービスの市場取引を通じて従属的に決定されることになる。農業者が生産性を高めようとして行う農薬や肥料の多投入が、水質汚濁や土壌劣化を引き起こした例や、外国からの輸入木材の増加に押され、国産材の需要が縮小し、森林の利用・管理が低下した結果として、豪雨時に下流域で土砂災害や洪水リスクが増加したことなどはその一例である。

このような問題に適切に対処するためには、人間社会が供給サービスだけでなく、その他の生態系サービスの価値を適切に評価し、開発や土地の利用に関わる意思決定において、サービス間のインターリンケージやトレードオフを考慮に入れる必要がある。近年、生態系や生物多様性が損なわれることによる経済的・社会的損失を評価し、多様な利害関係者（政策決定者や地方自治体、事業者や市民、ＮＧＯ等）へ、具体的な対処方法を提示することを目的とする国際研究プロジェクト「生態系と生物多様性の経済学」（The Economics of Ecosystem and Biodiversity：TEEB）が実施されるなど、生物多様性や生態系サービスの価値を適切に評価する動きが活発化している。

生態系サービスへの管理に向けて

ところで、我々はこのような複雑な性質をもつ生態系サービスとどのように付き合えばよいだろうか？　この問いに対してヒントを与えてくれるのが Elmqvist et al.（2011）によるコーヒー栽培に関する議論である。Elmqvist et al.（2011）は、コーヒーを栽培方法により大きく「サン・コーヒー」「シェードグロウン（日陰栽培）・コーヒー」「フォレスト（森林栽培）・コーヒー」の三つに分け、これまで世界各地で実施された研究成果をもとに、栽培方法が供給サービスと調整サービスのトレードオフに与える影響を説明している。

もともとコーヒーは直射日光や高温に弱いため、伝統的には熱帯や亜熱帯の森林の中で栽培されてきた。森林栽培は日射や雨からコーヒーの木を保護するだけでなく、土壌の流亡や生態系の保全にも貢献することが知られている。しかし、この栽培方法では一株当たりのコーヒー豆の生産量が少なく、生産効率が悪い。つまり、フォレスト・コーヒーは、単位面積当たりの供給サービスは少ないが、調整サービスは大きい栽培方法なのである。これに対し、品種改良を重ね、日光への耐性の強が強く一株からの収量の多い品種が開発された。現在のコーヒー栽培の主流はこの改良品種を、森林を日射や機械作業をさえぎるものが何もないように切り拓いた土地で、化学肥料や農薬を投入して栽培する方法である（サン・コーヒー）。この栽培方法は、フォレスト・コーヒーの数倍の生産性をもつと言われているが、他方で土壌浸食のリスクや地下水涵養機能の低下、生態系の破壊を引き起こすなどの問題が指摘されている。つまり、単位面積当たりの供給サービスは多いが、調整サービスは少ない。日陰栽培は、フォレスト・コーヒーとサン・コーヒーの中間にあたる栽培の形態である。日陰栽培は、コーヒー豆の認証制度である「バード・フレンドリー認証」で推奨される栽培方法でもある。ここに述べた三つの栽培方法について、単位面積当たりの供給サービス（生産量）を横軸、調整サービスを縦軸にして相互の位置関係を示したものが図3-3である。

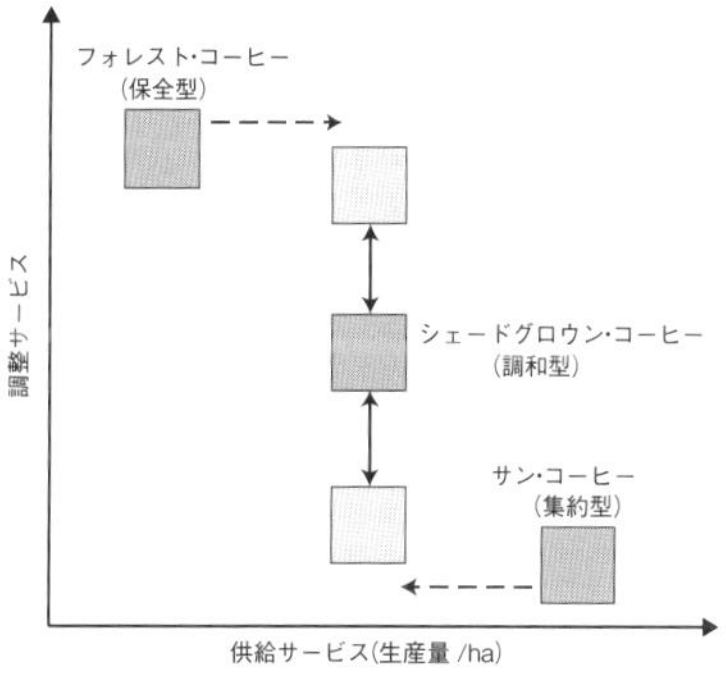

図 3-3　生態系のトレードオフの管理
（Elmqvist et al. 2011 を訳出一部改編）

シェードグロウン・コーヒーの上下にある矢印は、生産農家に適切なインセンティブを与えれば、シェードグロウン・コーヒーの生産性を損なうことなく調整サービスを改善しうることを示している。ここで図3-3の横軸に単位面積当たりの生産量の代わりに単位面積当たりの収入を用いてみよう。フォレスト・コーヒーは高い市場価格をもつため、単位面積当たりの生産量は少なくとも同面積でシェードグロウン・コーヒーに近い収益が挙げられる。他方、多投入型のサン・コーヒーは農薬や肥料、燃料の価格が高騰すると、単位面積当たりの収益が低下するため、シェードグロウン・コーヒーの収益と同等かそれよりも低い水準になる。この場合、コーヒー栽培農家は、サン・コーヒーをより低投入型の栽培様式へとシフトし、生物農薬や他植物を活用した共生的窒素固定の活用が新たな経営戦略として浮上する。

ここに述べたコーヒー栽培の議論は、我が国の農林水産業にもあてはめて考えることもできる。一例としてコメの生産を考えてみよう。環境保全型の稲作は慣行栽培に比べ単位面積当たりの収量が低い傾向にあり、土づくりや水管理、除草などで追加的な農作業労働が必要であることが多い。つまり、農薬や化学肥料の投入量を減らすことで物財費は削減できるが、収量は低下し、労働コストは増加し、トータルで見た生産費用は慣行栽培に比べ増大する。もし慣行栽培と環境保全型農業による米の重量単価が同じであれば、生産者が慣行栽培から環境保全型農業に転換する動機は乏しい。これでは農産物のブランド化や販路の開拓に成功した農家以外は環境保全型農業では生き残れない。このような問題が起きないよう、農林水産省は慣行栽培に比べ農薬と化学肥料を五割低減して栽培した場合、所定の手続きを経ることで特別栽培農産物として表示できる仕組みを設けている。お陰で、特別栽培米は慣行栽培米よりも幾分割高に取引されている。この他にも政府は、農薬と化学肥料の五割低減に加え、カバークロップや炭素貯留効果の高い堆肥の施用などの追加的な環境配慮を行う農業者に対し、生産費の掛かり増しに見合う交付金を支払う環境保全型農業直接支払交付金制度も作っている（ただし、その実施面積は我が国の全農地面積の一％にも満たない）。このほかにも近年は、生態系や生物多様性に配慮して生産した農産物を、地方自治体や生産者が独自にラベリングし市場での差別化やブランドの確立を目論む動きも多数みられる。比較的著名な取組みでは、兵庫県豊岡市の「コウノトリの舞」、滋賀県の「魚のゆりかご水田米」、新潟県佐渡市の「朱鷺と暮らす郷づくり認証米」が挙げられる。こうした環境に配慮した農林水産物を認証する仕組みは我が国に特有なものではない。国際的な制度をみても、①ＭＳＣ（Marine Stewardship Council）認証（環境基準を満たした漁業者、流通・加工業者による水産物、水産加工品の認証）、②ＦＳＣ（Forest Stewardship Council）認証（環境基準を満たした森林管理や流通・加工業者の取り扱う木材・木材製品の認証）、③レインフォレスト・アライアンス認証（環境・社会基準を満たした農園の認証）、④バードフレンドリーコーヒー認証（木陰・有機栽培のコーヒーを認証）など、様々な認証制度がある。

我が国には、このほかにも森林環境税や自然再生事業、環境配慮型の農業基盤整備、土地利用規制など、生態系サービスを扱いうる様々な制度が存在する。ただし、現時点ではこれら制度は必ずしも生態系サービスや、サービス間のインターリンケージ、トレードオフを十分に意識して運用されているわけではなく、我々には多くの課題が残されている。

「生物多様性及び生態系サービスに関する政府間プラットフォーム（ＩＰＢＥＳ）」の設立

国際的にはＭＡの成果を受け、生物多様性条約をはじめとする多国間環境協定に対して最新の科学的な知見を提供する必要性が認識されるようになった。その際にモデルとされたのが、気候変動に関する問題やアセスメントに関する科学的・技術的な発言を行う機関として設立された「ＩＰＣＣ（気候変動に関する政府間パネル、Intergovernmental Panel on Climate Change）」である。ＩＰＣＣは、一九九〇年に出した第一次評価報告書で、気候変動が起こる可能性を示すことで、気候変動枠組み条約の成立に科学的基礎を与えた。またその後も概ね五年ごとに気候変動やその影響に関する最新情報を提供し、気候変動枠組条約における京都議定書の採択やポスト京都議定書をめぐる議論や、関係国の環境・エネルギー政策・施策に影響を与え続けている。

生物多様性条約は、一九九二年にブラジルのリオ・デジャネイロで開かれた「環境と開発に関する国際連合会議」（通称、地球サミット）で、気候変動枠組条約とともに署名が開始された条約で、気候変動枠組条約より一年早い一九九三年に発効した。生態系や生物多様性の保全を目的とする条約は、生物多様性条約のほかにも、ワシントン条約、ラムサール条約、砂漠化対処条約など数多くある。しかし、条約に基づく議論や議定書の交渉の基礎となる科学的・技術的な情報を提供するＩＰＣＣのような組織は長らく整備されずにいた。

ＭＡの取組みが最終段階に差しかかった二〇〇五年一月、フランス政府と国連教育科学文化機関（ＵＮＥＳＣＯ）が主催の国際会議で、生物多様性の動向評価を行う政府間プラットフォームの創設が正式に提案され、「生物多様性に関する科学専門家国際メカニズム」（ＩＭｏＳＥＢ）の国際運営委員会が設置され、プラットフォームのあり方や運営方法に関する協議が始まった。この取組みは二〇〇八年に国連環境計画（ＵＮＥＰ）に引き継がれ関係国での議論が継続された。そして、二〇一二年四月に「生物多様性版ＩＰＣＣ」との呼び声も高い「生物多様性及び生態系サービスに関する政府間プラットフォーム（Intergovernmental Platform on Biodiversity and Ecosystem Services：IPBES)」が正式に設立された。ＩＰＢＥＳは、意思決定機関として全加盟国が参加する総会と、ＩＰＢＥＳの管理運営機能を担うビューロー、ＩＰＢＥＳの活動を科学・技術的な側面から支える学際的専門家パネルで構成され、以下の四つの機能をもつこととされている。

- 政策担当者が必要とする重要な情報を特定、優先順位をつけ、新たな知識生成の促進する機能、
- 世界規模および地域レベルの評価を定期的かつタイムリーに実施する機能
- 政策の立案や実施を支援する機能
- 科学と政策との連携の改善と関係者の能力養成の機能

ＩＰＢＥＳには二〇一三年一二月時点で一一五カ国が加盟している。その活動はまだ始まったばかりだが、ＩＰＢＥＳが本格的に稼働し、科学評価が定期的に実施されるようになると、生物多様性や生態系サービスについての客観的かつ科学的な情報基盤の形成が促進される。ＩＰＢＥＳが取りまとめた情報は、生物多様性条約をはじめ関係条約の締約国会議での新たな枠組作りに向けた議論に利用される。そしてそこでの合意は、いずれ議定書として取りまとめられ、一定数の条約加盟国が批准することで発効し、批准国は国内制度や施策の新設や見直しによる対応が求められることになる。この一連の流れがどの程度の時間を要するかはわからないが、ＩＰＣＣの例をみても、ＩＰＢＥＳが設立したことで確実に前に進むことになると考えて良いだろう。

［橋本　禅］

※本稿はＪＳＰＳ科研費（13058923）および平成二五年環境研究総合推進費（1-1303）の成果に基づくものである。

第4章 地域に根ざした文化的景観の保全

人が生業や生活を通じ人と自然とが関わり合う中で形成されてきた農山漁村では、地域固有の文化的景観がみられる。「農林水産業に関連する文化的景観の保護に関する調査研究（報告）」（文化庁文化財部記念物課、二〇〇五）では、身近な農山漁村の棚田や里山は、環境の保全および災害の防止といった役割のみならず、ふるさとを代表する風景となり、都市との交流の場としても重要であると述べられている。一方、一九六〇年代の高度成長期以降には、地域資源の利用のあり方も大きく変化し、文化的景観の画一化が進んできた。景観を保全するということは、単純に今、目の前に見えている姿をずっと変わらないようにとどめることではない。その景観を成り立たせてきた、直には目に見えない仕組み（時には自然の力、時には人の働きかけによる）を持続させていくことによって、同じ景観を見ることのできる機会を将来に引き継いでいくことである。とりわけ農林水産業が作り上げてきた文化的景観であれば、その景観が続いていくための社会的経済的な仕組みや、将来にわたって継続的に利用される状況を提供することが重要といえる。そのためには、景観の現状を把握する作業と同時に、景観が成り立ってきた歴史や仕組みを明らかにし、それらを総合して今後取りうる方向性を探り出すアプローチが必要となってくる。本章では、日本の代表的な文化的景観である里山を対象に、その特質や課題を具体的にみていく。また、地域資源の持続的な利用を基本とする暮らしや生業が続くブータン王国の事例を参照しながら、地域に根ざした文化的景観の保全の方向性を考える。

文化的景観とは

二〇〇五年に改正された文化財保護法においては、文化的景観が「地域における人々の生活又は生業及び当該地域の風土により形成された景勝地でわが国民の生活又は生業の理解のために欠くことのできないもの」（文化財保護法第２条第１項第５号）」と定義され、新しい概念の文化財として位置づけられている。この中で「重要文化的景観」は、農山漁村地域の自然、歴史、文化を背景として、伝統的産業および生活と密接に関わり、その地域を代表する独特の土地利用の形態または固有の風土を表す景観で価値が高いもの、として選定される仕組みとなっている。

このように価値が見いだされ、広く認識されるようになった文化的景観の特質として、①伝統的産業および生活を基盤として成り立つ、②豊かな地域性、③一定の周期に基づく変化、④多様な構成要素とそれらの有機的な関係、⑤景観構造における多様性、⑥多様な生物種とその生息地の維持、⑦二種類の「文化的景観」（それ自体で極めて高い価値を有するものと、他の記念物等とその一体として展開することに価値を有するもの）がある、という七つの項目が挙げられている。このうち、文化的景観の保全と活用を議論する際には、②の「地域性」は重要なキーワードとなる。「地域性」には地域の自然基盤や自然史、地域社会のたどってきた歴史や蓄積した文化などが含まれ、我々が目にする景観の中に、そうした地域固有の性質が映し出されていることは、様々な人を惹きつける大きな魅力の源泉となりうるといえよう。近年の景観をめぐる他の法的な枠組みも、そうした魅力を形成することを期待して地域性を重視する方向でつくられているものが多い。例えば二〇〇四年に施行された「景観法」は、全国一律のやり方では解決できない地域独特の景観を守っていくため、地域ごとの特徴と事情に合わせて保全の方向性を組み立てられる仕組みとなっている。

京都府の文化的景観

それでは、京都府を事例に文化的景観の具体的な事例をみていく。

「京都府の良好な文化的景観について（報告）」（京都府文化的景観検討委員会、二〇〇五）によると、京都府の文化的景観の特徴として、古代には恭仁宮、長岡京、平安京など宮都が営まれ、中世、近世にわたって政治・経済・文化の上で大きな役割を果たし、長い歴史の中で耕作されてきた農地、手入れの施された山林とともに、壮大な堂宇を誇る社寺建造物、町家など、特色ある町並みが多く残されていることが挙げられている。そして、これらの文化的景観が、長い年月の積み重ねを経て現在まで継承され、また多くの人々が絵画に描き、和歌に詠むなどして、日本を代表するものとして認識されてきたとしている。地域ごとの特徴からは、社寺が並び立ち各時代を代表する景観が残る山城地域、豊かな農地や山林に囲まれ都の消費を支えた丹波地域、日本海に面し大陸文化の取り入れ口として、弥生時代には有数の文化先進地となっていた丹後地域、という三つに分けている。

このような文化的景観は、明治維新以降の近代化、高度経済成長や生活様式の変化の中で大きく変化してきた。農村漁村においても、効率を優先した田畑の整備、人口流出や高齢化による農地の放棄、植林地の管理放棄などにより、地域の特色ある文化的景観の保全が困難になっている。このような背景の中で、京都府は、一九七三年に良好な町並みや田園風景など特色ある景観を「京の百景」として絵画に描き、普及に努めるという事業を行った。また、文化財保護法に基づく重要伝統的建造物群保存地区選定の推進、京都府文化財保護条例に基づく文化財環境保全地区の決定を行う一方、京都府環境を守り育てる条例に基づく歴史的自然環境保全地域の指定にも取り組んできた。

また、地域固有の景観を良好に保っている代表的な事例を抽出し、その特徴を検討している。その際には文化的景観を、⑴農林水産業に係る景観地、⑵伝統産業に係る景観地、⑶信仰や生活習俗に係る景観地、⑷集落に係る景観地、⑸歴史的事跡が残された景観地、⑹自然的な複合景観地、⑺商業・交通に係る景観地、⑻その他の景観地に分類している。⑴農林水産業、⑵伝統産業に係る景観地の事例は以下の通りである。

⑴　越畑の棚田（京都市右京区）、筍畑と小柴垣の景観（向日市・長岡京市）、白川の茶畑と瓦屋根の町並み（宇治市）、青谷の梅林（城陽市）、畦畔木のある水田景観（亀岡市）、鮎漁の景観（南丹市日吉町、京丹波町）、間人海岸と漁り火（京丹後市丹後町）

⑵　北山杉の林業景観（京都市右京区）、桧皮採集林の景観（京都市右京区、南丹市美山町）、茅場の景観（南丹市美山町）、ころ柿作りと柿屋の景観（宇治田原町）、黒谷の紙すき景観（綾部市）

以上のような検討結果を基本にしながら、二〇〇七年に京都府文化財保護条例が一部改正され、京都府独自の文化的景観の選定制度が創出された。これは京都府景観条例（景観資産登録制度）と連携した選定ともなっており、二〇一二年までに、「京丹後市久美浜湾カキの養殖景観」「和束町の宇治茶の茶畑景観」「宮津市上世屋の山村と里山景観」など九つの地域が選定されている。京都府では、このような選定が固有の地域文化や伝統・習慣等を次世代へ継承する文化財保護の観点とともに、生産品の地域ブランド化や文化観光の新しい施策を展開する上でも有効としている。

京都府の里山

それでは、以上に述べた京都府の文化的景観の特徴や行政の取組みを踏まえ、三地域の里山を事例に文化的景観の特徴と課題について概観する。

日本の里山は、気候や地形などがもたらす地域の自然と人々の生活、生業、信仰、年中行事などが結びつきながら形成されるが、主に集落―耕作地―森林の組み合わせによって構成される。里山においては、水田稲作が重要な生業であり、狭い谷奥のような場所まで可能な限り水田として利用されてきた。宗教上、あるいは地形上などの理由で利用できない、あるいは制限される林地も存在し、空間配置や面積が大きく変化せず恒常的に存在する里山景観の構成要素となってきた。

集落を中心とした土地利用の配置には、地域の自然環境や他地域との関係に基づく特徴がみられ、土地利用の最適化には、資源利用や管理に関する地域の組織、取り決め、所有形態などの文化、社会的な要因も深く結びついてきた。このような地域の自然、社会環境に由来する地域性は、集落、耕作地、森林という三つの空間の関係に見いだすことができる。例えば、京都府の丹後半島山間部に位置する宮津市上世屋周辺（図4-1）では、豊富な地域資源があるものの、近隣の市場とのつながりが希薄で自給的な利用が中心となってきた。このような地域では、耕作地と森林との境界地付近には、半共有地的な性質をもつ採草地、陰伐地、カヤ場などが位置し、集落での住民の生活や耕作地での生産を支えてきた。森林利用は、薪や炭材の採取、用材、用心山などの多様な利用形態があり、長期間、安定して集落を支えるための工夫がなされていた。

一方、京都府の京阪奈丘陵に位置する木津川市鹿背山周辺は、舟運によって大阪、京都、奈良といった近隣都市と古くから強く結びついてきた。そのため、畑地は常に都市を支える商品作物の栽培の場となっており、畑地の位置や面積、栽培する作物の種類は短期的に大きく変動するものであった(図4-2)。また、都市部の急激な需要拡大によっては森林までも開墾して畑地として利用するという可変性があり、耕作地と森林との境界は確定したものではなかった。里山景観の多様性、地域性は、地域にとって最も合理的な資源利用、資源管理の方法を追求することによって生み出され、時代によって変化しながらも、集落—耕作地—森林の組み合わせによって構成される構造となっていた。

図4-1　上世屋の文化的景観

また、森林からの薪採取と言ってもその様相は地域ごとに大きな違いがあった。例えば、樹種の選択を見ると、より商品生産としての性格が濃く場合によっては植栽など、より集約的な過程を伴う鹿背山に対して、上世屋周辺ではシデ類やブナなども含め天然更新により優占樹種になり得る広葉樹を対象としていた。また、上世屋周辺では幹を割る作業に比重がおかれるが、鹿背山周辺では伐る作業に比重があるほか、伐採周期も違い、必要とされる里山林の伐採周期は決して一律に示せるものでなかった。同じ燃料材であるにもかかわらず、規格が異なっている背景としては、異

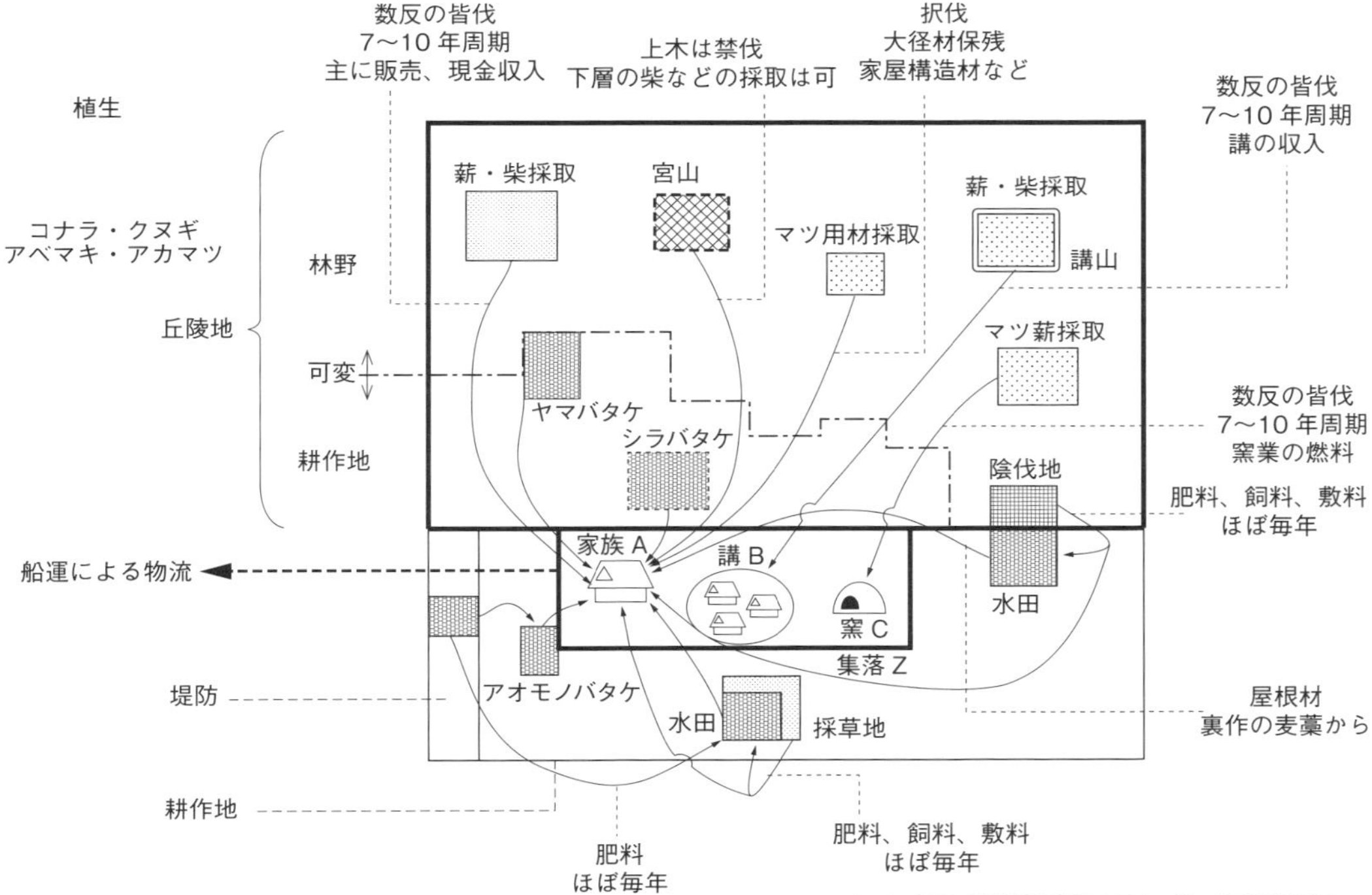

※パッチの濃さは資源採取間隔を示す。濃いほど間隔が短い。

図 4-2　鹿背山周辺の資源利用（20 世紀初頭）

なる気候、地形などの自然条件とともに、燃料としての使い方が関連すると考えられた。上世屋周辺は、厳しい冬の間に暖をとるため、囲炉裏で薪が使われ、この際には火もちを良くするのに十分な長さ、太さが求められた。一方、鹿背山周辺で生産される薪は、主に温暖な気候の都市部の台所での煮炊きに用いられるため、比較的に短く規格が揃ったものが適寸とされた。

今日、日本の大部分の里山において、薪炭林や農地の管理放棄が急速に進み、集落組織を通した伝統的な里山の利用や管理方法の継承は困難になっている。集落―耕作地―森林の組み合わせと、そのつながりの中での地域資源の利用や管理はほとんどなされず、里山景観を形成してきた地域社会と地域資源との関係は喪失の危機にある。このような状況の中、現代的な価値を生み出すための活動が各地でみられるようになった。伝統的な集落組織や財産区などが里山管理で担ってきた役割を、移入住民や外部の人々も少しずつ認識し、あるいは担う事例もみられるようになった。そうした新しい紐帯を築くためにも、その地域の特徴、そこでしか得られない魅力はどこにあるのかを、地元の視線と外部の視点の双方から共通認識とすることが重要である。

里山の孤立木

次に、京都市右京区の山あいに位置する越畑を対象に、里山の構成要素となる孤立木に注目した文化的景観の地域性についてみていく。越畑は二〇〇九年に「にほんの里一〇〇選」に選出され、孤立木のある里山や棚田の景観の美しさが高く評価されている。四方を山に囲まれ、西側に向かって開けた地形となっており、里山景観は茅葺きを含む伝統的な民家が建ち並ぶ集落中心部、その周辺に広がる棚田、周囲を囲う森林によって構成される。

図 4-3　越畑の文化的景観

越畑の様々な場所に点在する孤立木は、生活や生業と結びついて特徴的な文化的景観を形成していた（図 4-3）。全体の出現種数は一一八種であり、土地利用ごとに見ると、農林地が最も多く八〇種、次いで民家の六四種であった。農林地の孤立木のうち事例数が最も多かったのはクヌギであり、次いでカキノキ、チャノキとなっていた。クヌギやアベマキの多くは、三メートルほどの高さで刈り込んだ箒状の樹形（ポラード）をした列を形成し、米を干すための竹を渡す「いな木」として利用されてきた。「いな木」は畦ごとに七、八本ずつ植えられ、カブトムシやクワガタの格好のすみかとなり、昆虫を採集する子どもたちの遊び場ともなっていた。また、低木のチャノキ、イヌツゲ、シキミの列も多くみられ、ナンテンやサツキ、ヤマツツジなどは春に彩りを添えていた。

集落周辺をみると、京都市登録有形文化財となる河原家住宅の大イチョウや道沿いにあるエドヒガンのようにランドマークとなる樹木が見られ、四季の移ろいとともに色彩の豊かさを加えていた。この地域周辺はユズの生産地として名高く、民家の入り口や敷地の境界にユズが多く見られた。

亀岡市での孤立木の樹種構成に関する調査の結果と比較すると、越畑ではカキノキやウメのような果樹が多く見られ、それらの比率が極めて高かった。これは、山間集落では土地面積に制約があり、かつてより食糧を得るために、畦のようなスペースをも有効に使ってきたためと考えられる。一方、亀岡ではハンノキが最も多く出現した。ハンノキはイネを収穫した後の稲藁を干すために利用されており、いな木で干したおいしいお米という付加価値を付けて販売するという試みもなされていた。また、この地域の水田土壌は砂質で崩れやすく、ハンノキの根が畦を補強する役割を担っているため、いな木としての利用がされなくなった今日でも一部は伐採されずに残されていた。

このように、両地域の孤立木では、樹種や利用形態などには違いがみられ、地域の環境や生活に応じた樹木が選択されていた。一方、今日では、農業の機械化やほ場整備、食生活の変化などにより孤立木は伐採される傾向があり、それぞれ地域の地域性を形作ってきた景観要素が消失しつつある。

ブータン王国のGNHと農村の暮らし

次に、現在でも地域資源を利用する伝統的な生活や生業を基本とする文化的景観の参考例としてブータン王国の農山村の事例をみていく。ブータン王国は、南部山麓の二〇〇〇メートル地帯から七〇〇〇メートルの北部高山までの急峻な山岳地形を有し、森林が国土の七二%を占める。農村のほとんどが山間部の斜面に位置し、特に内陸の河川地域から南部の平野部にまとまって存在する。農業はGDPの三三%で経済の基盤となり、人口の七〇%が従事し、在来作物と周辺の森林などから採取する野生植物を衣食住に利用している。標高に対応した農牧業がなされ、稲作は二五〇〇メートル以下で行われ、三〇〇〇メートルくらいまではジャガイモや大麦などの畑作が中心となり、さらに高標高域になるとヤクの放牧が生業の中心となる。

ブータン王国では、国民総幸福量（GNH）により、経済成長を重視する姿勢を見直し、伝統的な社会・文化や民意、環境にも配慮した「国民の幸福」の実現を目指す考え方を基本とした政策を行っている。その背景には仏教の価値観があり、「持続可能で公平な社会経済開発」「環境保護」「文化の推進」「良き統治」という四本柱を基本に、「文化の多様性」「地域の活力」「環境の多様性と活力」などの九分野、七二指標を策定している。また、国土の森林面積の割合を六〇％以上に維持することが定められており、一九六九年 **Bhutan Forest Act** が制定され森林すべてが国有化された。

図 4-4　ブータン王国ティンプー周辺の農村

ブータン王国の農地は三％程で、厳しい地形に阻まれ小規模な農地が大半を占め、土地生産性も低い（米の自給率は五〇％程）。このような状況の中で、二〇一二年にはGNH向上政策の一環として、二〇二五年までに国土全体を一〇〇％有機農業にすることを目標にした取組みが始まった。**Sokshing**（ソクシン—落葉採集林、入り会いでの落葉採集）などにより、集落、農地、森林の有機的なつながりを担保することで環境を重視した持続的農業を行おうとしている。

このように試行錯誤をしながらも、地域や人とのつながり、自然や伝統文化への尊重を基本とする政策や生業により、かつて日本の里山でみられたような文化的景観を引き継いでいる。

図4-4は首都ティンプー周辺の農村であり、民家の周辺に棚田

図 4-5　ブータン王国ポプジカの農村

が広がり、背後には大面積の森林が広がる。田んぼの先端の小屋はイノシシなど野生動物からの被害から稲を守るための見張り小屋であり、民家周辺や棚田の中にはトウモロコシ、トウガラシなどの小規模な畑地や孤立木がみられる。図4-5はポプジカの農村であり、集落周辺にジャガイモやカブなどの畑が広がり、その周辺に森林が広がる。母屋近くには薪小屋、鶏小屋や豚小屋などがみられる。牛、豚、馬、鶏などの家畜は労役、食料、肥料など地域の人々の暮らしに不可欠な役割を果たす。森林や草地からは有機肥料となる落葉やシダ、燃料となる薪、民家や小屋の建築に使われるマツ材などの資源が利用される。

ブータン王国の農村は集落、耕作地、森林の組み合わせによって構成され、日本の里山に共通する景観構造がみられ、孤立木も存在した。一九六〇年代までは日本でも行われた地域資源の利用形態に通じる知恵や技術も垣間みられた。一方、近年では都市部への人口流出、過疎・高齢化の進行、野生動物による農作物被害、安価な輸入農作物の普及による耕作放棄地の増加、土地の細分化・分断化など日本の農山村と同様の課題を抱えるようになっており、文化的景観の保全にむけた課題が顕在化している。

これからに向けて

文化的景観の地域性は、個別の地域における景観の来歴や変容を、同時代性の中で横並びに俯瞰することにより、その実像が浮かび上がってくる。その基本は、それぞれの地域が歩んできた歴史や伝統を今日に生かすという視点（時間）、そして文化的景観の構造やつながりを理解し応用する視点（空間）、という二つの視点で捉え、目標とする将来像を描いていくことにある。

本章では、京都府の里山の事例をあげながら、景観の地域性を支えているものは何かについて言及した。この際には社会とのつながりをもったプロセス（景観の来歴や変容）や空間情報に基づき、包括的に地域の景観を分析することによって、人と自然との関わりを端的に表すような文化的景観の構成要素を抽出し、丁寧にみていくことが不可欠である。

また、日本国内のみならず、海外の事例も含め比較検討することによって、地域性の実像をより明確に認識することも重要である。例えば、ブータン王国の事例により、地域資源の利用を基本とした文化的景観を支えるしくみや、GHNなどの国の政策や仏教の教えに基づく精神性など目には見えない要素が文化的景観の保全にどのように寄与するか等の理解を深めることができる。文化的景観の地域性を大事にすることは、地域住民の知恵や技術を尊重、活用することにつながるとともに、地域外の人が新たな関わりをもつための大きな駆動力を生み出すことにつながっていく。このような地域性を鍵に、それぞれの地域にとって文化的景観がもつ意味や価値を共有することが、「地域に根ざした文化的景観の保全」に向けた大きな力になるといえよう。

［深町加津枝］

第5章

風土建築から学ぶ持続的人間環境

──文化継承社会再生への建築的視座

本章では、変容著しい現代社会における人間環境のあり方について、風土に根ざす「暮らし」や「住まい」の発展的継承から考察する。地球環境の今日的課題にある人間環境を考えたとき、近代以降の拡大成長を理念とする価値観やエネルギー消費社会の限界から、低環境負荷社会への移行が求められている。未来社会を安定なるものにするためには、これまで使われてきた科学技術を環境親和的に再構築するだけでなく、我々自身の価値意識の転換も必要となろう。

筆者が着目するのは近代化の過程で断絶し消滅していった、あるいは消滅しつつある地域固有の居住文化がもつ有意な要素を、もう一度現代社会に引き合わせ再評価することである。なぜなら、風土に培われた地域の暮らしや住まいは、周囲の自然環境との合理的応答の術を幾世代の試行錯誤の繰り返しにより獲得された成果であり、本質的に環境親和性が高いからである。これは、地球環境問題が叫ばれる以前の社会に戻るべきという意味ではない。科学技術の深化が、現代都市の膨大な人間活動を支える上で今後も必要不可欠であると同様に、グローバル化が進んだ社会においてもう一度ローカリティについて意識し評価するプロセスが必要ではないかということだ。しかし、地域固有の居住文化とは綿々と受け継がれてきた生活そのものであり、その在来性ゆえに自分たちではその価値を把握しにくい。それは、外来の価値観や市場経済の浸透により失われやすいとも言える。「文化継承社会の再生」というタイトルはこのような状況から導出されたもので、本章で紹介するベトナムやフィジーで実施した伝統木造建築の再建プロジェクトはその具体的試行である。これらのプロジェクトは、それゆえ伝統建築の保存活動というより極めて今日的・未来的指向をもつ地域の問題として捉えている。

風土建築の再建プロジェクト

筆者は、アジア伝統木造建築の発展的継承をテーマに、フィールド調査や再建プロジェクトに取り組んでいる。ここでいう伝統木造建築は、権威や信仰の表徴として様式化された王宮や寺院のような建築ではなく、いわゆる風土に根ざした原初的な住居を想起する類の建築である（B・ルドフスキー、一九八四、P・オリバー、二〇〇四）。和辻哲郎が著作『風土―人間学的考察』で、「ここに風土と呼ぶのはある土地の気候、気象、地質、地味、地形、景観などの総称である」と定義し、風土に存する「さまざまの制約がその軽重の関係において秩序づけられつつ、ついにある地方の家屋の様式が作り上げられてくるのである」として、風土建築の有り様を表現している（和辻、一九七九）。地域環境の中で長い時間をかけ試行錯誤を繰り返しながら、独自の形態として定着化した建築物といえるだろう。それゆえ、環境親和性が高く合理性・機能性を併せもつ必然的形態を有すると言える。しかし、前述したように風土建築のもつ在来性は、現代社会において脆弱である。フィールド調査で訪問した海外辺境地においても、コンクリートブロックやトタン、セメントスレートなどの新建材が急速に普及している。多くの人々は、これらを現代的生活への憧憬、富裕の象徴として積極的に求めている。集落に残る自然環境と外部由来の住居との混在が現在進行形のコンストラストとして際立つ。失われつつある個々の風土建築がもつ多様な豊かさは、一旦途切れるとその再生は難しい。伝統木造建築の再建プロジェクトは、このような状況から現地の人々と協働する活動として始まった。

ベトナム中部の山間部に位置するホンハ村は、カトゥ族を中心にいくつかの山岳少数民族が混住する河川沿いの小集落である。ここで、筆者も参画したJICA草の根事業[*1]の一活動として、グゥールと呼ばれるカトゥ族の伝統的な高床式木造集会施設（コミュニティハウス）を再建することとなった（図5-1）。現在ベトナムでは、森林環境の悪化と森林保護政策によって、多くの地域で木材資源の確保が難しくなっている。また、ベトナム戦争後の少数民族に対する定住定耕政策を契機に、焼畑農耕から水稲農耕、伝統的な高床式住居から土間式住居へと生活様式が変容した。近年市場商品の普及も加速しており、日常生活において伝統建築に触れる機会はほとんどなくなっている。特にホンハ村は、ベトナム戦争時の激戦でラオスに避難していた人々の再定住集落で、一九七四年以降新たな生活基盤を整備する必要があったため、彼らの風土建築を再建する機会がなかった。二〇〇六年より始まったJICA草の根事業では、このような状況を村人と議論し農村集落の支援事業にコミュニティハウス再建を位置づけた。最終の住民ワークショップでは、若者たちが木材の耐久性や資材確保、建物の見栄えを懸念し、一部コンクリートなどの新建材を利用する案を主張したが、長老衆の強い意向により建設の諸課題を一つずつ乗り越えながら伝統的手法で建設することが決まった。資材調達から建物完成まで経験豊富な長老衆の指導の下、二〇〇七年九月全住民が協働した三十数年ぶりのコミュ

図 5-1　ベトナム（右）とフィジー（左）の再建プロジェクト

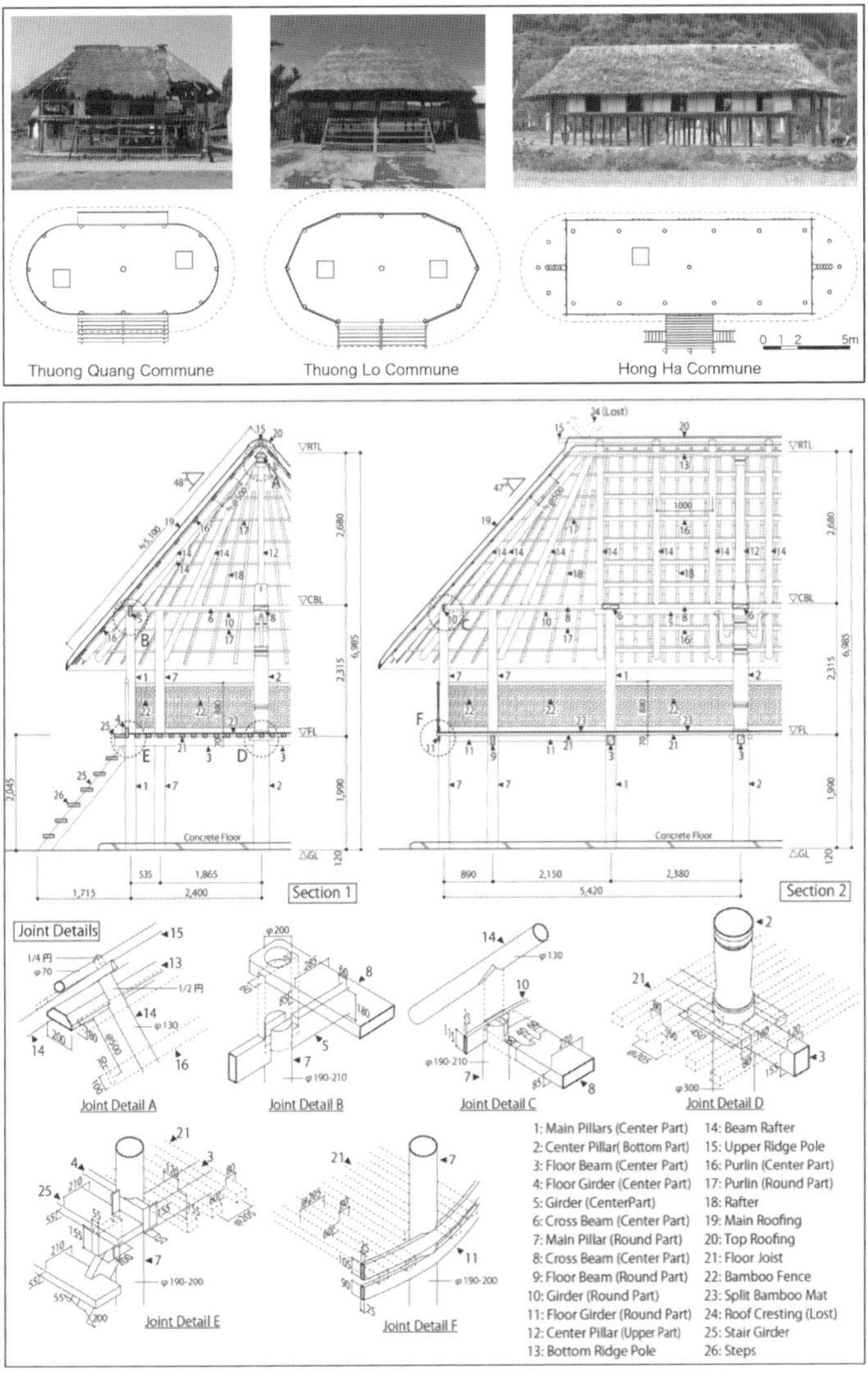

図 5-2　コミュニティハウスの実測調査資料

ニティハウスが出現した。建設当初は不安を抱いていた若者たちも、この建設を通して様々な知識や技術、伝統的慣習を垣間見ることで、完成後に伝統楽器や伝統織物の実習に取り組むなど、相乗的な文化継承の萌芽がみられた。筆者らは、建設プロセスの記録や建物実測調査を行うことで、次世代への継承テキストとしてベトナム語の資料にまとめ、周辺地域や関係各局へのフィードバックに努めた（HUAF Hue University and GSGES Kyoto University, 2008）（図5-2）。

フィジーにもブレと呼ばれる伝統木造建築が存在する。ベトナムでの再建プロジェクトが完了した翌年、フィジー適正技術開発センターを訪れる機会を得た。当センターは、村落部の若者の生業支援となる農業、機械、工芸、建設など、各種技術を普及促進する職業訓練機関である。ここで、ベトナムでのプロジェクトを紹介したところ、センター長が日頃から伝統建築の減少を危惧していたこともあり、ブレ建設を共同で実施することとなった（図5-1）。フィジーにおいても、近年急速に市場経済化が進み都市部への出稼ぎや移住などにより、共同作業が必要な風土建築の建設・維持が難しい。プロジェクトでは、近郊のザウタタ村からブレ建設経験のある大工を招聘、センターで学ぶ学生や集落の若者たちも建設に参加し、二〇一一年九月センター敷地内にブレが完成した。今後、建築プロセスを記録した内容を取りまとめ、センターの研修プログラムとして運用される。ザウタタ村でも伝統建築が姿を消して久しいが、再建プロジェクトに参加した若者たちが一棟のブレを村内に自力建設した。近年政府が推進するビレッジツーリズムを利用することで、旅行者や村の子どもたちに伝統儀礼や生活体験の場を提供し、伝統文化の継承に役立てようと意欲をもって取り組んでいる。

在来建築技術の豊かさ

ベトナム、フィジーの再建プロジェクトで、村人達は図面も巻尺も用いずに、鉈や手斧程度の簡易な工具で構造体の組み立てや仕上げ作業を器用に行っている。建設途上ホンハ村の長老衆に軒出寸法はどのように決定するかを尋ねてみた。彼らの一人が、小枝で肩からふくらはぎまでの長さを計り取りその長さを示した（図5-3）。身体を尺度として、建築形態の決定や必要資材の寸法伝達を行っていたのである。より詳しく長老衆にヒアリングを実施すると、腕を用いた七種類の身体尺（A1〜7）、手を用いた一〇種類の身体尺（H1〜10）という一七種類の単位寸法があることがわかった（図5-4）。基本的な寸法決定は、これら一七種類の単位寸法を用いて表現する（H. Kobayashi, T. N. Nguyen, 2013）。原初的建築への身体尺利用はどの地域でもあっただろうが、建築物が高度化する過程でいくつかの基本尺度を発達させ尺寸法やフィート法などの公定尺が確立された。例えば、両手を広げた長さ（尋）、肘から手先までの長さ（肘）、手を広げた親指から中指までの長さ（咫（あた））がもつ一対四対八の換算関係は、ものさし化の発達過程としてみることができる。一方、ホンハ村ではすべての単位寸法がいまだ原初的に独立して用いられ、多様な寸法体系が体の中にすり込まれている。柱間、柱高など建物形態に関わる寸法は腕を用いた単位寸法を組み合わせ、部材寸法や部材配列は手のひらや指幅で表現する。単位寸法の組み

図5-3　軒出寸法の決定

腕を用いた身体尺

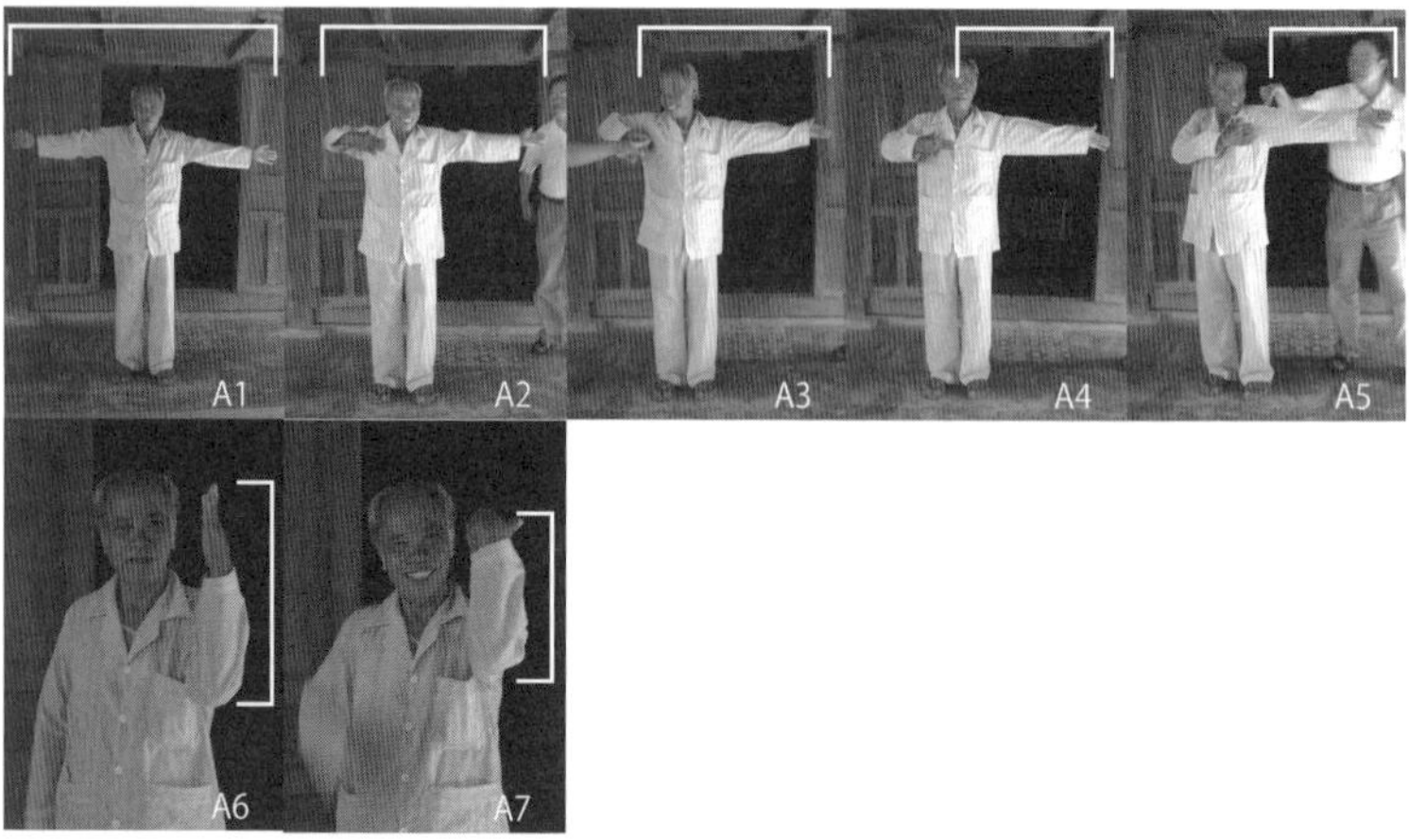

手を用いた身体尺

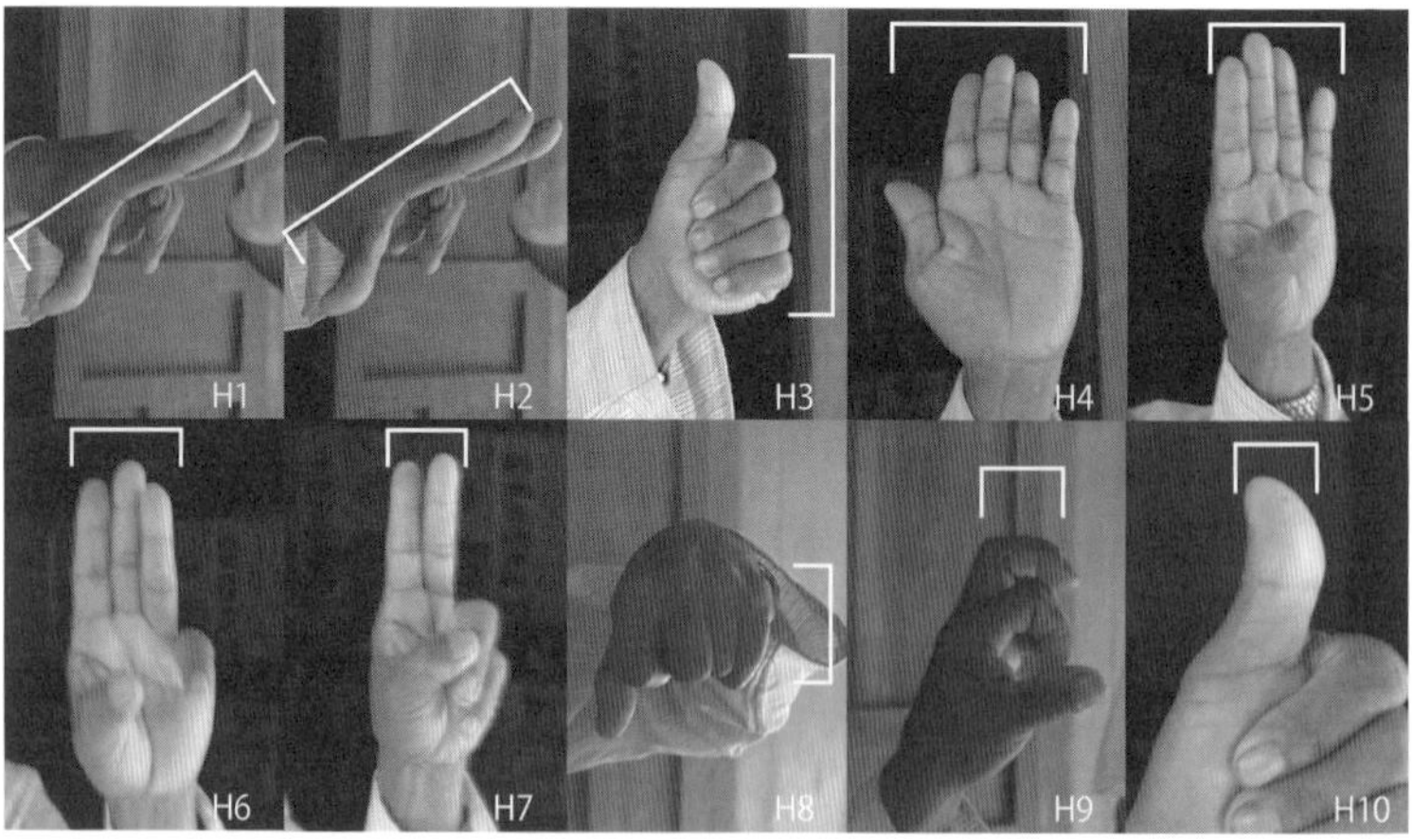

図 5-4　建設時に用いる単位身体尺一覧

合わせや採用寸法は、絶対的でなく状況により柔軟に決定される。ホンハ村の再建プロジェクトで、例えば柱間寸法は図5-4中のA1+A2、主柱の幹廻り寸法はH1×4を目安としていた。ちなみに、柱が直径でなく幹廻り長で表現されるのは、資材調達時の森林で適当な規模の立木を探すとき、幹表面に広げた手を当てて計り取る方が合理的だからである。このように、建物形態や資材寸法の決定に身体尺の知識を駆使し、また不揃いな部材を適材適所に配置する見立ての技術を巧みに利用しながら建設を行う。身体尺の利用は建設時だけではない。農具をつくるとき、田畑の大きさを計るとき、収穫物を分配するときなど、日常生活の多くの場面で身体による計量の所作を用いる。従来は風土に根ざした暮らしや住まいの中で、身体尺のような在来知識・技術が世代間で伝承されてきた。このような意味からも、一世代を超える前にホンハ村の若者達が風土建築の再建を経験し、長老衆から様々な在来知を学べたことは意義ある機会であったと言える。

風土建築と地域資源

ベトナム、フィジーでの経験から再認識することは、風土建築の建設・維持には在地資材（その土地で採取される建築資材）、伝承技術（世代間の伝承や経験知による技術）、共同労働（コミュニティによる共同作業）という三要素が必要で、これらの相互作用により継承可能性をもつということである（図5-5）。集落の世代間で知識や技術を受け継ぎ、その能力を適用して森林資源を有効かつ合理的に利用し、豊かな森林の恵みを循環的に集落が享受するというように、各要素は連環し合うことで持続性を成立させる。これらの要素を地域資源として考えた場合、在地資材＝物的資源、伝承技術＝知的資源、共同労働＝人的資源となり、より巨視的視点から地域自然（⊂物的資源）、地域文化（⊂

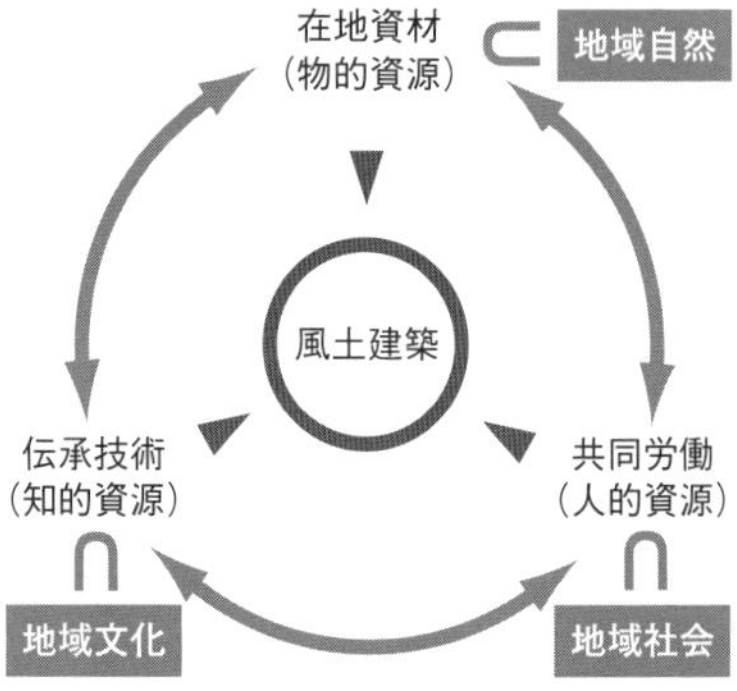

図 5-5　風土建築と地域資源

知的資源）、地域社会（∪人的資源）と表現され、全体として地域環境（＝地域自然＋地域文化＋地域社会）そのものに還元される。これは、地域環境の保全により風土建築が成立し、その発展的継承も担保されることを示す。風土建築を考えることは、建築物だけにとどまらず、地域の文化やコミュニティ、そして自然環境を考えることにつながる。

ベトナムとフィジーに続き、今後タイやその他アジア地域でも再建プロジェクトを実施していく予定である。地域固有と表現されるように各地域は独自の文脈をもつことから、画一的なマニュアル化は難しく、次世代につながる事例を個々の成果として積み重ねていくことが重要であろう。そのような活動の結果が良ければ周囲に受容されていくだろうし、最終的な価値判断はその地域の人々が決めることだと考える。グローバル化が進行した現代社会においても、丹念に地域の人々と時間を共有し対話を重ねる中で、昔の慣習や伝統技術を残していくべきだというキーパーソンと出会う機会が必ずある。ベトナム中部山間集落ホンハ村の長老衆や、フィジー適正技術開発センターの方々がそうであった。氏らとの出会いが風土建築を再評価し継承していこうという再建プロジェクトにつながり、集落の人々が自らの建築文化について考える機会を得た。ホンハ村では伝統的織物や伝統舞踊を学ぶ若者が出現し、ザウタタ村では若者が自力建設でブレを完成させた。地域環境の具象化である風土建築は様々な事象に作用する建築力を有する。

再建プロジェクトをきっかけとして、地域の人々がどのように風土建築（＝地域環境）の発展的継承を未来社会へつなげていけるかが今後の課題である。フィジー適正技術開発センター長が残した「ブレは我々の伝統文化であるが、その時代の社会的要請に応じて変容し適応することが継承につながる」というコメントにそのヒントが隠されているように思う。また、風土建築を地域環境との関連の中で読み取ることで、我々が暮らす社会にも示唆を与えてくれるだろう。風土建築の再建プロジェクトの事例は、決して我々の生活とかけ離れた出来事ではなく、自分たちの周囲にある伝統的慣習、地域コミュニティ、原風景などに置き換えてみると、より身近な問題としてその構図が浮かび上がる。

［小林広英］

＊1　京都大学地球環境学堂とフエ農林大学との共同でＪＩＣＡ草の根パートナー型技術協力事業「ベトナム中部自然災害常襲地での暮らしと安全の向上支援（二〇〇六月九月〜二〇〇九年八月）」を実施し、フエ省内ボー川流域の山間部・平野部・沿岸部集落を対象に、農村集落の生活支援活動をおこなった。山間部集落ホンハ社においては、生活向上を図るヤギ飼育や新規農作物導入、地域文化の継承として伝統建築の再現、伝統織物・音楽の復興活動を実施した。

第6章 気候変動政策とエネルギー政策の統合
――なぜ日本では進まないのか?

人間の経済活動や生活に起因する大気・水・土壌などの汚染・劣化や廃棄物問題、気候変動などが深刻な問題と認識されるようになって数十年が経過した。この中で、政策・制度上、および技術的な対応がなされてきた。その中には、発生した汚染を末端で処理し、あるいは原子力発電のように石炭・石油火力発電による環境汚染を空間的・時間的に転移させることで当面の問題を「解決」したものもある。

しかし、問題を抜本的に解決するには、排出を削減するという考え方を変えて、環境汚染を発生させる原因に対処することが必要となる。つまり、製品や農産物、エネルギーや交通システムといった経済インフラストラクチャーを生産・企画・計画する際に、環境影響を未然防止できるように決定する必要がある。

気候変動の主要な人為的原因は化石燃料の燃焼である。そこで気候変動政策を進めるには、化石燃料の消費量を削減するようにエネルギー政策を変えていくことが重要となる。日本も国際的な気候変動防止の枠組みの構築とともに、気候変動政策とエネルギー政策の統合を推進してきた。ところが東日本大震災および福島第1原発の事故後は、気候変動政策との統合を進める推進力は低下した。

本章では、日本の気候変動政策とエネルギー政策の統合を取り上げ、国際的には早期の大幅な排出削減が求められているにもかかわらず、なぜ日本では気候政策統合が期待ほどには進捗していないのかを検討する。その上で、地球環境学の観点からこの課題をどのように捉え、検討すべきかを考える。

気候変動防止の対策オプションと国際的な取組み

二〇〇七年に公表されたＩＰＣＣの第四次評価報告書は、世界全体の平均気温の上昇が二～三℃を超えると、すべての地域で気候変動による悪影響の費用が増大する可能性がかなり高くなるとの知見を示した。平均気温の上昇が二℃を超えないようにするためには、二酸化炭素濃度の上昇を四五〇ｐｐｍまでに抑制する必要がある。このためには、二〇一五年までに世界全体の二酸化炭素排出量の増加傾向を反転させ、二〇五〇年には世界全体の二酸化炭素排出量を二〇〇〇年比で五〇～八五％削減することが必要であることも示した。

他方で、今後の途上国での人口増加や経済成長を考慮すると、地球規模で温室効果ガスの排出を抑制するには、莫大な費用を要する。国連気候変動枠組み条約（ＵＮＦＣＣＣ）（二〇〇七）は、温室効果ガスの排出水準を現在の水準に固定化するだけでも、二〇三〇年には世界全体で年間二〇〇〇億米ドル（約二〇兆円）の追加資金が必要と推計している。また世界全体の二酸化炭素濃度の上昇を四五〇ｐｐｍに抑制するには、McKinsey&Company（2010）は二〇三〇年には年間八六〇〇億ユーロ（約一一六兆円）の追加投資が、ＩＰＣＣは二〇一一～二〇年に累計五・一兆米ドル（約五三〇兆

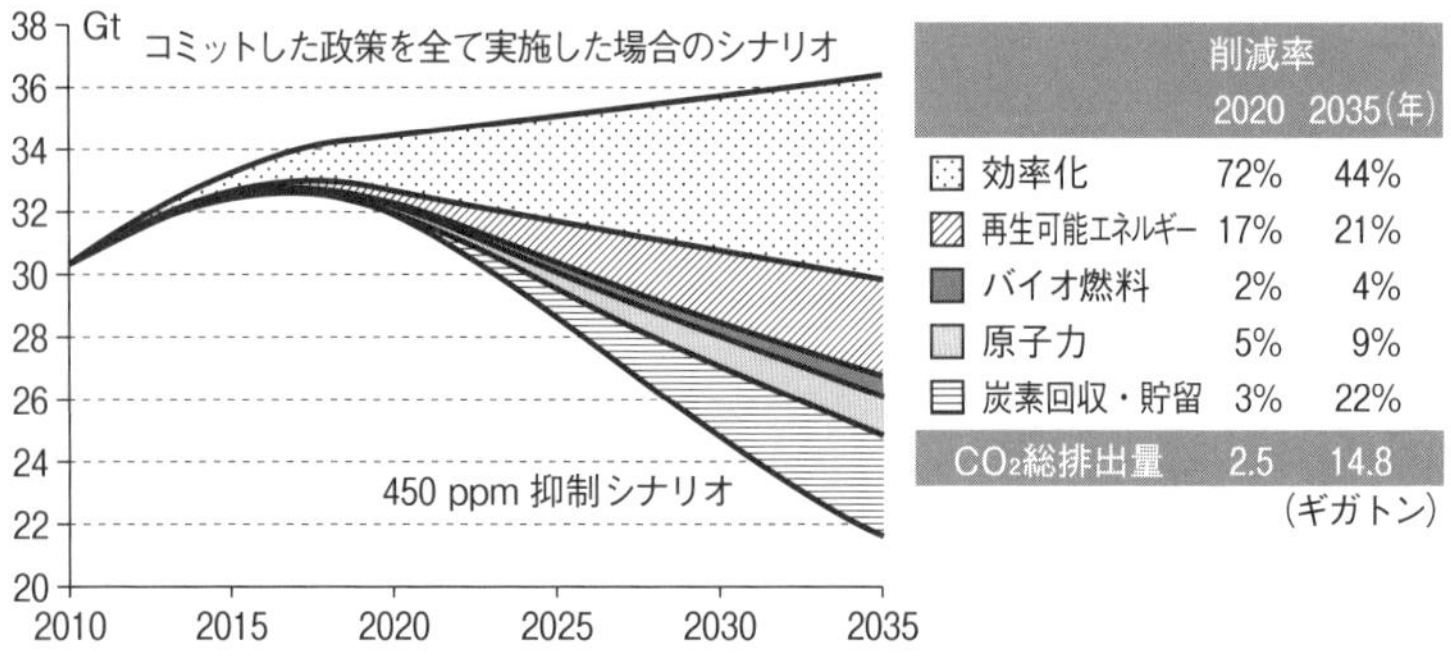

図6-1 450 ppm抑制シナリオと「新たな」政策シナリオのエネルギー起源の二酸化炭素排出量（出典 IEA 2011）

円）、二〇二一～三〇年に累計七・二兆米ドル（約七二〇兆円）の追加投資が必要と推計している（IPCC, 2011）。さらに国際エネルギー機関（IEA）は、各国が二〇一一年半ばまでにコミットした政策をすべて実施した[*1]上で、二〇一一～三五年累計で一五・二兆米ドル（約一五二〇兆円）を追加的に低炭素技術やエネルギー効率化に対して投資する必要があると推計している（IEA, 2011）。この低炭素技術には、原子力発電所の新設（二〇三五年で追加削減分の九％）と二酸化炭素回収・貯留（ＣＣＳ）技術の実用化・導入（同二二％）が含まれる（図6-1）。

ここで示された投資推計額は、現在すぐに四五〇ｐｐｍ抑制に向けて政策を変更し、投資内容を低炭素型のものに切り替えた場合のものである。この決定が遅れるほど、低炭素型ではない発電所、工場、建築物、自動車が建設ないし生産される。このうち発電所、工場、建築物の寿命は三〇～四〇年と長いため、炭素排出の高い設備が長期にわたり経済に「ロックイン」され、低炭素型設備への移行を困難にする。IEA（2011）は、政策転換が二〇一五年まで遅れた場合、四五〇ｐｐｍに抑制するには、世界の四五％

の火力発電所を技術的な寿命が来る前に廃棄するか低炭素型のものに更新する必要があり、二〇二一～三五年に六五〇〇億米ドル（約六五兆円）の追加投資が必要になると推計する。

ただし、対応策のうち三五％は収益を生むもので、四〇％は追加的な削減費用が二〇ユーロ（約二七〇〇円）以下と推計されている。このため、現在存在する技術・方法を効果的に活用するだけでも、ネットの費用は小さくなる。そしてこれらの多くはエネルギー転換と効率的利用、省エネに資するため、投資を行えばエネルギー消費量は減少し、送電グリッドへの投資やエネルギー輸入額を減らすという便益が生じる。さらに大気汚染物質の排出も減少するため、疾病や医療支出が減少するなどの副次的便益も得られる。このため、ネットで必要となる投資費用はさらに小さくなりうる。

こうした科学的知見を受けて、二〇〇九年の先進八カ国首脳会談（G8）では、二〇五〇年までの世界全体での温室効果ガス排出半減、および先進国での八〇％削減の長期目標の設定に合意した。その一方で、中国やインドなどの新興国からの排出も急速に増加し、世界全体の排出量の半分を途上国が占めるに至った。そこで、京都議定書約束期間後二〇二〇年までの国際的な中期排出削減目標を、新興国も含めて設定することが不可欠との認識が広がった。

そこで二〇一〇年のカンクン合意で、平均気温の上昇が二℃を超えない水準に抑制することを長期目標とすることが確認され、先進国は長期目標を達成する水準まで削減目標を引き上げることを要請された。また途上国も、「その国に適切な削減行動（NAMA）」を提出し、二年ごとにその効果の測定・報告・検証を受け、進捗を国際的に報告することとなった。

日本の気候変動政策の展開

京都議定書の採択により日本も温室効果ガスの排出削減に取り組むことになると、発電プロセスではほとんど二酸化炭素を排出しない原子力発電が、気候変動政策とエネルギー政策を両立させる最も効率的な手段と見なされた。一九九八年策定の地球温暖化対策推進大綱では、二〇〇八～一二年の温室効果ガス排出量は一九九〇年比で二〇％増加すると予測し、その増加分を二〇基の原子力発電所の新設で、残りをエネルギー効率化や森林吸収で削減することで目標を達成することとした。

ところが、その後新潟県巻町での原子力発電所立地をめぐる住民投票、東京電力のトラブル隠し事件、新潟県中越沖地震の影響による原子力発電所の停止などにより、原子力発電所に対する国民の信頼が低下し、新規の立地は困難になった。そこで二〇〇五年に閣議決定した京都議定書目標達成計画では、原子力発電による二酸化炭素の削減は一四〇〇万～一五〇〇万トンと排出量の一％強にとどめることになった。実際には、一九九八年以降に新たに稼働を始めた原子力発電所は六基にとどまったものの、京都議定書で公約した一九九〇年比六％の削減目標は達成した。これは、景気悪化に伴う産業界からの排出の低下に加え、森林吸収と、共同実施やクリーン開発メカニズム等の国際的なメカニズムを通じて国外で実施した排出削減事業によるところが大きい。

二〇〇九年の国連気候変動首脳級会合で一九九〇年比二五％削減を国際公約すると、再び原子力発電を中心的な手段として位置づけた。二〇一〇年に改訂したエネルギー基本計画では、新設および既存の発電所の延命により、二〇三〇年の原子力発電の比率を五〇％以上にすることを明記した。

ところが、東日本大震災と福島第一原子力発電所事故に伴い、国内のほぼすべての原子力発電所の稼働を停止させた。そして新たな原子力安全基準に基づいた審査の終了を待って再稼働することとしている。その間、石炭や天然ガスなどの火力発電の稼働により電力需要を満たしている。しかし化石燃料消費の急速な増加により、二五％削減目標の達成は非常に困難となった。二〇一二年末に安倍政権が成立すると、二五％削減目標をゼロベースで見直すことを明言し、二〇一三年末のCOP19では、二〇〇五年比三・八％削減（一九九〇年比三％増加）を目標として提示した。

東日本大震災までのエネルギー・電力政策の展開

日本は、電力が国家管理される一九三九年以前は、電力事業者は主に水力、石炭火力、中長距離送電に依拠して地域ごとに供給を行いつつ、互いに激しい競争を行っていた。一九五一年に電力国家管理が廃止されたが、その際に電力事業者の経営の安定と電力供給の安定を目的として、電気事業が再編成された。この結果、大規模で発送配電一貫型、地域独占供給型の民間九電力事業者を中心とする経営体制が構築された。このことによって電力事業者は一定の売り上げと市場シェアを保証されたが、同時に割高な独占価格の設定を防止するために、総括原価方式による料金規制が導入された。

同時にエネルギー転換も推進された。一九五〇年代の電源開発の中心は黒部ダムや佐久間ダムなど大規模な水力発電ダムであった。しかし立地の困難から新規の建設が次第に困難になったこと、火力発電の発電容量と効率性が向上したことから、火力発電が急速に普及した。一九六〇年代に安価な原油の輸入が確保でき、他方で深刻な炭鉱事故が頻発してその安全性が問われるようになると、石炭から石油への転換と炭坑閉鎖が推進された。一九七〇年代には四日市公害訴訟での被害者の勝訴などを契機に全国的に大気汚染政策が強化され、石油危機を契機に国際的に石油火力発電所の新設が禁止されると、石油代替エネルギーの確保が日本のエネルギー政策の主目的となった。そこで推進されたのが、天然ガスの確保と原子力発電であった。特に原子力発電は、発電の結果生じた使用済み核燃料（プルトニウム）を再処理し、加工したウラン・プルトニウム混合燃料（ＭＯＸ燃料）を燃料として高速増殖炉で使用すれば、ウランの利用効率を高め、エネルギー自給率も高められると考えられた。そこで、電源三法（「電源開発促進税法」「電源開発促進対策特別会計法」「発電用施設周辺地域整備法」）を制定し、電力事業者が消費者から上乗せ料金を徴収し、立地を受け入れた地方自治体にそれを地域振興目的で供与してきた。さらに一九八一年には電源立地特別交付金制度を創設し、地元立地対策を強化した。こうした制度に則って、使用済み核燃料の再処理工場を青森県六ヶ所村に、高速増殖炉（もんじゅ）を福井県敦賀市に建設して、核燃料サイクルを確立しようとしてきた。

その反面、風力・太陽光・地熱などの再生可能エネルギーは、原子力発電ほどには強力に推進されなかった。第一次石油危機直後の一九七四年にサンシャイン計画を策定して石炭液化、地熱、太陽熱発電、水素エネルギーの技術開発を推進したものの、多くは技術開発が進まないか、本格的普及には至らなかった。次いで設備設置への資金支援政策が実施されたが、一九九六年に廃止されると新規設置数は低下していった。二〇〇三年に再生可能エネルギーの普及政策として固定枠制度が導入されたものの、電力会社に課された利用義務量は小さく、廃棄物発電も含まれ、認定された電力設備のほとんどは既存設備である等、普及を促すものとはならなかった。再生可能エネルギーを強力に推進する全量固定価格買取制度が施行されたのは、福島第一原発事故後の二〇一二年七月のことであった。

このように時代の変遷とともに、日本のエネルギー政策の目的には、初期のエネルギー・アクセスの確保に加えて、エネルギー安全保障の確保、枯渇の防止、環境汚染・気候変動の防止、太陽光発電パネルなどの産業育成が加わってきた。しかし優先度が高くなったのはエネルギー安全保障の確保で、その手段としてエネルギーのベスト・ミックス、すなわち、化石燃料、原子力、省エネのバランスの良い組み合わせが追求されてきた。ベスト・ミックスは、他の目的も一定程度は満たすことから、何をもってベストとするかという点を除けば、多様な主体の合意を得られやすいものであった。しかし実際には、原子力発電を推進する制度がロックインされていたために、原子力発電の割合が高まり、一九九二年には電力供給に占める原子力発電の割合は三〇％を超え、一九九八年には四〇％に達した。中でも関西電力・四国電力・九州電力の三社は、一九九七年度以降、自社発電に占める原子力発電の割合は五割を超え、東京電力も四割を超えていた。他方、再生可能エネルギーの割合は、水力と廃棄物発電を除くと、一％を超えることはなかった（図6-2）。

この結果、一般電力事業者の経営も、原子力発電を中心としたものに変容していった。原子力発電は、ひとたび稼働を始めると、需要に応じて柔軟に発電量を調整することは技術的に困難である。しかも初期建設費用が高いため、稼働率を最大まで高めるほど全体としての発電費用は低下する。そこで、原子力発電を最大の稼働率で稼働させるベース・ロード（基幹）電源として活用し、需要量の増加には揚水発電[*2]や火力発電で対応する供給システムを構築し、電力需要の少ない時間帯の需要を拡大するために、オール電化を推進した。そしてピーク時にも停電を起こさないために、十分な予備電源の確保に投資し、総括原価方式の下でその費用を消費者に転嫁してきた。このため、需要を抑制する誘因をもち得なかった。

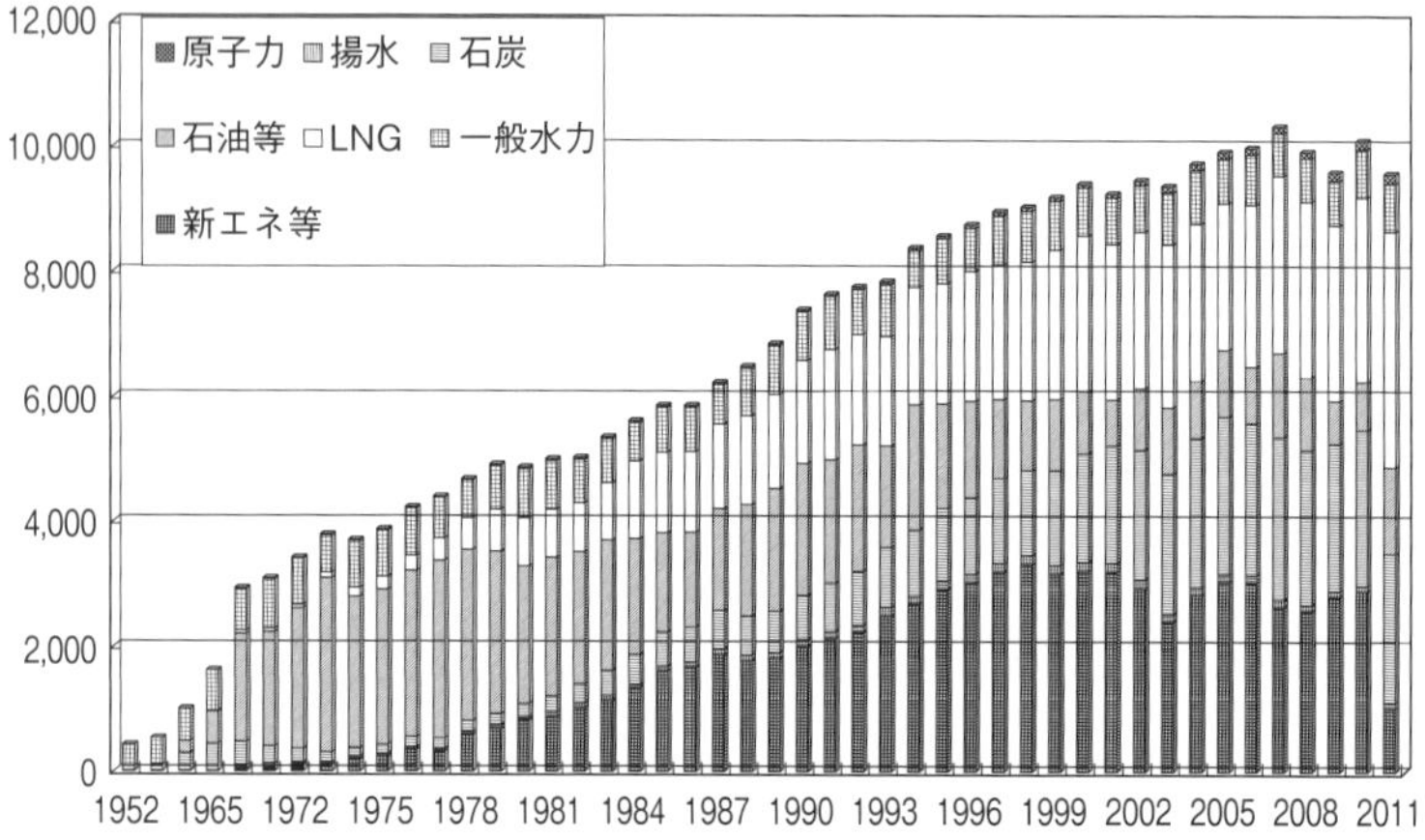

注：独立電力事業者および自家発電を除く

図 6-2　日本の電力供給の電源構成（一般電気事業者）（億 kWh）
（出典　資源エネルギー庁「エネルギー白書 2013」）

東日本大震災後のエネルギー・気候変動政策

（1）エネルギー政策決定プロセスの変更

東日本大震災と福島第一原子力発電所事故、それに伴う計画停電と需給逼迫時の電力使用制限への対応の緊急性から、電力・エネルギー政策の焦点は、停電防止、原子力発電所の安全性確保と再稼働、および再生可能エネルギーの普及へと移った。そこで菅首相は、自らの退陣の条件と引き替えに、再生可能エネルギーの全量固定価格買取制度を導入した。

同時に、官邸の国家戦略室にエネルギー・環境会議を設置してエネルギー政策と気候変動政策を同時決定するという、従来のエネルギー政策優先の政策決定とは異なるプロセスを採用した。そしてこの会議で「原子力発電 vs 再生可能エネルギー」の構図を創り出し、二〇三〇年の原子力発電比率に関して〇%、一五%、二〇～二五%の三つの選択肢を提示し、多様な利害関係者が参加する討論型世論調査を行って民意を反映させることで、制度のロックインを解消しようとした。

ところが、討論型世論調査の結果を尊重して決定した「二〇三〇年代に原発稼働ゼロ」を柱とする『革新的エネルギー・環境戦略』は、閣議決定されなかった。この理由の一つは、政府機構内部で政策の整合性を確保できなかったことにある（森、二〇一三）。エネルギー基本計画は、経済産業省の下に設置され、エネルギー政策を否定しない者が半数以上委員に任命される総合エネルギー調査会の意見を聞いた上で資源エネルギー庁が作成し、閣議決定をするという従前通りの方式が踏襲された。また原子力政策の根幹も、従前通り経済産業省の下に設置された原子力政策大綱策定会議やその核燃料サイクル小委員会が、エネルギー・環境会議とは独立に審議した。つまり、エネルギー・環境会議を設置しても、エネルギー政策の決定プロセスのすべてを変えることにはならなかったために、整合的な結論を導くことができなかった。

しかも原子力発電をゼロにした場合の日本のエネルギー安全保障に対する懸念を払拭できなかった。再生可能エネルギーによる分散型電源の発電単価は、大量生産に伴う学習効果や世界的な生産競争により低下してきているものの依然として高く、普及するほど電力料金は高くなる。再生エネルギーによる分散型電源は天候に応じて出力が変動する不安定な電源のため、大量に導入して送電網に接続すれば、「同時同量の原則」の下で需給を一致させることが困難になり、電力システムが不安定になる。再生可能エネルギーを受け入れられる連携可能量には、技術的な限界がある。にもかかわらず、再生可能エネルギーを推進することで計画停電や需給逼迫時の電力使用制限を回避することができるのか。さらに、原子力発電の代替として天然ガスの輸入が増加すれば、貿易収支を悪化させるのではないのか。そして、現在青森県六ヶ所村に一時保管されている使用済み核燃料をどうするのか。

『革新的エネルギー・環境戦略』は、こうした懸念を払拭するのに十分な根拠を提示できなかった。

(2) 電力システム改革

東日本大震災は、同時に大規模で発送配電一貫型、地域独占供給の民間九電力事業者を中心とする経営体制が必ずしも電力の安定供給を保障するものではないことも明らかにした。

そこで電力自由化、すなわち、複数の電力供給会社に規制された送電料金の下での送電線の公平な開放が、電力システムの安定化と電力料金の引き下げの二つの目的を同時に達成する手段として期待されるようになった。第一に、独立事業者の新規参入を促し、需給逼迫時の供給を増やすことが可能な事業者が増える。さらにピーク時に高い電力料金を設定し、大口の需要者にいくら払えばどれだけの量を五分前の通知によって節電してくれるかを前もって入札するネガワット節電入札を導入すれば、ピーク時の需要量を抑制できるようになる。第二に、新規参入の促進と価格競争、および供給予備力への投資の節約を通じてオフピーク時の電力料金を引き下げることができる(八田、二〇一二)。

しかも電力自由化は、再生可能エネルギーの普及や安定的な分散型電源システムの構築にも資する。欧州では、競争政策の観点から発送電分離を進めていたため、再生可能エネルギーによる分散型電源の優先接続と、新規の送電網の建設費の負担を送電会社に義務として課すことで、日本で再生可能エネルギー普及の障害の一つであった系統接続を保証することができた。さらに国境を越えて送電網を相互接続し、電力市場の規模を拡大しつつ電力融通を可能にしたことで、国境を越えて調整電源を活用することができ、再生可能エネルギーの不安定性を吸収してきた(竹濱、二〇一一)。

ただし、こうした電力自由化の便益を実現するには、中立的な送電網の開放が不可欠である。これを実現するには、発電部門と送電部門、系統運用のために特定の発電所に追加発電を命じたり送電線の使用を停止したりする権限をもつ給電指令所の法的分離が不可欠である。その上で、市場競争を確保し電力価格の引き下げをもたらすには、①個々の独立事業者のみに義務づけられた「三〇分同時同量性」とその未達成時の多額のペナルティを廃止して差分清算をリアルタイム価格で行う、②日本の発送電一貫体制の下で、相対契約で採用されている「使用権契約」を、時間帯ごとに決めた電力使用計画量を前日に給電取引所に申し出る確定数量契約に変更する、③前日スポット市場を整備しつつ市場参加者に競争的に行動させる規制を導入することも不可欠となる（八田、二〇一二）。

しかも気候変動政策との統合を図るには、炭素税を引き上げ、熱電併給やガス・熱供給網の拡大、高効率・低炭素排出の石炭火力発電への転換等を同時に推進する必要がある。

これらの政策改革は、発送配電一貫型の経営だけでなく、地域独占供給と総括原価方式という、電力債[*3]を発行する際に有利となる一般担保[*4]と合わせて原子力発電を資金的に支え、原子力発電の事故リスクを経営に反映させにくくしていた制度（竹森、二〇一一）を解体することになる。この結果、事故リスクを含めた原子力発電の真の費用が顕在化し、投資家や電力事業者が原子力発電に投資し、稼働させる誘因を失わせる。それでも原子力発電を国策として維持するのであれば、一般電力事業者から原子力発電を切り離し、政府が自らの責任で原子力損害賠償法の認める範囲内で、かつ使用済み核燃料を安全に処分できる範囲内で原子力発電所を維持・稼働することが求められる。この方式は、一般電力事業者に原子力発電を中心に据えた経営方針の転換を迫ることになるものの、原子力発電と核燃料サイクルを抱えたまま原子力発電比率を低下させるという『革新的エネルギー・環境戦略』よりは受入可能であると考えられる。

地球環境学への示唆

日本の東日本大震災後のエネルギー・気候変動政策をめぐる政策改革の経験は、以下三つの示唆を与えてくれる。第一に、制度やインフラはひとたびロックインされてしまうと政策目的が変化しても再構築するのは非常に困難になることである。このことは、制度やインフラを構築する際に環境や気候変動を組み込むようにすることの重要性を改めて示唆している。

第二に、制度のロックインを解除するには、政策決定プロセスを変更してより望ましい将来ビジョンを国民に訴求するだけでなく、将来ビジョンを社会が受入可能な形で実現できることを示すことが重要である。ただし、当該国・地域で実現可能かどうかを立証するには、社会実験やパイロット事業を先行して実施する必要がある。これには、地元の受け入れだけでなく、社会実験やパイロット事業への予算配分と事後評価を行う機構、そして多様な専門性をもつ人々の参加によるイノベーションとその事業化が必要となる。地球環境学は、このイノベーションに環境保全の観点から貢献でき、また貢献することが期待されているように思われる。

［森　晶寿］

※本稿は平成二五年度環境研究総合推進費S-11「持続可能な開発目標とガバナンスに関する総合的研究」の成果の一部である。

＊1　IEA（2011）は、各国が二〇一一年半ばまでにコミットした政策をすべて実施しても、平均気温の上昇は三・五℃までしか抑制できないとしている。

＊2　夜間などの電力需要の少ない時間帯の余剰電力を使用して、下部貯水池から上部貯水池へ水を汲み上げておき、電力需要が大きくなる時間帯に上池ダムから下池へ水を導き落とすことで発電する水力発電方式。

＊3　電気事業法に基づき沖縄電力を除く九電力会社が発行する、一般担保付社債。

＊4　社債権者が社債の発行会社の全財産について、他の債権者に優先して弁済を受けられる一種の先取特権。

第Ⅱ部　環境変化とどのようにつきあうか

第7章

新規有機化合物の有用性と危険性

周りを見わたしてみると

毎日の暮らしに欠かせない食品、日用品、電化製品、住宅など。こうした身の回りの製品を含む多くのものは化学物質でできている。現在、我々は公衆衛生の改善、医療の進歩、食料の安定した供給など、化学物質の恩恵により、以前に比べ安全な生活を送っており、寿命も大幅に延びている。一方で、一定の量を超えた化学物質は、環境を汚染しヒトや動植物に影響を及ぼす。この有用性と危険性が介在することを知り、適切に選択しながら日常生活を送ることは、今後の社会で必要な能力である。

毎日生み出される化学物質

日々、新たな化学物質が生み出されている。工業の発達に伴い人間が作り出してきた化学物質は数千万個以上であり、新たに申請される化学物質は年間五〇〇万個以上と言われている。これらは生活を豊かにするために使用されているが、一方で、環境破壊の要因や身体を壊す要因となることもあり、注意が必要である。ＣＡＳとはアメリカ化学会にある組織（Chemical Abstracts Service）であり、世界最大の化合物の検索ソフト CAS on line を運営している。二〇一三年九月一三日現在、七三七〇万九一六六個以上の化学物質が登録されており、それらの過去の合成例を調べることができる。Ｗｅｂページを見ると登録数のクレジットがどんどん大きくなり、登録ペースの速さに驚かされる。一日約一万五〇〇〇個の速度で登録されており、驚異のペースで化学物質が生み出されていることがうかがえる。このペースは二〇一〇年時は一万二〇〇〇個／日の速度であったとの報告があり、ペースが加速している様子がうかがえる。

日常生活と有機化合物の歴史

化学物質の中で、炭素原子を含んでいるものを有機化合物、炭素原子を含んでいないものを無機化合物という（ただし、C、CO、CO_2、Na_2CO_3 など、KCN などは無機化合物とされている）。人工的に合成できることから有機化合物は種類が多い。有機化合物の特徴は、構成元素の種類が少なく、融点が比較的低く、水に溶けにくいことである。人間が最初に有機化合物の有用さを利用したのは、ヨシやススキ等のセルロースを屋根に使ったことではないだろうか。セルロースは糖の高分子であり、ヨシやススキの大部分はセルロースで構成されている。その後一九世紀初めまで、有機化合物は生物体からしかできないと考えられていた。一八二八年、ドイツの化学者 Friedrich Wohler が尿素を無機化合物から合成し、生物体以外からも有機化合物を作ることができることが示された。よって、いろいろな有機化合物を合成できるようになってから、まだ二〇〇年も経っていないことがわかる。後で詳述する新規有機化合物（PFOS、PFOA）は、おそらく世界中の人々の血液、髪の毛、ツメなどから検出することができるほど、地球上に拡がっている。つまり、人間が生み出した有機化学物質が様々な循環を通して、我々の体に蓄積しているのである。

リスク評価と有害性評価

化学物質の危険性は、今ある情報ですべてわかっているわけではない。よって、悪い影響が発生する可能性（リスク）が存在する。化学物質を単純に「有害な物質」と「無害な化学物質」に区別することはできない。対象となる化学物質にどのような毒性があって、その毒性が現れない最大の量はどれだけかを評価することが重要である。このような状況の中で、我々は化学物質のもつリスクについてどのように考え、どのように判断し、行動すればよいかを考えながら、本章を読んでほしい。

塩化ナトリウム（NaCl）すなわち塩は、体に必要なミネラルの一つである。体温や体内の水分の調節、脳への情報伝達の補助、筋肉や内臓を動かす補助など、重要な役割をもっている。しかし、塩分を摂り過ぎると高血圧や胃がんなどを引き起こすと言われている。塩でもたくさん摂り過ぎると健康に良くないのと同様に、一定の量を超えた化学物質は、環境を汚染したりヒトや動植物に悪い影響を及ぼす。では、塩は人間にとって「有害な化学物質か？」というと、そうではない。有害になるかならないかは、「質」プラス「量」で決まると言える。

リスクの工学における定義は、「ある事象生起の確からしさと、それによる負の結果の組み合わせ」とされる。環境リスクとは、「人間活動の自然環境に対する働きかけ（自然の改変、化学物質の排出、その他）によって生じる可能性のある負の影響の大きさ」と言える。人間の健康を損なうリスクを健康リスク、自然生態系を劣化させるリスクを生態系リスクという。化学物質によるリスクは、危険・有害性（ハザード）と曝露量によって決まる。曝露とは、吸ったり食べたり触れたりすることの総称であり、さらされることを示す。化学物質のリスク管理を考える場合には、化学物質の「危険・有害性」を評価するだけでなく、曝露量を併せて評価することによりリスクの評価を行い、その結果に基づいて管理していくことが大切である。

行政、企業、市民等の利害関係者間でリスクに関する情報を共有し、意見交換や討議をすることにより、共通認識と信頼関係を築くことを、リスクコミュニケーションという。リスクを受け入れ可能かどうかを考えたり、リスク削減の必要性の検討を行うことで、化学物質の適正なリスク管理を行う必要がある。リスク評価の結果は、リスクコミュニケーションを行う上で重要な材料となる。正確な情報を得ること、情報の伝達方法、化学物質に関する的を得た情報の提供、環境リスクの評価の方法論などが求められ、世界的に共通化された情報ベース、リスク管理手法の確立、科学者・専門家の役割の明確化などが日々検討されている。

せっけん

日常的に使用している化学物質のひとつに、せっけんがある。汚れを取れやすくする有用性を我々は利用している。せっけんによる洗浄の仕組みを簡単に述べる。せっけんの分子を図7-1に示す。Cは炭素、Hは水素、Oは酸素を示す。これがつながった有機化合物の効果を利用する。つまり、$CH_3-CH_2-CH_2-CH_2$と繋がった形をアルキル基とよび、Cの数が大きいほど、水をはじく性質（疎水性）が強くなる。一方、COO^-の部分は、水となじむ性質（親水性）を示す。せっけんは、この脂肪酸ナトリウムの疎水性と親水性を利用している。このように疎水性と親水性をあわせもつ化合物を界面活性剤と呼ぶ。例えば、衣類に油汚れが付いたとする。すると界面活性剤の分子の疎水性の部分が油に吸着し、親水性の部分が水となじむ。その結果、衣類と油汚れの結合を弱める。そして、油汚れが界面活性剤の分子に包みこまれ、衣類から離れた油汚れが洗剤溶液中に分散する。このような機能を利用して、毎日の汚れを洗濯している。

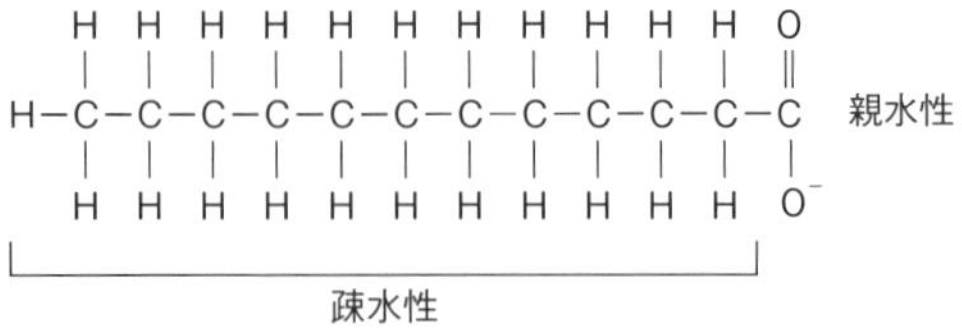

図 7-1　せっけんの分子構造（例：ラウリン酸ナトリウム）

プラスチック

合成高分子としてのプラスチックはアメリカの Leo Hendrik Baekeland によって一九〇七年に発明された。その後、進化を遂げ、現在では至るところで使用されている。プラスチックの特徴は、安い、軽い、さびない、成形しやすいことにある。成形しやすいことを熱可塑性という。つまり加熱すると軟らかくなり、成形後、冷やすと形を保つことができる性質を指す。

プラスチックの主な原料の一つに、ポリプロピレンがある。これを加熱して溶かした後、型に押し付けて成形し、様々な製品が作られる。合成高分子化合物とは、分子量が一万を超えるようなものを指し、石油などから得た化合物を重合してプラスチックは作られる。近年では自然に分解するようなプラスチック（生分解性プラスチック）が開発されている。微生物の働きによって自然に分解される特徴をもつことから、生ごみを堆肥化するときなどのごみ袋等に利用されており、自然に分解されることから非常に有用である。

農　薬

農作物を害虫から守るための工夫が一七〇〇年代から行われてきたが、一九二四年にHermann Staudingerによって、防虫菊の主成分がピレトリンという化学物質であると発表された。その後、様々な農薬が開発され、本格的な普及が始まった。農薬の長所は、除草、殺虫などの農作業を軽減し、大量生産に導くことにある。一方で短所としては、農薬散布時のヒトへの健康影響や、生態系、土壌、水系などへの影響、農産物を食する人々への健康影響などが考えられる。戦後衛生状況が悪い時代、感染症を防ぐために使用された殺虫剤にＤＤＴ（ジクロロジフェニルトリクロロエタン）がある。一九三九年にスイスの科学者Paul Hermann Mullerによって防虫効果が示された。例えば、発しんチフスの患者が一年で三〇分の一に減少するほどの効果を示し、農薬としても田畑で使用されてきた。しかし、一九六〇年代、環境に蓄積することがわかり、プランクトン、魚、鳥などの食物連鎖の結果、ＤＤＴの濃度が増すことが報告されている。二〇〇一年に残留性有機汚染物質に登録された。

工業利用

ＰＣＢ（ポリ塩化ビフェニル）は、燃えない油として電気製品の絶縁物質として多く使用されてきた。一九二九年からアメリカで工業生産が始まり、五大湖周辺では、一九六〇年代後半から化学物質による被害が顕著になった。当時、三万種類の化学物質が生産され、工場廃水として五大湖に放流された。くちばしがそろわず餌を食べられなくなった鳥等はＰＣＢが要因の一つとされている。また、日本では一九六八年に福岡県や長崎県を中心に、食用油を摂取した人々に健康障害が生じた。食用油の製造過程に脱臭のために使用されていたＰＣＢが混入し、これが加熱されてダイオキシンとなったとされている「カネミ油症事件」が起った。この影響は母体を通じて新生児にも及んでいる。

内分泌攪乱物質（環境ホルモン）

一九八〇～九〇年代、フロリダ一帯の湖では野生のワニが減少した。ワニのオスの生殖器が調べられ、正常の半分くらいの大きさであることがわかった。体内からはＤＤＴなどが検出された。生き物の成長にはホルモンが影響する。化学物質にはホルモンと同じような働きをするものがあり、それがホルモンの受け皿（レセプター）と合わさると機能する。オスの細胞中のレセプターと環境ホルモンが合わさることで、オスのメス化が起こると報告されている。また、オスにも拘わらず卵子のもととなる細胞をもつ魚が見つかっている。一九九九年、環境ホルモンの一つビスフェノールＡ（$(CH_3)_2C(C_6H_4OH)_2$）が、缶コーヒー、缶紅茶から検出された。当時、缶の内側の表面にエポキシ樹脂を塗っており、殺菌時にエポキシ樹脂からビスフェノールＡが出ていることがわかった。その後、ビスフェノールＡが溶け出さない技術が開発され、現在は、ほとんど溶け出していない。塩化ビニルには、ノニルフェノールが使われていた。ノニルフェノールは女性ホルモンのレセプターにつく恐れがある。また、新生児のへその尾からも、ビスフェノールＡ、ノニルフェノール、ＰＣＢ、クロルデン、ＤＤＴ、ヘキサクロロベンゼンなどが検出されている。つまり、母体を通じて化学物質が新生児にも届き、その化学物質が体に与える影響は解明されていないのが現状であり、厳しく監視することが必要である。

ダイオキシン類

一九九〇年代後半、主にごみ焼却炉から出てきたダイオキシン類が社会問題となった。ごみを八〇〇度以下で燃やすと塩素が炭素と結合し、ダイオキシンが発生する可能性がある。大気中に広がり様々な経路で身体に入ってくるが、大気から直接ヒトに及ぼす影響は小さく、大半は食物連鎖で入ってくる。日本では水田除草剤に使用されたＰＣＰ（ペンタクロロフェノール）や土壌殺菌剤のＰＣＮＢ（ペンタクロロニトロベンゼン）に不純物としてダイオキシンが含まれていた。拡散したダイオキシン類が食物連鎖の過程で濃縮され、魚の中の濃度は海水濃度の約三〇〇〇倍程度になると報告された。一九九七年、厚生省はごみ焼却場に対して、ダイオキシン八〇ng/m³以下にすることを示し、一九九八年、埼玉県のダイオキシン対策室は、家庭用焼却炉の回収した。そして、一九九九年、ダイオキシン類対策特別措置法制定された。

ダイオキシン類の日摂取量の平均値は七一・六八pg-ＴＥＱ/日と報告されており、そのうち七〇・四七pg-ＴＥＱ/日は食品からの摂取と報告されている。そのうち、魚介類から六二・三pg-ＴＥＱ/日が摂取されている。ダイオキシン類の摂取許容量は四pg-ＴＥＱ/kg-体重/日とされており、七一・六八/五〇＝一・四三pg-ＴＥＱ/日、ハザード比＝一・四三/四＝〇・三六と計算できる。ハザード比が一未満なのでリスクは小さいと報告されている。

日常生活

一九九六年から二〇〇七年の一〇年間で気管支ぜんそくの幼稚園児は二倍、小学生は二・五倍に増加している。化学物質に対するアレルギーの一つに、シックハウス症候群がある。新築、改築の家に患者が多いことから、接着剤や塗料に含まれる化学物質であるホルムアルデヒド（CH_2O）が注目された。ホルムアルデヒドは、気体になり空気中に溶けやすい特徴をもつ。厚生労働省は、ホルムアルデヒド等の一三物質について濃度指針値を示した。これらは防蟻剤、木材保存剤、可塑剤、塗料などに多く使われている。

塩化ビニルを柔らかくする可塑剤として、例えば、おもちゃやおしゃぶりなどに多く利用されていた化学物質がフタル酸エステルである。二〇〇三年、食品衛生法が改正され、フタル酸エステルの使用が禁止された。しかし、これらの物質はアジアなどの廃棄物処分場に埋め立てられ、浸出水から再び水環境に移動し循環する可能性があり、注意深く挙動を把握する必要がある。

有機フッ素化合物類による環境汚染

スコッチガードという商品名を聞いたことがあるだろうか。３Ｍ社が発売していた撥水効果のあるスプレーである。一九六六年に発売され、世界中で使用されてきた。スプレーをかけるだけで撥水効果が得られることから、衣服にかけたりスキーウェアにかけたりと世界中で愛用されてきた。ところが、二〇〇〇年五月に労働者の血液中で高い残留性（一般人の約一〇〇〇倍）が確認され、アメリカ３Ｍ社はスコッチガードの製造ラインの停止を発表した。

有機フッ素化合物ＰＦＯＳ（ペルフルオロオクタンスルホン酸）の構造式を図７-２に示す。電気陰性度は、共有結合している原子間の共有電子対がどの原子の方に偏っているか、またその度合いが大きいか小さいかを判断する目安になる数値である。この電気陰性度はＨで二・一、Ｃで二・五、Ｆで四・〇であり、この差が大きいと結合力が強い。Ｃ-Ｆ結合は差が一・五あり、Ｃ-Ｈ結合に比べて結

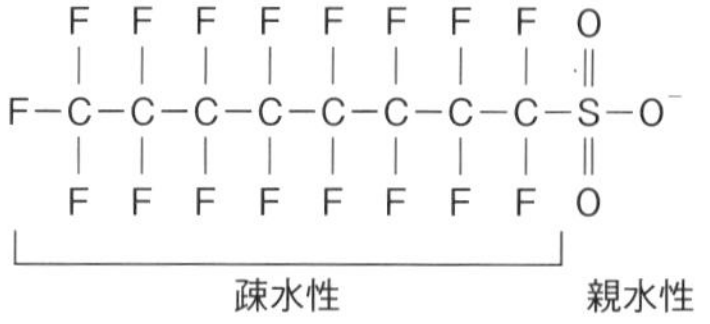

図7-2　PFOSの分子構造

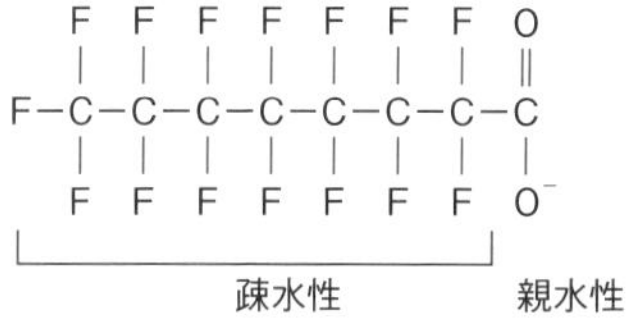

図7-3　PFOAの分子構造

合力が強いことが分かる。よって、C-F結合が続く左部分は難分解性でありかつ疎水性をもつ。SO_3^-は親水性を示すことから、せっけんと同様に界面活性剤であることがわかる。よって、水に比較的よく溶ける。水溶解度は五一九mg/Lであると報告されている。ちなみにダイオキシン類の水溶解度は四八三ng/L（二、三、七、八-TCDD）と報告されており、PFOSの約一〇〇万分の一である。

有機フッ素化合物PFOA（ペルフルオロカルボン酸）の構造式を図7-3に示す。同じくC-F結合の長い直鎖をもっており、難分解性であり疎水性をもつ。右の部分はCOO^-をもち親水性をもつため、この物質も界面活性剤として多く利用されている。水溶解度は九五〇〇mg/Lであり、PFOSよりもさらに水に溶けやすい。

これらの物質は、化粧品やワックス、フライパンの加工やスキーウェア、消火剤、シャンプー、コーティング剤、フィルム、カーペットなど様々な用途に使用されてきた。有機フッ素化合物の特徴として、耐熱性、耐薬品性、界面活性、撥水・撥油性が挙げられる。例えば、五〇〇度（℃）でも使用可能であり、ほとんどの薬品や溶剤に耐えることができる。また、通常の界面活性剤では泡が消えるような媒体でも泡を作ることができ、かつ、強固な結合のため、水や油をはじく効果も有する。「テフロン」という言葉を聞いたことがあるだろうか。テトラフルオロエチレンの重合体（ポリテトラフルオロエチレン：ＰＴＦＥ）の商品名である。フッ素原子と炭素原子のみからなるフッ素樹脂であり、現在までに発見されている物質の中で最も摩擦係数が小さい物質であり化学的に安定している。

なぜ問題とされているのか？

これらの物質は、加水分解、光分解、生物分解することがほとんどなく、高分子系人工有機フッ素系化学物質の最終生成物と言われているほど、難分解性を示す。また、ＰＦＯＳに関して、食物連鎖過程での濃縮性が疑われており、コイで二〇〇～一五〇〇の生物濃縮係数が報告されている。二〇〇三年四月にアメリカ環境保護局は、初期アセスメントを公表し、動物実験での肝臓や発達過程への悪影響、免疫毒性を示すデータを報告した。様々な毒性試験が行われており、肝臓、免疫機構、発達器官や生殖器官への毒性作用が報告されている。また、母体から胎児への伝達、母体内の胎児の成長抑制との関連も報告されている。さらに、母体の血清中のＰＦＯＳ、ＰＦＯＡ濃度が高いほど妊娠率が低下する可能性が示され、また、新生児の体重が小さくなる傾向との関連性が指摘されている。

汚染された水環境の魚介類に濃縮され、食事を通じてヒトへ曝露するとの報告や、食品包装に塗布されているペルフルオロアルキル化合物から、食品への移行なども確認されている。さらに、血漿抽出のＰＦＯＡ濃度と飲料水中のＰＦＯＡ濃度に関連があるとの報告もある。リスク評価のための関連情報のさらなる集積が必要である。

規制の動向

二〇〇二年日本ではＰＦＯＳ、ＰＦＯＡを化審法の第二種化学物質に指定、二〇〇四年カナダではフッ素テロマー四種の製造を二年間禁止、二〇〇五年スウェーデンがPOPs議定書にPFOSを追加することを提案、二〇〇六年EU議会はPFOSの製造を制限することを可決した。POPs条約とは、残留性有機汚染物質に関するストックホルム条約を指す。POPsとは、Persistent Organic Pollutantsの略称であり、毒性、難分解性、生物蓄積性、長距離移動性を有する化学物質を指す。加盟国は、製造・使用、輸出入の禁止、制限などの義務を有する。スウェーデンによる提案後、二〇〇七年に委員会会合が開かれ、PFOSおよびPFOS類縁化合物が付属書Bへ追加することが示され、二〇〇九年五月に登録された。ちなみに、PCBは付属書A（廃絶）に、DDTは付属書B（制限）に登録されている。また、ダイオキシン類は付属書C（非意図的生成物）に登録されている。

二〇〇六年アメリカ環境保護局の長官が、大手のフッ素ポリマーおよびフッ素テロマー製造業者にPFOAの削減を求める手紙を送った。内容は、環境中での残留性、ヒトの血中からの検出、動物実験での結果などを懸念し、企業に対して、PFOAおよび関連化学物質の放出と製品中残留量の本質的な削減に向けて取り組むことを自発的な企業活動として要求した。さらに、カリフォルニア州では、二〇一〇年以降、PFOS、PFOAと炭素鎖七以上のペルフルオロ化合物類を含む食品容器包装の製造、販売を禁止し、ニュージャージー州はPFOA四〇ng/Lを飲料水中の指針濃度とした。

環境中での挙動を調査

二〇〇三年七月に有機フッ素化合物類に関する研究に着手した。測定方法の検討から始まり、その後、世界二四都市の河川水・水道水・下水中のPFOS、PFOA濃度を分析した。海外にカートリッジを持参し、そのカートリッジにPFOS、PFOAを吸着させ、帰国後、大学の実験室で溶出

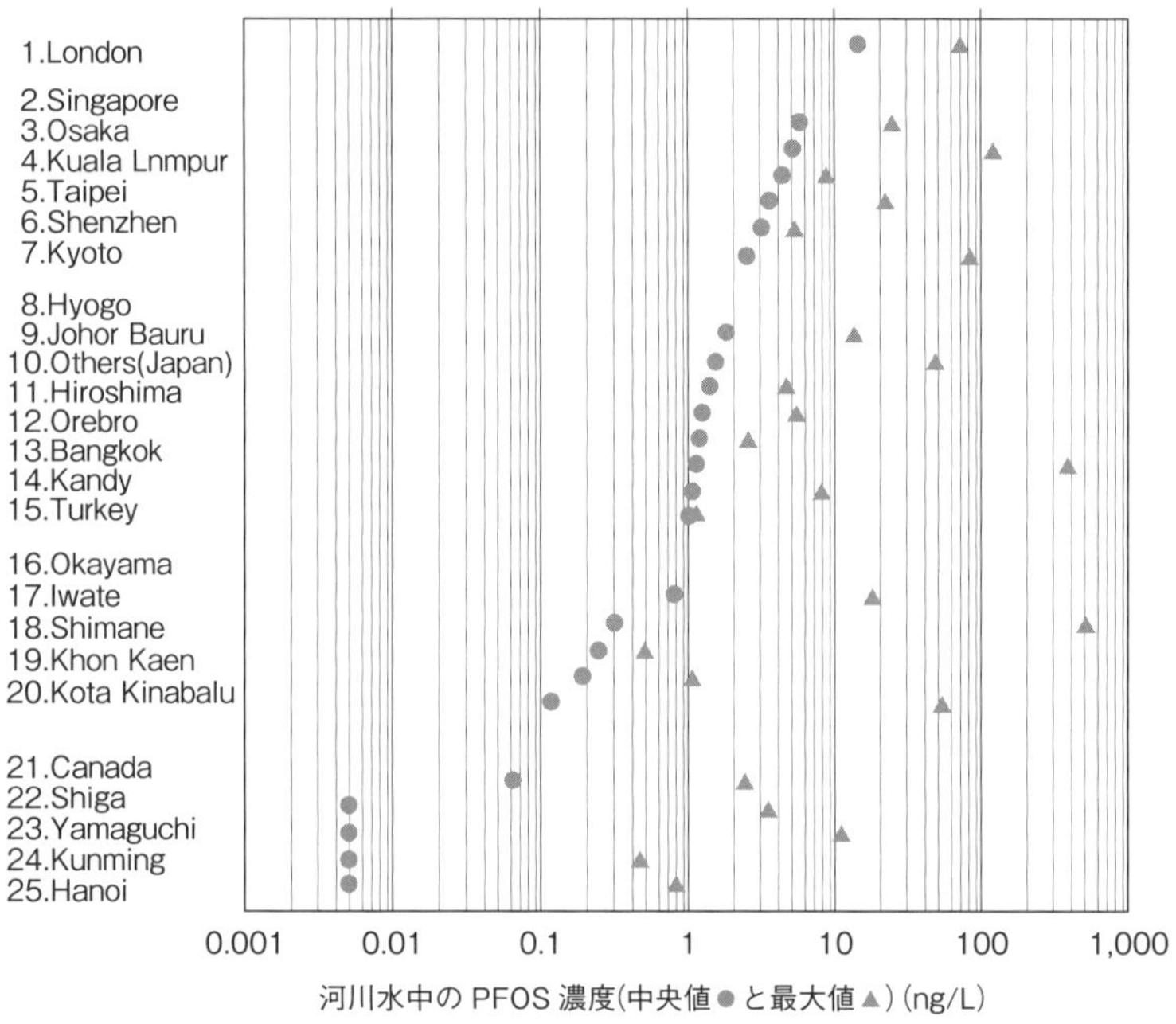

図7-4　世界24都市の河川水中のPFOS濃度　(2004-2008年)

し、液体クロマトグラフ質量分析装置で分析した。もちろん私一人の作業ではなく、多くの学生や先生方とともに実施した調査であった。その結果、一三一二の分析結果が集まった。内訳は、河川五三七、下水処理場三三四、水道水一八〇、産業廃水一〇〇、その他一六一。国別には、日本六三五、タイ二五六、シンガポール一八〇、マレーシア一〇〇、その他一四一。それぞれの都市では多くのカウンターパートの補助を受けた。都市別の河川水中のＰＦＯＳ濃度を図7-4に示す。Londonで一四ng/Lと最も高濃度であり、続いてSingpore、Osakaが高かった。一方で、Canada、Shiga、Yamaguchi、

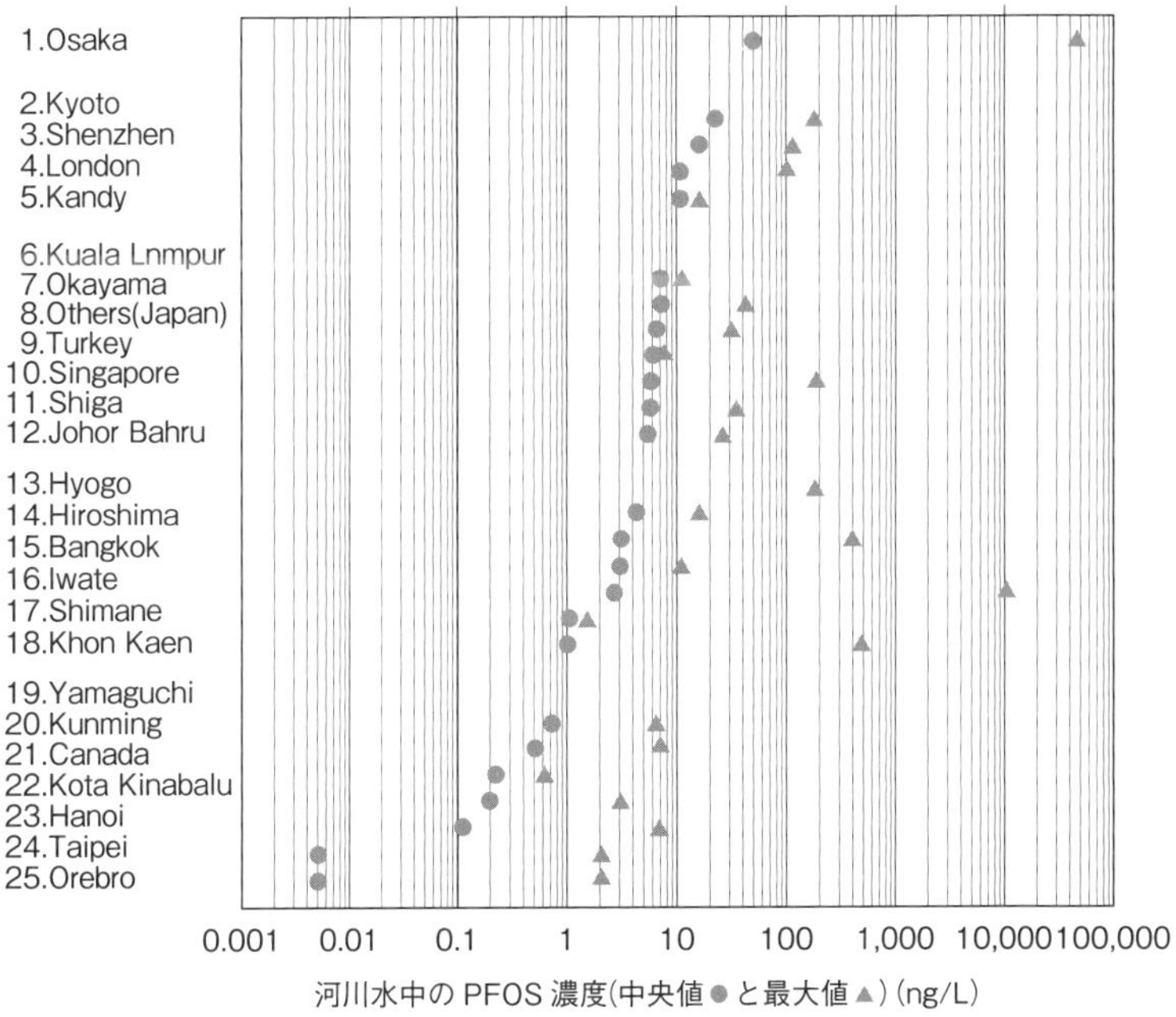

図 7-5　世界 24 都市の河川水中の PFOA 濃度　(2004-2008 年)

Kunming、Hanoiでは〇・一ng／L未満であった。都市別の河川水中のＰＦＯＡ濃度を図7-5に示す。Osakaで四九ng／Lと最も高濃度であり、続いてKyoto、Shenzhenが高かった。一方で、Hanoi、Taipei、Orebroでは一ng／L未満であった。河川水中のＰＦＯＡ濃度を横軸に、水道水中のＰＦＯＡ濃度を縦軸に図7-6に示す。図から河川水中の濃度と水道水中の濃度があまり変わらないことが読み取れた。つまり、河川水がＰＦＯＡで汚染されると、通常の浄水処理では除去することが困難であり、その結果、水道水からもＰＦＯＡが検出されることが読み取れた。そこで、浄水処理工程別に採水を行い、ＰＦＯＡ濃度の変化を調査した結果、オゾン、生物活性炭という高度処理を行っても除去が困難な様子が示された。さらに、世界の四六の下水処理場において、ＰＦＯＳ、ＰＦＯＡの挙動を調査した結果の一部を図７-７に示す。横軸は流入水中の濃度を、縦軸は放流水中の濃度を示す。従来

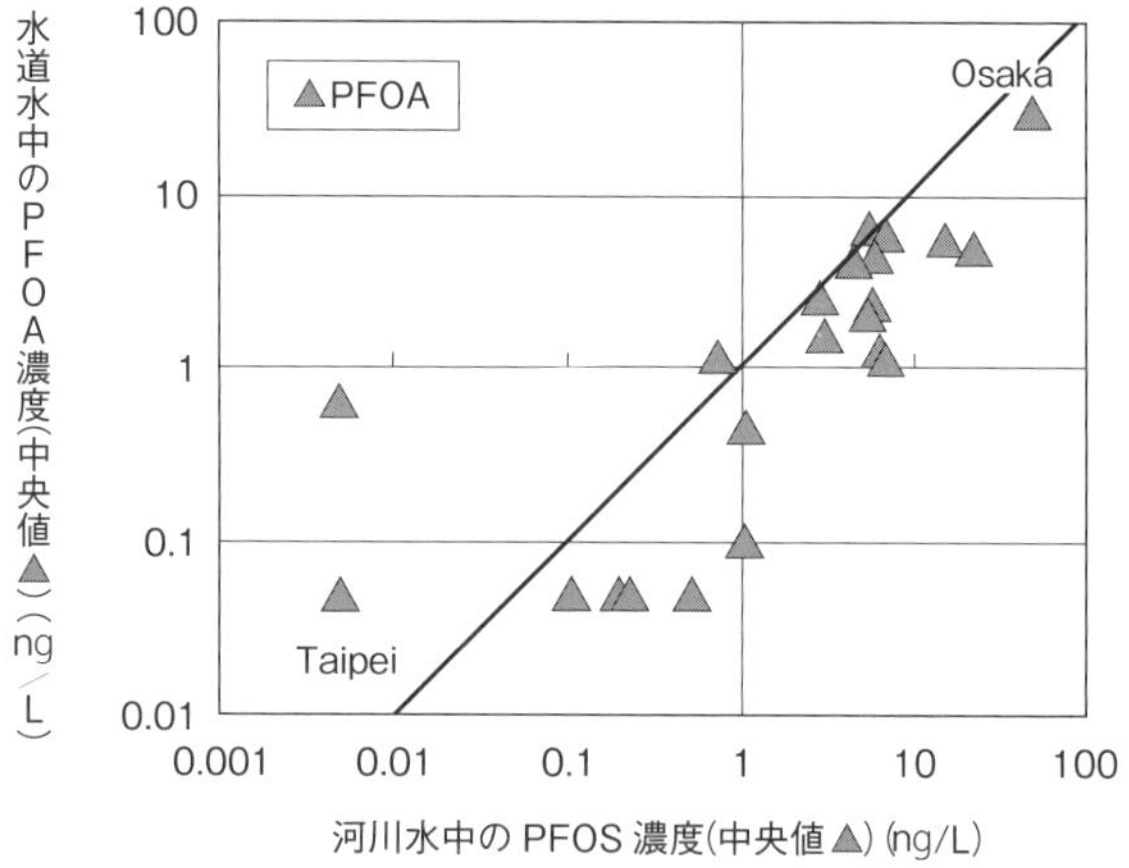

図 7-6　世界 24 都市の河川水中と水道水中の PFOA 濃度の関係

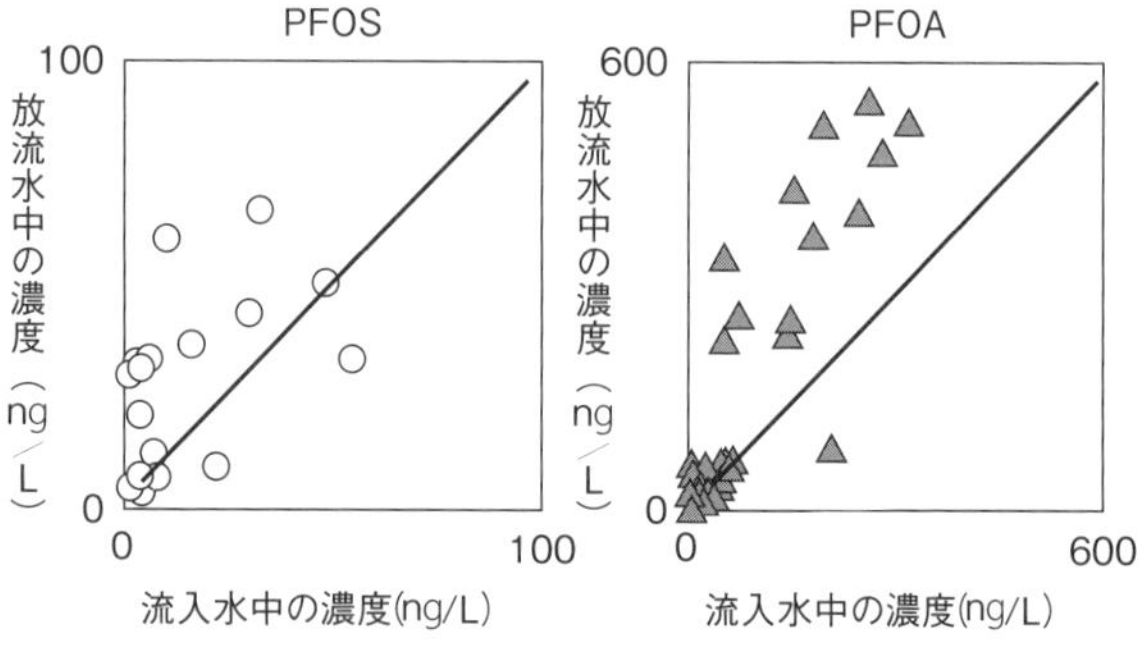

図 7-7　下水処理場の流入水と放流水中の溶存態 PFOS、PFOA 濃度

は図の右下にプロットが集まるはずが、これらの物質では、図の左上にプロットが集まった。つまり、放流水中で濃度が高くなる現象が確認された（ただし、本結果は溶存態中での濃度を示している）。現在は、下水放流水中での濃度が高くなる要因について、多くの研究者が研究を進めている。

最近の動向

二〇一二年四月にアメリカ環境保護局がＵＣＭＲ３（飲料水中の規制外汚染物質モニタリング規則３）における評価モニタリング物質にＰＦＯＳ、ＰＦＯＡおよびＰＦＨｘＳ、ＰＦＢＳ、ＰＦＮＡ、ＰＦＨｐＡを指定した。この規則により、アメリカの一万人以上に給水するすべての公共浄水施設と一万人未満に給水する八〇〇の公共浄水施設は、二〇一三年から二〇一五年の期間中に一二カ月間、浄水中の指定された評価モニタリング物質濃度を指定された分析方法で測定し、最小報告濃度を超えた場合環境保護局に報告する義務を負うこととなった。ＰＦＯＳ、ＰＦＯＡの最小報告濃度はそれぞれ四〇ng／L、二〇ng／Lと、これまでの指針値等に比べてかなり低く設定されている。また、ＰＦＨｘＳやＰＦＨｐＡがそれぞれＰＦＯＳ、ＰＦＯＡよりも低い三〇ng／L、二〇ng／Lという値に設定されたことも特筆すべきことである。環境保護局はこの結果より、飲料水中のＰＦＣｓ汚染実態の把握、曝露されている人数と曝露レベルの推定を行い、今後の指針値や基準値設定の参考とする。今後、他の国もアメリカ環境保護局に倣って、指針値や基準値の見直し、厳格化に向かうことが想定される。排出源がわかってきたため、現在は大学生・大学院生とともに、吸着、膜分離、ＵＶ分解などを組み合わせた処理方法を開発し、各排出源に適用しているところである。

［田中周平］

第８章

大地をめぐる環境保全・創造
――「土」の機能を活用する

我々人類は、「大地」から様々な恵みを受けて生きている。森林や湿原の基盤、農作物の生育、都市やインフラの土台としての役割に加え、大地の中に存在する地下水や微生物は資源循環や生態系の中で大きな役割を果たしており、大地の環境を適切に保全することは重要な課題となっている。我々は、化学物質の放出や農薬散布、廃棄物の埋立処分といった行為を通して大地の環境に負荷を与えている一方で、土の有する様々な機能を利用することによってこれらの環境問題の「緩和」や解決を図っている。ここでは、人間活動の結果生じる大地の環境問題のうち地下水汚染を中心に概観するとともに、土の有する様々な機能を利用した解決例を示した上で、大地をめぐる人間と環境の共生について考えたい。

「大地」の構成と地下水

我々の足元にある大地は様々な種類の土や岩から構成されている。ここでは大地の表層を構成する

「土」に的を絞って議論をするが、多くの人は土の種類といえば、「砂」と「粘土」を思い浮かべるであろう。生成由来の観点からみると、砂とは、岩石が物理的に風化によって細かくなったもので、粘土は物理的風化に加えて化学的風化（例えば、水との反応、酸化還元反応、生物活動）や熱水変質によって生成されたものである。そのほかにも火山灰の堆積、生物遺骸の分解といった過程でも土は生成される。

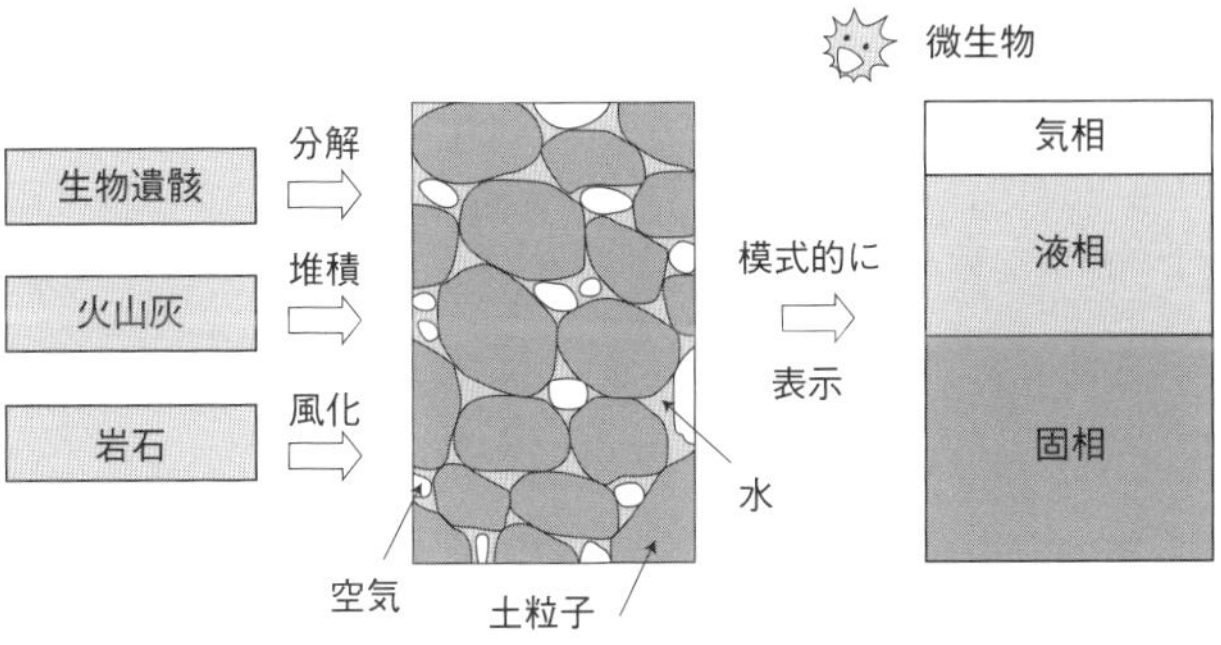

図 8-1　土の生成とその構造の概念

土は一般的には図8-1に示すように土粒子の隙間に水、もしくは空気（土壌ガス）が存在する三相構造となっている。工学や農学の分野では、土粒子の大きさ（粒径）によって、土の種類を礫分（粒径七五～二ミリメートル）、砂分（同二～〇・〇七五ミリメートル）、シルト分（〇・〇七五～〇・〇〇五ミリメートル）、粘土分（〇・〇〇五ミリメートル以下）に分けている。粘土粒子は比較的大きな高分子（約一〇〇ナノメートル）の約一〇倍程度、水分子（〇・三八ナノメートル）の約一万倍程度の大きさである。ここでは、おおよそのスケール感を理解いただければ幸いである。

固相体積に対する隙間（液相と気相）の体積の比率を間隙比と呼ぶ。砂分を主体とする砂質土では間隙比が〇・六～一・〇程度、シルト分や粘土分を主体とする粘性土では間隙比は

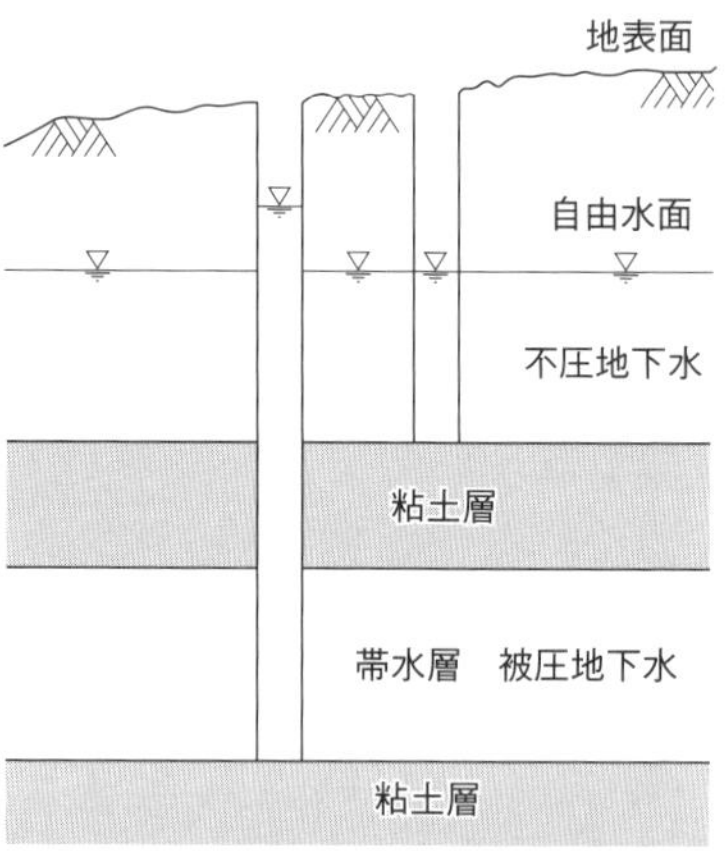

図8-2　地層の構造と地下水
（勝見　2004）

〇・九～三・〇程度といわれている。すなわち、多くの粘性土では空隙の体積が全体の半分以上を占めるのである。しかしながら、粘性土の粒子は非常に細かく、その隙間の大きさも非常に小さい。よって、粘性土は砂質土と比較して空隙の割合が大きく水を多く含むものの、水はその粘性抵抗によって非常に流れにくい。読者の方も砂と粘土の水の流れやすさの相違については直感的にイメージしていただけるであろう。

土中に生息する微生物も生態系の中で大きな役割を果たしている。微生物は、動植物の死骸等の有機物を分解することによって、無機物に変換している。一グラムの土の中には、細菌が一〇〇万個のオーダーで存在しているとされており、物質循環において重要な役割を果たしている。

地下の地層構造は図8-2に示すように粘土層と砂層が重なっている場合が多い。水を通しにくい粘土層の上の砂層には雨水等の地表面から浸透した水が貯留され、帯水層と呼ばれる。図8-1で示した土粒子の隙間が水で満たされた状態を「飽和」といい、地下水面とは「飽和」している層の上端を指す。また、「地下水」とは飽和した層の間隙を満たす水であるといえる（大学入学したての学生さんに講義をすると、よく「地下水」とは地中を川のように水が流れている状況をイメージしている人がいるが、誤解をしないでいただきたい）。地下水は、水位の高い方から低い方に一日に比較的早

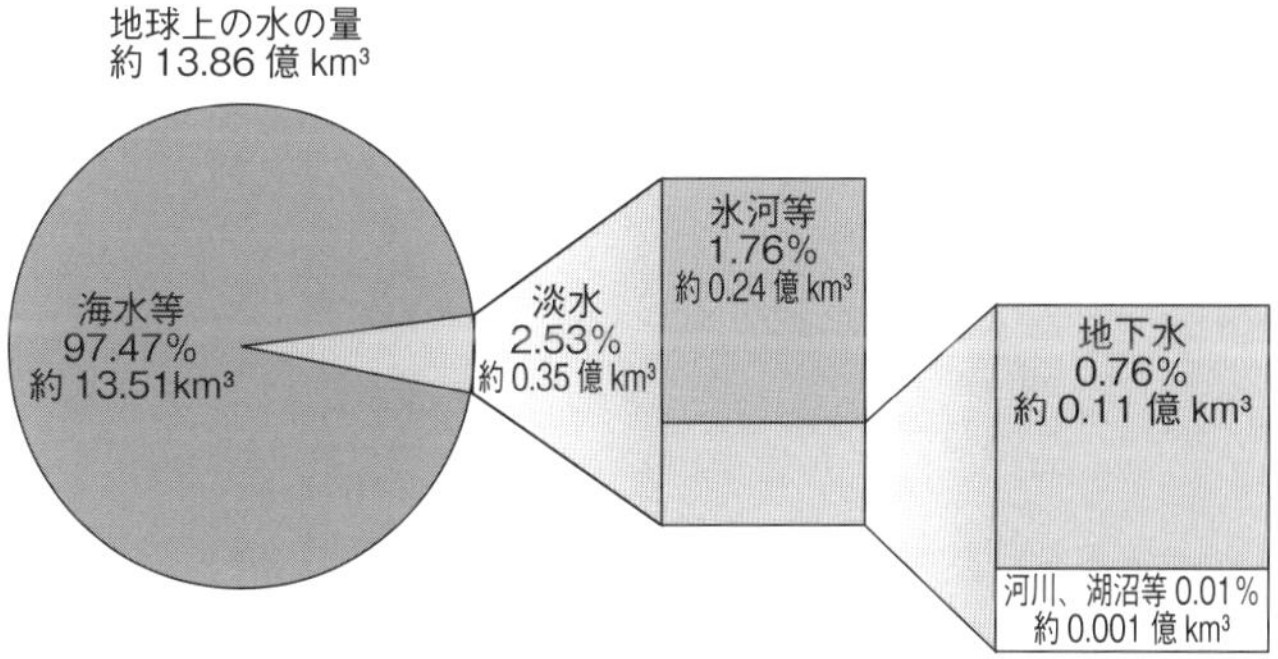

注：1. World Resources at the Beginning of 21st Century ; UNESCO,2003 をもとに国土交通省水資源部作
2. 南極大陸の地下水は含まれていない

図 8-3　地球上の水の量　（国土交通省水管理・国土保全局水資源部　2013）

い場合でも数メートルというゆっくりとした速度で流れている。

地下水は井戸水として利用され、非常に重要な水資源となっている。図8-3に地球上の水の量とその分布を示す。地球上の水のうち淡水の占める割合はたった二・五％にすぎず、液体の状態で存在している淡水は、一％以下にすぎない。液体状の淡水の大半は地下水として存在している。国土交通省の統計によると、日本で利用される工業用水の二八％、生活用水の二一％は地下水に依存している状況である。諸外国では九五％以上を地下水に依存している国もあり、地下水の量、質の確保は、水資源の確保の上で非常に重要な課題である。

地盤の汚染にはどのようなものがあるか？

地盤の汚染は「土壌汚染」と「地下水汚染」に大分することができる。前者は、重金属、農薬、有機塩素化合物などの有害化学物質が土壌に人為的な理由で浸入し、土壌内にとどまり引き起こされ

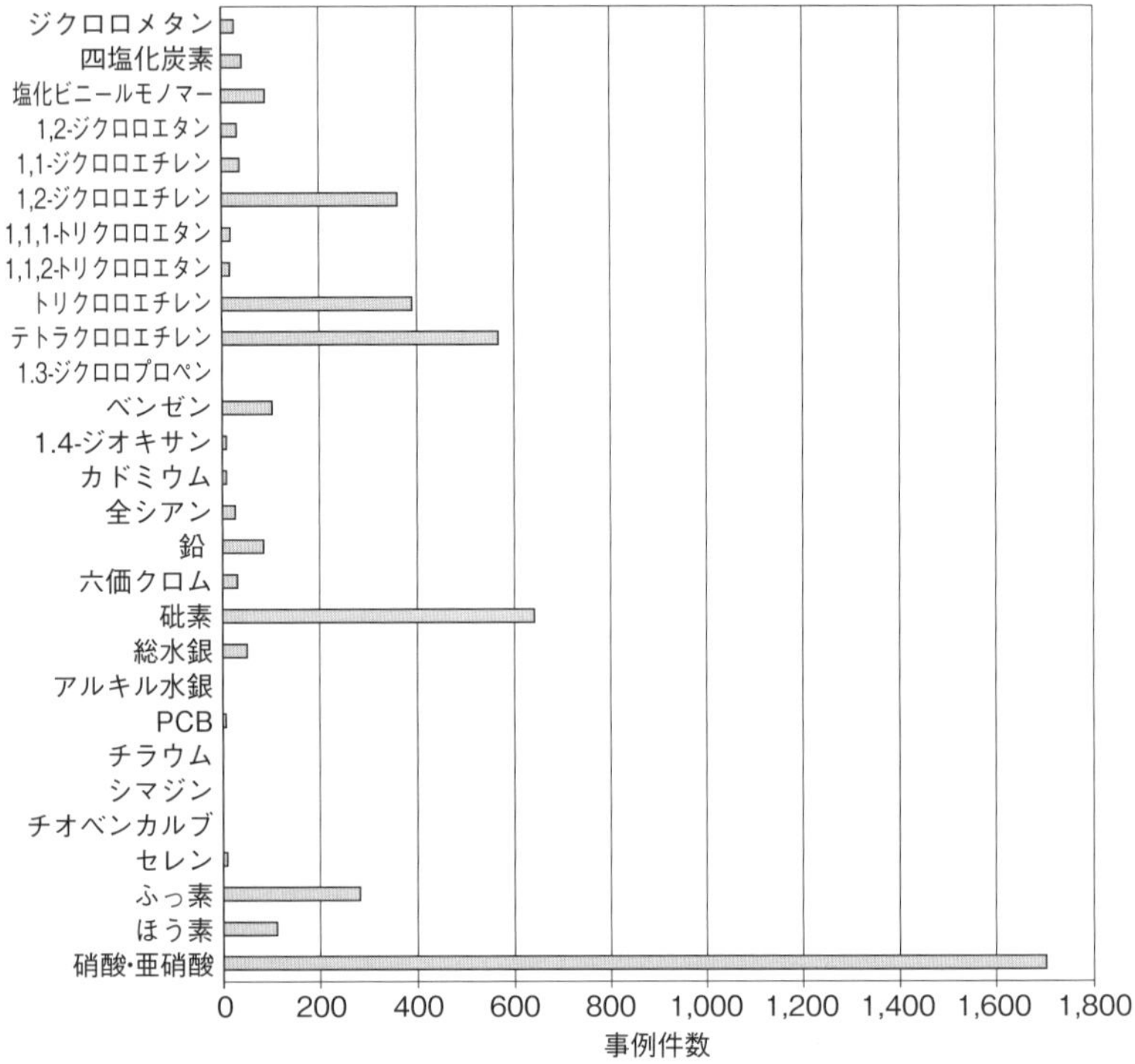

図 8-4　平成 24 年 3 月時点で把握されている有害物質ごとの地下水汚染件数

（環境省　水・大気環境局　2012）

る汚染である。一方、後者はそれらの有害物質が土壌内を浸透して地下水に達し、引き起こされる汚染である。

人為的原因による有害物質の土壌への浸入の要因には様々なものがある。代表的なものには、農地やゴルフ場等で散布された農薬の浸透、工場やガソリンスタンド等に設置された地下タンクからの漏洩、廃棄物埋立地や不法投棄廃棄物からの漏出、半導体産業等からのトリクロロエチレンの漏出などが挙げられる。図8-4に都道府県・政令市が把握している範囲での地下水汚染件数を有害物質の種類ごとに示す。地下水の水質汚濁に係る環境基準、いわゆる地下水環境基準には図中に示す二八の物質が規制項目として定められているが、農地での施肥に由来する硝酸性窒素と亜硝酸性窒素による地下水汚染事例が最も多い。砒素、テトラクロロエチレン、トリクロロエチレン、ふっ素などの基準超過件数も多いが、砒素やふっ素は土壌や海水等に自然的に含まれており、人為的な原因による汚染は非常に少ないことに留意されたい。

有害物質の地盤中での挙動

土壌に浸入した有害物質は、その化学的性質によって地盤内での挙動が異なる。陽イオンで存在することの多い鉛やカドミウムは、後述するように土粒子に吸着されやすいため、表層付近にとどまることが多く、移動性は非常に小さい。鉛による土壌汚染の件数は有害物質の中で最も多いにもかかわらず、図8-4に示すように地下水汚染件数は比較的少ないのはこの特徴に起因している。

硝酸性窒素や六価クロムは陰イオンで存在することから、土粒子に吸着されないため地盤中を移動しやすく土壌汚染が即、地下水汚染につながる有害物質であるといえる。

テトラクロロエチレンやトリクロロエチレンに代表される揮発性有機塩素化合物は水に溶けにくい液体であるが、①水よりも重い、②粘性が低く浸透しやすい、③揮発性が高い、という化学的特徴をもっている。このため地盤に漏出した化学物質は速やかに浸透して、図8-2に示す粘土層などの流体が通過しにくい粘土層の上に滞留する。滞留した物質は、水に少しずつ長期間に渡って溶け出していくため、地下水汚染が長期間かつ広い範囲で発生する。また、揮発性が非常に高いことから地盤中を浸透する過程で揮発し、気体として大気中に揮散する。

ベンゼンも水に溶けにくく、粘性が低い流体であるが、揮発性有機塩素化合物と異なり水より軽いという特徴をもっている。そのため、地下水面に到達すると地下水面上部に滞留し、地下水汚染を引き起こすという特徴を有している。

地盤の汚染とリスク

前節で示した土壌や地下水汚染の対策は、汚染による人の健康被害を防止する観点から実施される。まず、読者の方に理解いただきたいのは、汚染された地下水を飲用することによってはじめて人に健康被害が生じるという基本的な事項である。また仮に飲用したとしても、地下水環境基準は、対象となる有害物質を含む地下水を生涯に渡り一日二リットル飲用するという仮定のもとで定められており、この基準を少しでも上回るものを一回でも飲用すると、人に健康被害が生じるというものではないということである。すなわち、環境基準を大幅に上回るようなリスクの高い汚染は優先的に対応する必要があるが、飲用する可能性がないようなリスクの小さい汚染は、比較的コストの低い方法で対応する、もしくは汚染が広がらないように監視を行うという対策が合理的である。

土と水・化学物質の界面作用

「土」は、図8-1に示した通り、土粒子、水、空気の三相で構成されており、それぞれの境界を界面と呼ぶ。土中の物理・化学現象は特に土粒子と水の界面で生じ、これらの現象は地盤中の有害物質の挙動やその対策と深い関係がある。

この界面の大きさを示す指標として比表面積が広く用いられる。比表面積とは単位質量もしくは体

表8-1　主な粘土鉱物の比表面積（地盤工学会　1986）

粘土鉱物	粒径（μm）	比表面積（m^2/g）
モンモリロナイト	0.02 ～ 0.2	50 ～ 120（700 ～ 900）
バーミキュライト	2 以下	40 ～ 80（870）
イライト	0.03 ～ 1	65 ～ 100
カオリナイト	0.05 ～ 2	10 ～ 20
ハロイサイト	0.05 ～ 1	20 ～ 160
加水ハロイサイト	0.04 ～ 0.2（外径）	35 ～ 70

（　）内は層構造が開いた場合の値

積当たりの土粒子が有する土粒子表面積として定義される。粘土鉱物は砂のように粒状をしておらず、薄片状のものが層状に重なっている。よって、表面積が非常に大きいことが知られている。表8-1に主な粘土鉱物の大きさ（粒径）と比表面積を示す。例えば、モンモリロナイトでは層状に重なった構造の内部も考慮すると、たった一グラムで約八〇〇平方メートル（テニスコート三面以上）の表面積を有している。このことから、土と水の界面作用がいかに大きなものであるかが想像いただけるであろう。

土と水の界面作用が生じる根本的な要因としては、粘土鉱物の表面がその化学構造から負の電荷を有していることが挙げられる。例えば、粘土鉱物と間隙に存在する水との相互作用を考える。水分子の構造は多くの読者が承知のことと思うが、電子が酸素原子の側に偏り、極性を有している。そのため、水分子の正電荷側が土粒子表面に電気的に引きつけられ、密度や粘性が通常の水より高い吸着水層が土粒子表面に形成される（図8-5）。また、モンモリロナイトなどの層間の結合が弱い鉱物は層間にも水分子を取り込んで膨潤する。これらの層間水や吸着水は土粒子に拘束されており、間隙中を自由に移動できない。結果として、自由に水が流れることができる隙間が相対的に非常に小さくなり、水を通さない性質（遮水性）が発揮されることになる。

また、土中の水に陽イオンが溶存している場合、和水した形態等で陽イオンが負の電荷を有する土粒子表面に吸着される。この吸着された陽イオンは他の陽イオンと容易に入れ替わることができるが、一般には荷電数が高いものが低いものより保持されやすく、同じ荷電数の場合はイオン半径の大きいもの（すなわち、原子番号が大きいもの）ほど土粒子表面に保持されやすい。鉛やカドミウムなどの有害物質は、二価の陽イオンでかつ、イオン半径が大きいことから、比較的吸着されやすいといえる。

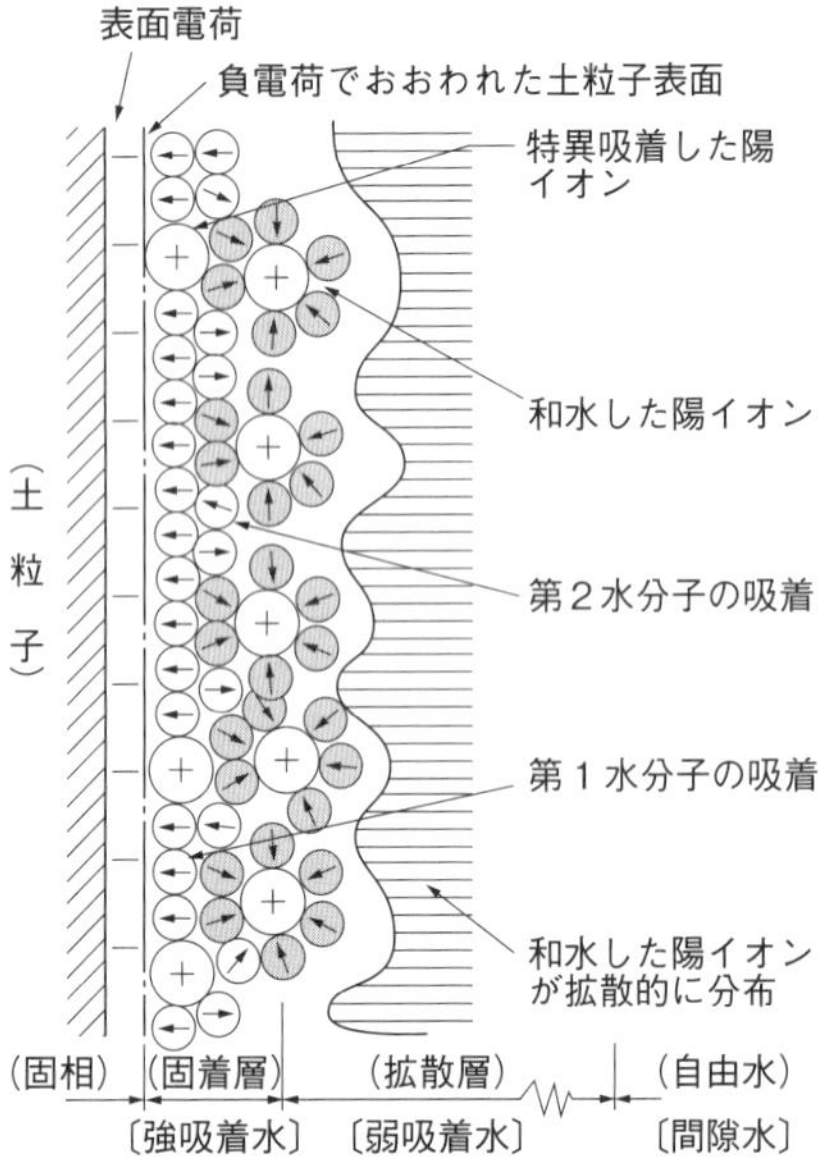

図 8-5　土粒子・水界面のイオン・水分子の吸着水の模式図（嘉門、浅利　1988）

以降では、これらの土が本来有する機能を活用した地下水汚染対策技術の例を紹介する。

土の遮水機能を利用した対策技術

前項で示したように、粘性土は非常に高い遮水性を有している。水の流れやすさは透水係数という指標で表現されるが、ベントナイトと呼ばれるモンモリロナイトを主成分とする粘土鉱物を固めた粘土層は、1×10^{-10} cm／s（百億分の一センチメートル毎秒）程度の遮水性が得られる。図8-6に示すように、厚さ〇・五メートルのこの粘土層の上に一・〇メートルの高さで水が貯留されているような一次元問題を考えると、粘土層底部から流出する水の量は一年間で面積一平方メートル当たりわずか一〇〇立方センチメートル程度とわずかである。このような土の遮水性を活用した土壌・地下水汚染の対策技術として原位置封じ込め工法が挙げられる。

原位置封じ込め工法は、図8-7に示すように、汚染された土壌・地下水の周辺に遮水壁と呼ばれる壁を構築し、有害物質が周辺に拡散しないように封じ込める工法である。遮水壁は透水性の低い粘土層等の難透水層に達する深さまで構築し、上部は舗装などで雨水の浸透を防止すると、汚染された部分が隔離された状態になる。この遮水壁の材料としては、土とセメントを混ぜたセメント改良土や前述のベントナイトを混合した土などが用いられる。もちろん、汚染された地下水が外部に流出する量はゼロではないが、適切な遮水壁が建設されていればその量は非常にわずかであり、周辺域の有害物質濃度を大幅に上昇させるものではない。

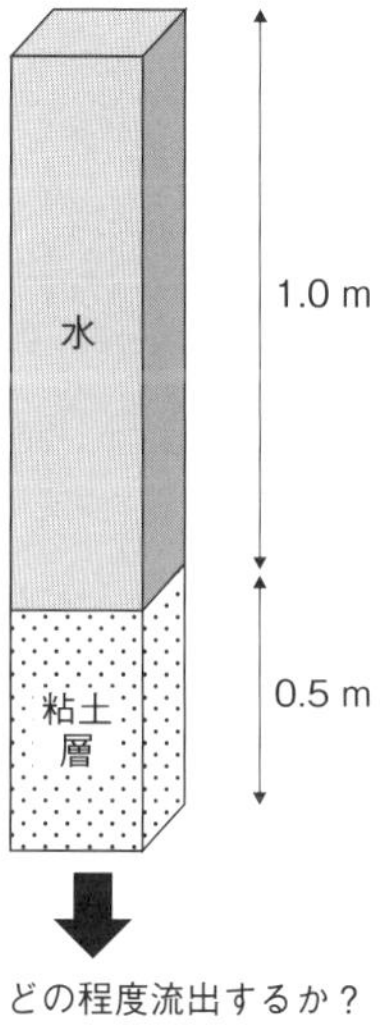

図 8-6　土の遮水性

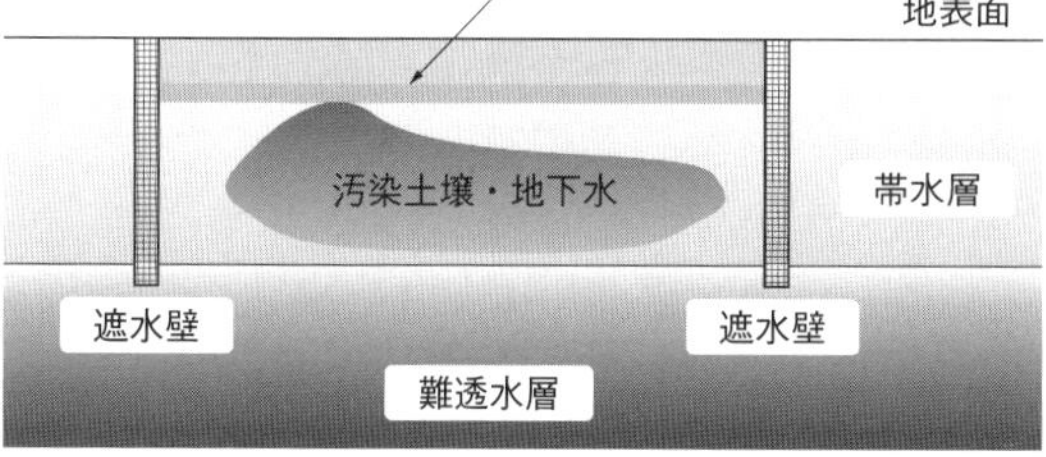

図 8-7　原位置封じ込め工法の概念図

土中の微生物を活用した対策技術

前述したように、土中にはもともと微生物が生息しているが、微生物の中にはトリクロロエチレン等の有機塩素化合物やベンゼン等の油の有機物を分解するものが存在している。これらの土の中に元来生息する微生物の活動を有機物等の栄養源と酸素を与えることで活性化させ、有害物質の分解を促進する方法を「バイオスティミュレーション」と呼ぶ。具体的には、浄化の対象とする領域の上流側に井戸を掘り、栄養源や酸素を注入する。注入された栄養源等は地下水の流れによって対象領域に移動し、汚染された領域を掘削することなく浄化することが可能となる。有害物質の種類や濃度によって適用は制限され、浄化にも一定の時間を要する技術であるが、特に揮発性有機化合物やシアン化合物による汚染地盤においては、適用事例は多い。

ただし、微生物の分解過程では人への健康被害のおそれがある分解生成物が生成されることに留意が必要である。例えば、揮発性有機化合物の一つであるテトラクロロエチレンを対象としてバイオスティミュレーションでは、分解過程で脱塩素化されて、トリクロロエチレンやジクロロエチレンなどの分解生成物が生成される。これらの物質も図6-4に示すように地下水環境基準に規定される有害物質であり、最終的には無害なエチレンにまで分解されることを確認する必要がある。

土の吸着機能を活用した対策技術

土の吸着機能を活用した有害物質の対策技術も、様々な方面で活用されている。例えば、二〇一一年に発生した福島第一原子力発電所事故においては、放射性物質が広域に拡散しており、放射性セシウムが含有された廃棄物や土砂が継続的に発生している。これは、放射性セシウムが付着した廃棄物が焼却処理される過程で焼却灰中に濃縮されたり、除染や通常の工事等から発生する土砂に放射性セシウムが含まれているためである。このため、適切な方法でこれらの廃棄物や土砂を埋立処分する必要があるが、この処分において土の吸着機能を活用した方法が検討されている。

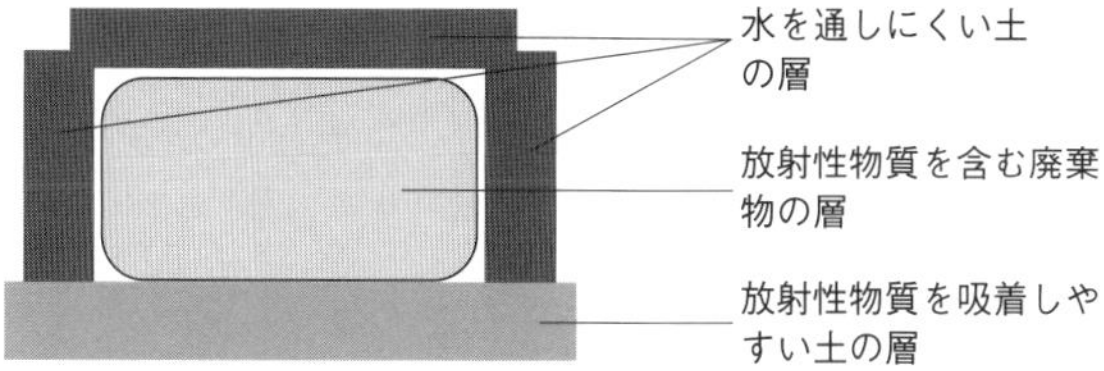

図 8-8　放射性セシウムを含む廃棄物の埋立処分概念図
（環境省資料に基づき作成）

具体的には図8-8に示すように、放射性セシウムを含む廃棄物層の上部と側面は水を通しにくい粘性土で隔離し、底部を放射性物質を吸着しやすく、上部と側面よりやや水を通しやすい土とする。これによって、放射性セシウムを含有する廃棄物層には雨水が浸透しにくく、万が一浸透した場合にも選択的に放射性物質を吸着しやすい土の層に水が流れ、放射性セシウムが吸着されることが期待されている。様々な土を対象にセシウム吸着能力やメカニズムの解明が進められているが、一般的に入手できる土でも一定のセシウム吸着能が確認されている。メカニズムについても様々な検討がなされているが、先述した土の陽イオン交換能も大きな役割を果たしているとされている。

もう一つの例としては、酸に対する緩衝作用が挙げられる。我が国では酸性雨が継続して観測されており、平均的な降雨のｐＨは二〇〇七年時点で四・六七であると報告されている。しかし、土は酸に対する緩衝能力をもっており、土や地下水がただちに酸性化することはない。酸の緩衝のメカニズムとしては、前述した陽イオン交換作用、土中の炭酸カルシウムやケイ酸塩による中和、アルミニウムの溶解などが挙げられる。ただし、カリウム、カルシウム等の陽イオンは植物の養分として重要であり、アルミニウムの溶出は植生に悪影響を与えると考えられている。よって、長期間の酸性雨暴露によって、植生などに影響が表れないかを監視する必要があるが、一定の緩衝作用を発揮していることは事実である。

おわりに

本章では、土が本来有する機能を活用した土壌・地下水汚染対策について紹介をしたが、その一方でこれらの機能には限界があることも確かである。また、土壌・地下水汚染は直接目に見えず、地下水の流れも非常に緩慢であることから、汚染が判明しにくく、汚染が発覚した時点では、汚染が広範囲に広がっていることが多い。これらのことから、第一には新たな土壌・地下水汚染を引き起こさない有害物質の適切な管理が必要である。

その一方で、土壌・地下水汚染のリスクが過大に評価され、その存在がやみくもに都市や地域の開発を妨げたり、資産価値の低下を招くことがあってはならない。本章で紹介した「土が本来有する機能」を活用した対策技術は、自然の力の一部を借りて、我々が使いうる資源、エネルギー、財源を効率的に活用できる対策技術として捉えることができる。有害物質の地盤中での挙動や相互作用についてはいまだ未解明な部分が多いが、我々研究者の役目は人々の信頼を獲得しうるように、これら点を継続して解明していくことであると考えている。

［乾　徹］

第9章

エコロジカルサニテーション
――健康と環境を衛るしものふんべつ

はじめに

屎尿（しにょう）（大便と尿のこと）は、生きることに伴う廃棄物である。一説には、人ひとりの一生の間に、大便は一五トン、尿は三五トン程度生じるともいわれる。水系感染症あるいは水質汚濁の原因になるとともに、不快なトイレは人間の尊厳の問題にさえ関わる。しかし、世界には衛生的なトイレをもたない人々がおよそ二五億人（ＷＨＯ＆ＵＮＩＣＥＦ、二〇一三）いるのが現実である（図9-1）。また、世界の多くの地域では生活のための水の確保が深刻な課題だが、貴重な水は自らの屎尿で汚染される。この基本的なサニテーション（衛生、トイレと屎尿）の問題に対して、国連ミレニアム開発目標では、一九九〇年時点で衛生的なトイレをもたなかった人口（二七億人）を二〇一五年までに半減させる目標を宣言したが、その実現は極めて困難な状況にある。我々は最も根源的ともいえる廃棄物、屎尿とどうやって向き合うべきなのか。本章では、地球環境問題の一つである世界のサニテーションの問題を取り上げる。なお、屎尿を含む廃棄物全体の適性管理については10章を参照された

図 9-1　バングラデシュ・クルナのスラムのトイレ　布を垂らして竹の梯子の上に跨り、直接水路に排泄する

い。

サニテーション問題の現状と解決へのアプローチ

日本での衛生システムの普及状況

二〇一一年時点の人口ベースでは、日本の屎尿の約七割は下水道システムで処理されている。屎尿や雑排水は下水管を通って下水処理場に流れ、集中処理される。一方、郊外や農村を中心に、残りの約二割は浄化槽システム（各戸に設置する排水処理槽、槽内に貯まる汚泥を収集するバキュームカー、および汚泥を処理する屎尿処理場からなる）によって、残り約一割は屎尿収集システム（くみ取りトイレ、バキュームカー、および屎尿処理場からなる）によって処理されている（環境省、二〇一三）。想像の通り、少なくとも屎尿については日本ではほぼ一〇〇％が衛生処理されている。

世界での衛生システムの普及状況

一方で世界に目を向けると、日本で主要な下水道システムは、必ずしも主要なシステムとは言えない。世界的な屎尿処理の現状を模式的に示したのが図9-2である。日本で主要な下水道システム（二次処理以上）は、高々一二億人程度にしか使用されていない。一方、最も割合が大きいのは、先述のように約二五億人と推計される、衛生的なトイレをもたない人たちである。そのほか、正確な数はわからないが、ピットラトリン（地下貯留式のトイレ）あるいは腐敗槽（セプティックタンクと呼ばれる、嫌気消化を期待した簡易の沈殿槽）が広く使用されている。

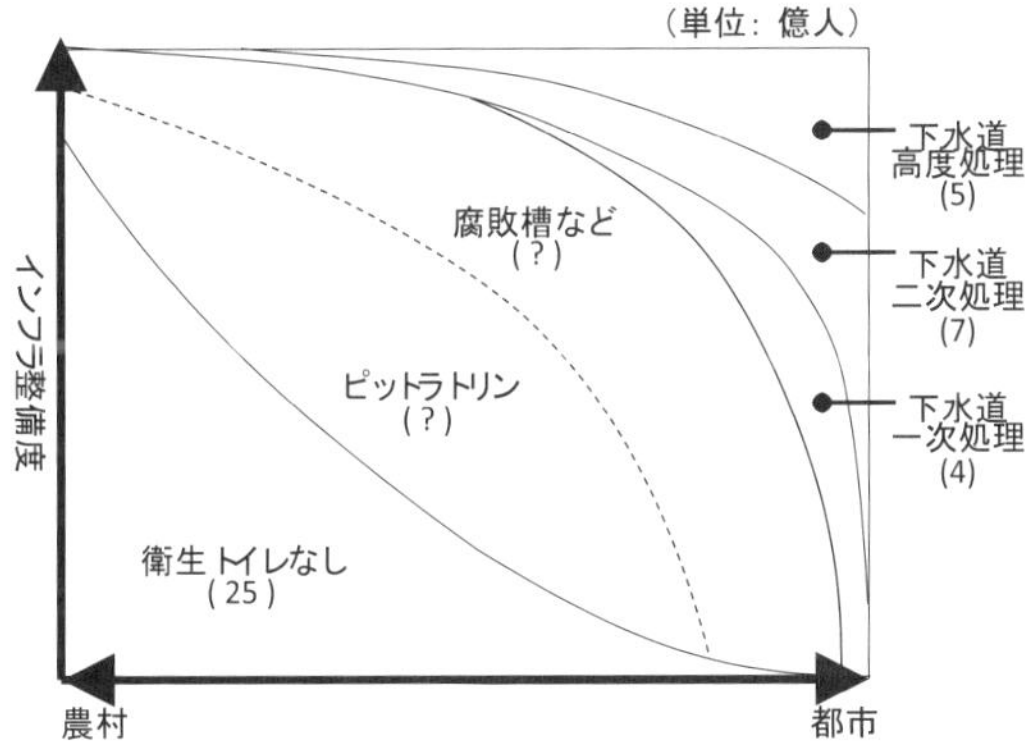

図 9-2　世界における衛生システム普及の概況
（OECS Stat および UNSD　Environmental indicators より筆者作成）

下水道システムが先進国都市住民の生活に大きく貢献していることは間違いないが、課題も多い。日本では下水道整備に多額の資金を投入しており（九〇兆円以上）、下水道による負債が三〇兆円以上存在する。また、処理に伴い大量に発生する汚泥は産業廃棄物であり、その処理も課題である。一方で途上国では、下水を流す流路としての下水道はあっても、その先に処理場がなく、下水が水域に直接放流されることも多い。

日本で生活している限りほとんど気にもならない屎尿処理、より端的に言えばトイレの問題だが、世界的には困難な状況にあるのがおわかりいただけたと思う。

表 9-1　大便と尿の性状の違い（松井 2003 を一部改編）

	大便		尿	
	g / 人 / 日	%	g / 人 / 日	%
N：窒素	1.5	12	11.0	88
P：リン	0.5	33	1.0	67
K：カリウム	1.0	29	2.5	71
病原体	ほとんどを含む		ほぼ含まない	

サニテーション問題の解決とは？

そのヒントはかつての日本にある。江戸時代、ヨーロッパの大都市が街中での屎尿の散乱に困る中、当時の巨大都市である江戸では屎尿は貴重な資源であり、農家はお金を払って屎尿を都市から集め、肥料として農地へと還していた。言い換えれば、屎尿を介した都市と農村のエコロジカルな物質循環が築かれていた。しかし、この循環は化学肥料の普及とともに衰退していった。どうすれば、かつてのような健全な循環を、しかも衛生的な形で取り戻せるのであろうか。

あらためて大便と尿について考えると

表 9-1 を見てほしい。屎尿が肥料価値をもつのは広く知られているが、実は肥料の三大要素である窒素、リンおよびカリウムの大部分は尿に含まれている。屎尿を農地へ返す意味では、尿が重要な役割を担う。一方、大便にはコレラや腸チフスなどといった、いわゆる水系感染症を引き起こす病原体のほとんどが含まれる。尿は腎臓で濾された液体であるため、腎臓を患った場合や一部ウイルスの排出の懸念があるとはいえ、基本的にはほとんど病原体は含まない。疾病予防の観点からは、大便をいかに隔離・衛生処理するかが課題となる。

屎尿分離――大便と尿の分別

ここで思い起こしてほしい。近年、ごみの分別の重要性は広く認識されるようになった。ところがどうして、大便と尿はからだからは別々に排泄されるにもかかわらず、その後混ぜてしまうのか。もしうまく分別すれば、栄養が集まる尿を効率的に農地へ返すことができ、病原体を含む大便を効果的に衛生処理できるのではないだろうか。

屎尿を分別する原理は非常に簡単である。男女問わず、排泄時には尿は必ずいくらか前方に飛ぶ。一方、大便は重力に従い真下に落ちる。したがって、体の直下やや前方に仕切り板を設ければ、大便と尿は簡単に分けられる。こうして屎尿を分離するトイレは屎尿分離トイレと呼ばれる。屎尿分離トイレには、洋式もあれば和式もある(図9-3)。

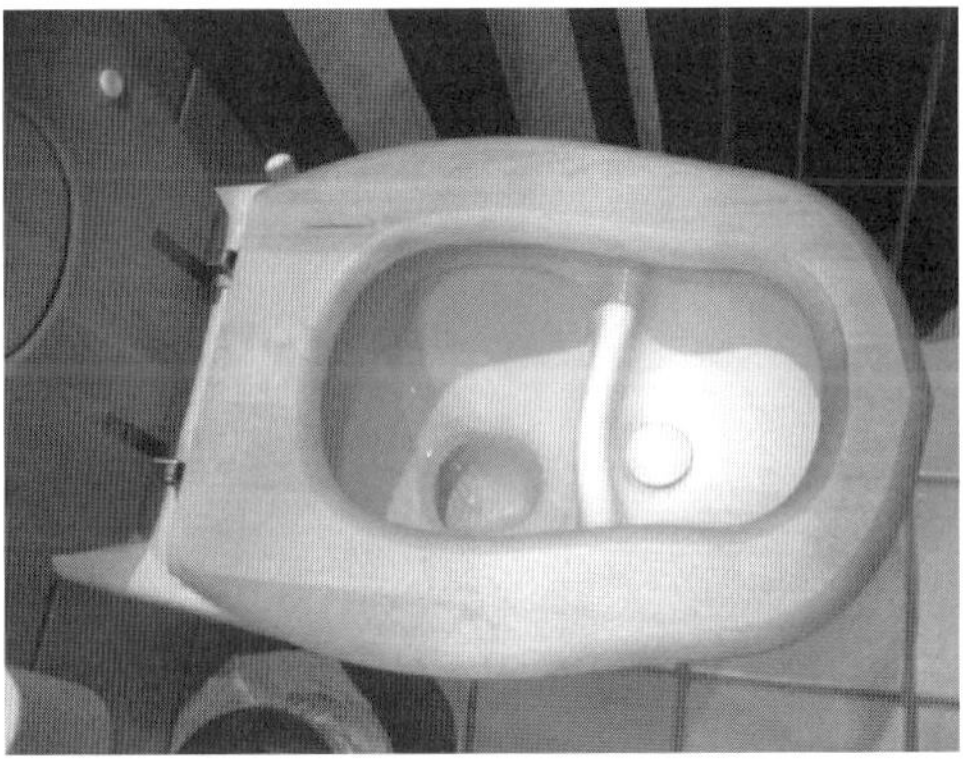

図9-3　大便と尿をそれぞれ水洗する洋式屎尿分離トイレ

エコロジカルサニテーション

もともと性状の違う屎尿をそれぞれ別々に扱うことで、屎尿を効率よく衛生処理し、かつ農業利用することが可能になりうる。現在、多くの先進国では屎尿は大量の水を使って移送され、多くのエネルギーをかけて処理されている。同時に、エネルギーをかけて空気中の窒素から窒素肥料を生み出し、一〇〇年後には枯渇するであ

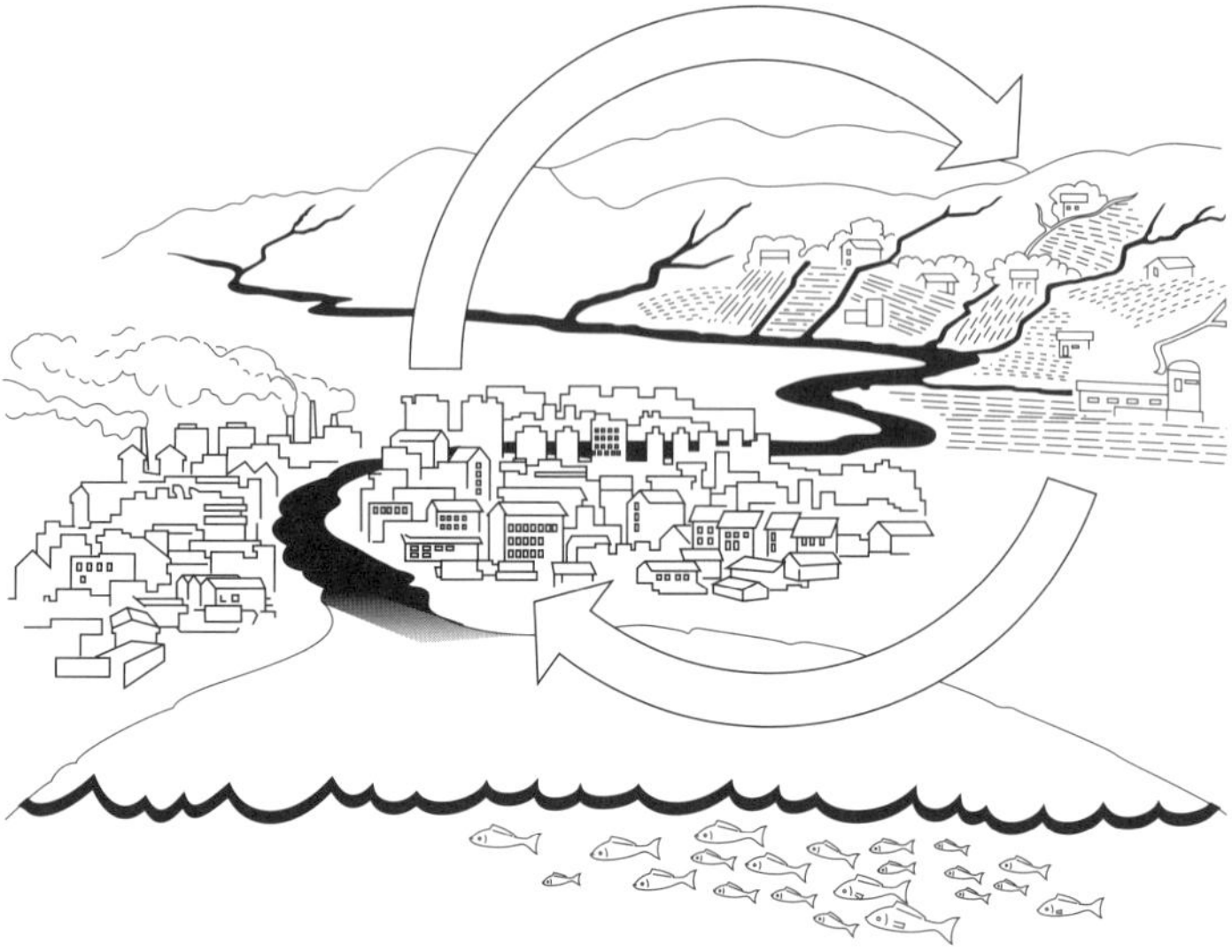

図 9-4　屎尿の農業利用を通じた健全な循環系（エコロジカルサニテーション）
（Winblad & Simpson-Hébert, 2004 より）

ろうといわれるリン鉱石を採掘してリン肥料を作っている。枯渇性資源であるリンの確保は、食糧戦略の観点から極めて重要な課題である。一方で、多量の窒素・リンの水域への流出により閉鎖性水域の富栄養化などの水質汚濁、地下水の窒素汚染（詳細は第8章を参照）などが多くの地域で顕在化している。そもそも多くの途上国では、屎尿処理自体が満足になされず、十分な肥料も使用できずに食料不足に陥っている地域もある。

肥料を使って作った食物を食べ、その結果として生み出される屎尿を農地に返す。この至極自然で合理的な循環系の構築（図9-4）こそが、世界のサニテーション問題の解決の方向性であると筆者は考える。同時にこれは世界の食糧問題の解決にも大きく貢献しうる。こうした屎尿の農業循環と衛生改善を両立させるアプローチは、エコロジカルサニテーションとも呼ばれる。エコロジカルサニテーションの実現に向け、屎尿分離トイレを用いた取組みが様々な地域・スケールで行われつつある。以下、いくつかの取組みについて紹介しよう。なお、栄養塩類循環を含む生態系サービスの相互関係については第3章を参照されたい。

農村でのアプローチ——ベトナムでの事例

開発途上国農村での事例として、筆者らは電気、ガス、水道そしてトイレのないベトナム南部の少数民族集落において、衛生改善と農業改善の両立を目指した屎尿分離トイレの導入を二〇〇二年から二〇〇三年に行った。このプロジェクトは（公社）日本国際民間協力会（NICCO）の地域開発プロジェクトの一環であった。なお、当時、筆者は京都大学大学院地球環境学舎の大学院生であり、同時に地球環境学舎のインターン研修プログラムの一環としてNICCOにも所属しながら、トイレ導入プロジェクト担当として上記活動に取り組んだことを記しておく。なお、地球環境学舎のインターン研修については本書エピローグを参照されたい。

二槽式屎尿分離トイレ

トイレ導入前に衛生教育などを行い、三種類の屎尿分離トイレの試験設置を経て、トイレの本格的導入、その後の継続的教育およびモニタリングが行われた。最終的に導入した屎尿分離トイレを図9-5および図9-6に示す。この屎尿分離トイレは便槽が二槽式になっている和式タイプのトイレであり、トイレ内部中央にある受け皿の部分で尿を回収、その後、尿はトイレ後方のポリタンクに貯留

図 9-5　二層式屎尿分離トイレの外観　便槽の上にトイレ室、トイレ後部には換気用臭突と尿タンクがある

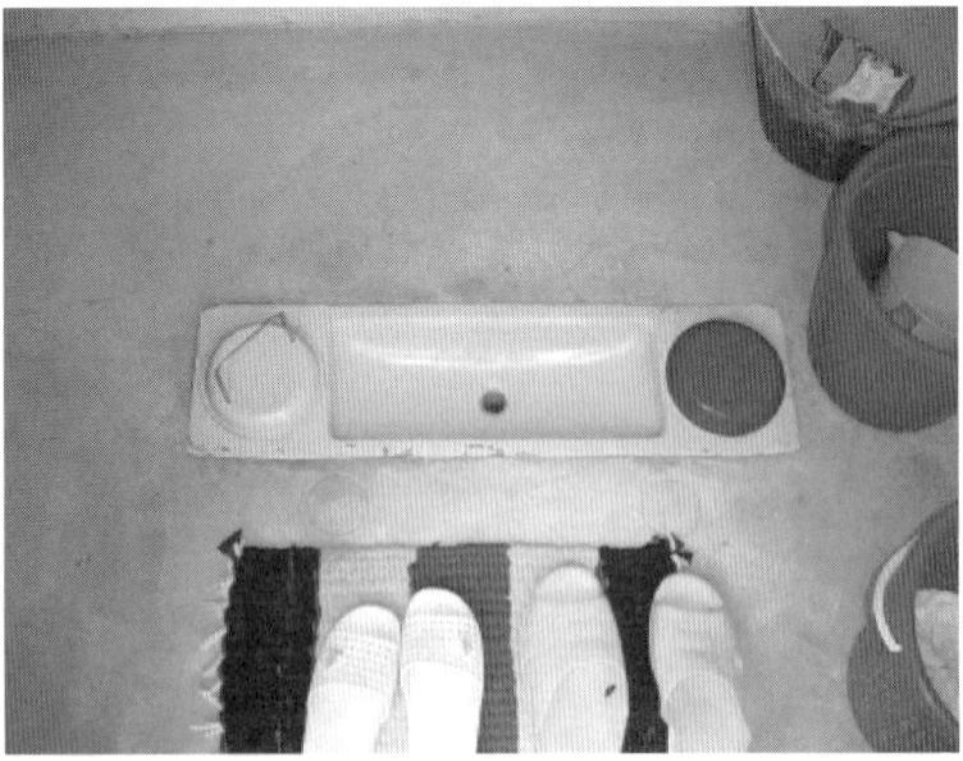

図 9-6　大便と尿をそれぞれ無水洗で貯留する屈み込み式（和式）屎尿分離トイレ　便が落ちる場所が左右に二カ所（便槽が二つ）、および中央に尿が流れる皿がある

される。貯まった尿は、水で薄めて農地に撒けば良質な肥料になる。尿受け両側の丸い蓋を開けると便槽への穴が開いており、大便はこの便槽にて貯留・衛生処理される。使用するときには尿受けの方向を向いて便穴に跨る。

このトイレは水を使わず、大便を乾燥させるドライトイレといわれるトイレである。ドライトイレは乾季に水の確保が困難になるこの地域では特に有効であった。トイレ内には、肛門を拭うための紙、紙くずを入れるカゴ、尿受けを洗い流すための水、そして大便を衛生処理する際に用いる灰（灰はかまどから得られる）が置かれている。

灰の効用

なぜ大便の衛生処理に灰を使うのか。灰は強アルカリのため、灰をかけることで大便のｐＨを上げることができる。加えて、灰の散布により大便の乾燥化が促進できる。このアルカリ化および乾燥化により、一定期間の貯留を経て大便中の病原体を死滅させる。筆者らが行った試験により、最も生残性が高いといわれる回虫（寄生虫）の卵を一〇カ月間の貯留によって不活化できることが確認されている（図9-7）。また、灰の散布は臭気の防止に極めて有効である。例えば、ペットの糞も砂等をかけ乾燥していればほぼ臭いはしない。処理後の大便は土壌改良剤として農地利用される。

本プロジェクトでは、ヘルスワーカーによる三カ月以上のトイレ使用法巡回指導を経て、ほとんどの住民にトイレが定着した。屎尿分離トイレによる衛生改善と資源循環の両立が実証された一例といえる。

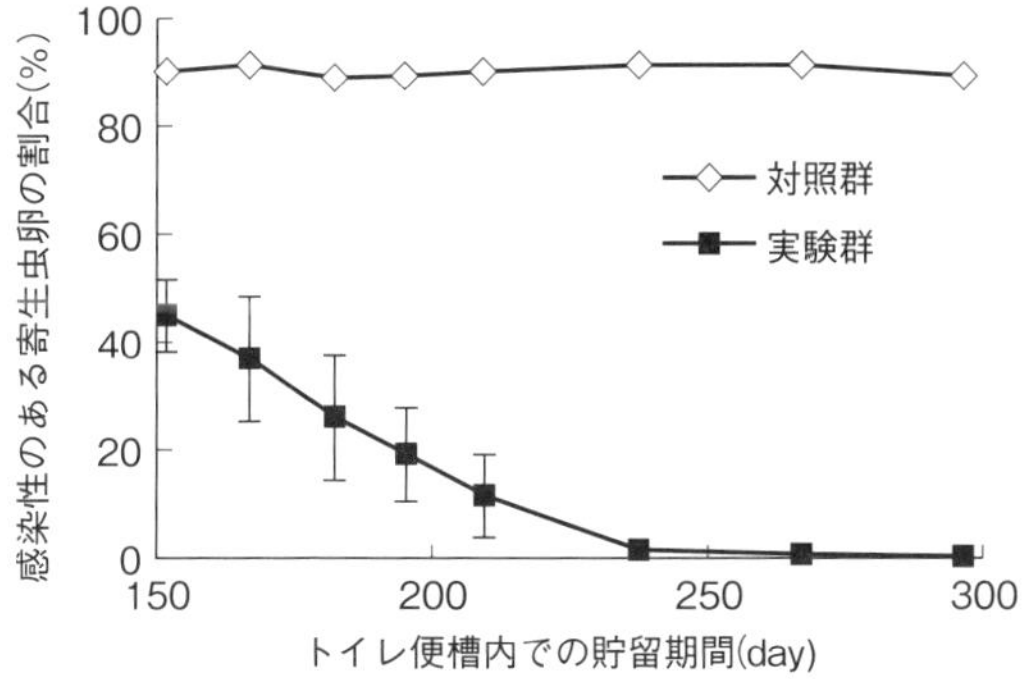

図 9-7　便槽内での回虫卵死滅割合の推移
（Harada et al. 2005 を一部改編）

都市でのアプローチ――スウェーデンと中国での事例

農村での屎尿分離に基づくエコロジカルサニテーショ

ンの取組みは、ここ数年で数も多くなり、その有効性が一定程度認識されているといえる。一方で、都市における取組みはまだ少ない。ここでは、スウェーデンおよび中国の事例を紹介する。

ストックホルム郊外の事例

スウェーデンのストックホルム郊外の町、ヴァックスホルムの事例である。ストックホルム環境研究所の協力のもと、この地域のエコタウンでは、二五〇世帯が水洗型の屎尿分離トイレ（前掲の図9-3）を導入した。小便は、少量の水洗水とともに便器前方の尿受け部分から回収され、地下に設置された共有の尿タンクに貯留される。一方、排泄後の大便は便器後方に落ち、水洗水により下水管に流される。尿はその後バキュームカーで農地近くの大型の貯留槽に移送され、一定期間の貯留を経て、肥料が必要な時期に液肥として農地に撒かれる（図9-8）。水洗された大便は雑排水とともに下水処理場にて処理される。都合のいいことに、尿を分離することで下水中の窒素やリン濃度が低くなる。このため、尿を分離した下水の処理には窒素・リン除去のための高度処理が不要になり、実際この地域の下水処理施設には簡便な処理方法が採用されている。つまり、屎尿分離は既存の下水処理の簡素化にもつながりう

図9-8　尿の液肥としての農地散布の様子
（Mats Johansson（Ecoloop）撮影）

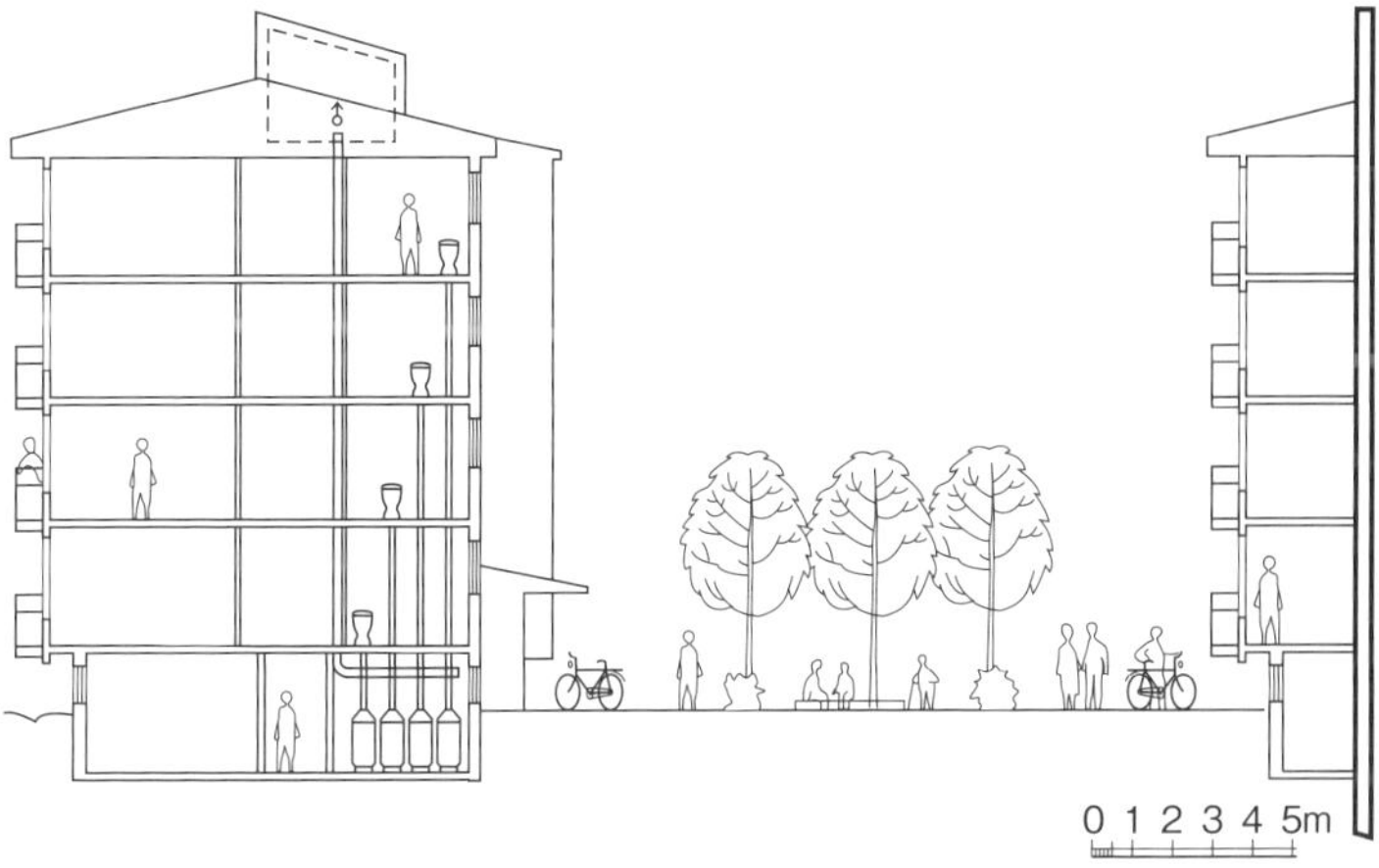

図9-9　エルドスエコタウンの複層アパートにおける屎尿分離システム
（Winblad & Simpson-Hébert, 2004 より）

るのである。

中国内モンゴル自治区での事例

スウェーデンでの経験は、中国内モンゴル自治区エルドス市のエコタウン建設にも生かされた。このエコタウンでは、同市ドンシェン区およびストックホルム環境研究所による共同事業として、世界で初めての本格的な複層アパートへの無水洗型屎尿分離トイレ（図9-9）の導入が行われた。洋式の屎尿分離トイレにより小便および大便が、さらに雑排水がそれぞれ別々に扱われる。小便は自然流下で回収された後、農地利用される。一方、大便は、地下に設置された便コンテナまで便シュートを経て落下、回収される。回収大便はエコタウン内の小型堆肥化設備にて、堆肥化される。その他の雑排水は、エコタウン内に設置された簡易処理場にて処理され、池に放流される。

このプロジェクトでは、無水洗型の屎尿分離システムについての実証評価が行われた。その一つのLCA（ライフサイクルアセスメント）研究（原田ほか、二〇〇九）では、通常の下水道と屎尿分離型システムを比較した場合、後者の環境負荷（三〇年間で排出されるCO_2ベース）が前者より低くなることが示され、その有効性が確認された。中でも重要なのは、屎尿分離型システムでは尿の運搬が環境負荷の大きな部分を占めた点である。つまり、農地が近くにない場合には、このシステムの優位性は低い。衛生と農業をつなぐエコロジカルサニテーションを目指す上では、農と住が近接したコンパクトな街づくりが望ましいことが示唆される。

災害対応としてのアプローチ――東日本大震災後の取組み

屎尿が適切に処理されない事態は、残念ながら先進国でも起こりうる。二〇一一年三月の東日本大震災後には様々な問題が発生した。サニテーションの問題は深刻な問題の一つであり、多くの被災者が健全なトイレを使用できない事態となった。水道が止まったため水洗トイレが機能を停止し、多くの人が集まる避難所ではくみ取り式の簡易トイレが導入されたものの、くみ取りが追い付かず屎尿が溢れるなどし、野外排泄を余儀なくされた人も多かった。この問題に取り組むため、筆者らは、震災直後に「トイレの未来を考える会（代表　清水芳久・京都大学大学院教授）」を同僚らと結成した。

ポータブル屎尿分離トイレの開発

前掲の表9-1を思い出してほしい。屎尿中の病原体のほとんどは大便に含まれている。つまり、大便さえとにかく隔離・処理すれば、最低限の衛生確保はできるのである。緊急事態においては、この大便の隔離・処理に注力し、尿を水路に流す、あるいは土壌浸透させることも、環境への負荷はかかるとはいえやむを得ないだろう。こうした考えから、筆者らはベトナムでの無水洗型屎尿分離トイレ導入の経験をもとに、プラスチック段ボールを用いた災害対応用の簡易組み立て式屎尿分離トイレ（ポータブルUDトイレ）を震災後に緊急開発した（図9-10）。

さて、このトイレの大便処理方法についてである。前述のベトナムの事例では水を使わずに貯留された大便を、灰を使うことにより簡便に処理できたが、日本では灰は日常的には手に入りにくい。そこで、消石灰を用いた。消石灰は農地では簡単に手に入るとともに、校庭の白線用として使われている。消石灰は強アルカリであり、何かしら乾燥した粉末（例えば乾燥土壌）を混ぜることによって、大便への散布においてほぼ灰と同様の効果をもつ。消石灰を含む混合物を散布することで、臭いは抑えられ、大便の最低限の衛生処理を簡便に行うことができる。このトイレの緊急開発後、東北にて配布したところ、

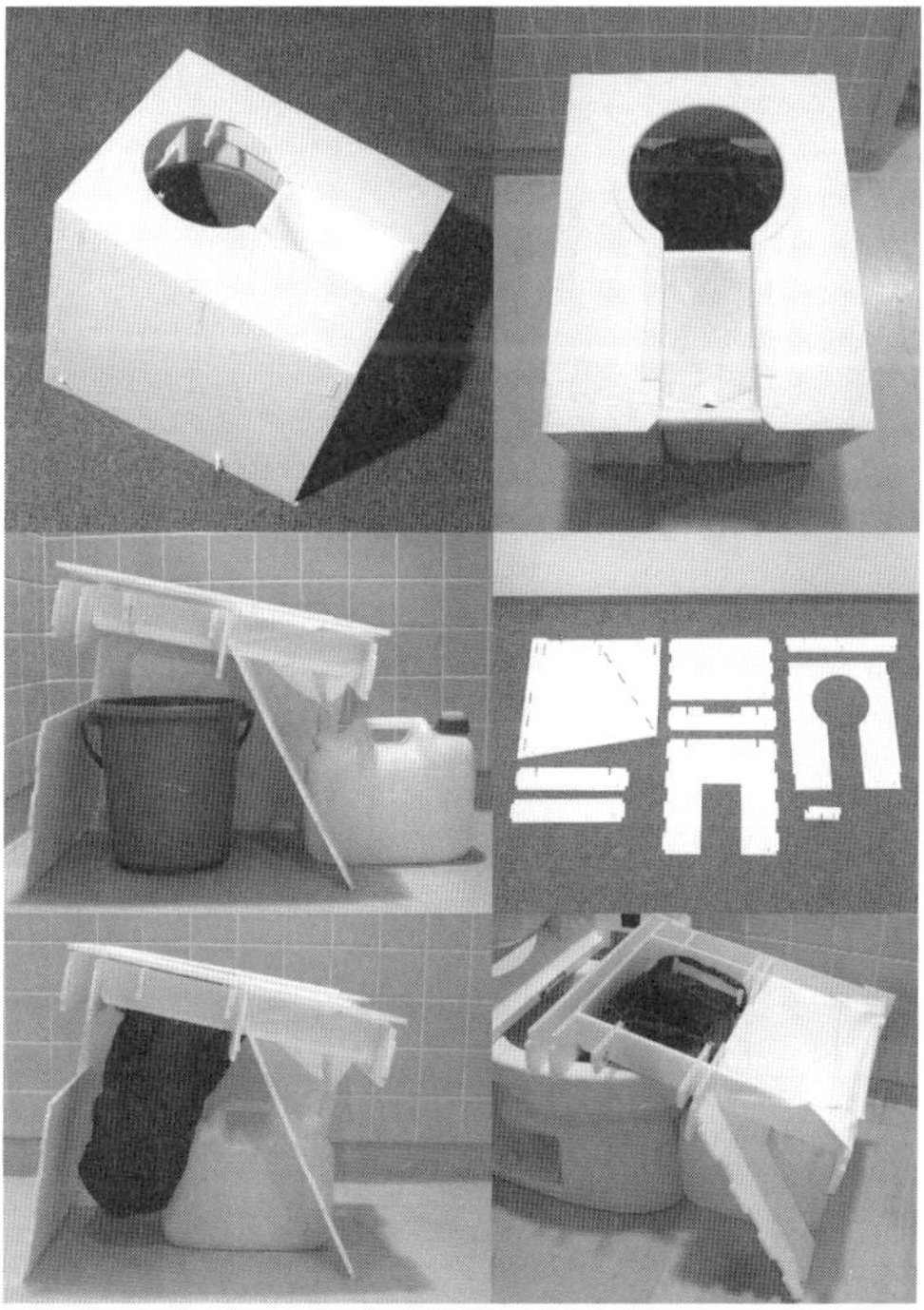

図 9-10　プラスチック段ボールを用いた組み立て式無水洗型屎尿分離トイレ（ポータブル UD トイレ）

その高備蓄性・高運搬性などから高く評価された。これらの成果により、「トイレの未来を考える会」は二〇一二年の日本水大賞グランプリを受賞した。

災害時のトイレ問題の対応はインフラの整備のみでは難しい。個人あるいはコミュニティによる自主防災のツールとしてUDドライトイレが活かされるべく、現在、その改良および低価格での製品化を目指している（自主防災については第15章を参照されたい）。

余談だが、筆者のバックグラウンドは環境工学（衛生工学）である。屎尿の処理はその専門とするところだが、トイレ自体のデザインをすることは容易ではない。幸運なことに地球環境学堂には多様なバックグラウンドを持った教員がおり、デザインを本職とする建築系の教員（小林広英准教授、藤枝絢子助教）がたまたま筆者の近くにいた。彼らと共同することで、このトイレの開発が可能になった。学際的取組みの好例といえるだろう。

最後に

本章では、世界のサニテーション問題と、その解決の方向性および具体的事例を紹介した。サニテーションの問題は、人間が人間となる前から発生し、今も本当の意味での解決ができていない問題である。本質的には、食べたから出る、だからこそ農地に返す、というのが解決の方向性だろう。これは、世界の衛生問題の解決のみならず、食糧問題の解決にも大きく貢献する。衛生的なトイレをもたない人が世界に二五億人にいるという状況下で、いかにこうした本質を忘れずに衛生改善を進めていくか。屎尿の分離およびエコロジカルサニテーションは、その重要な解決のアプローチである。

［原田英典］

第10章

廃棄物の現在・過去・未来
――適正処理、資源循環、そして事故防止のために

廃棄物とは、我々の日常生活や経済活動に伴って発生する不要で無価値な物質であり、有害物質を含んでいることもあるため適正処理が求められる。一方で廃棄物は、見方を変えれば資源とみなすこともでき、その管理は、人の健康や生活環境を保全することに加え、資源・エネルギー問題とも関連している。本章では、まず、我が国における廃棄物の定義やその問題の歴史からはじめて、我々に最も身近な「ごみ」の現状や、特に焼却を中心とした中間処理方法について概説し、適正処理や資源循環、施設での事故防止の観点からの問題点を挙げ、その解決策について考えてみる。

廃棄物とは

廃棄物とは、廃棄物の処理および清掃に関する法律（廃棄物処理法）にて、「ごみ、粗大ごみ、燃え殻、汚泥、ふん尿、廃油、廃酸、廃アルカリ、動物の死体、その他の汚物又は不要物であって、固

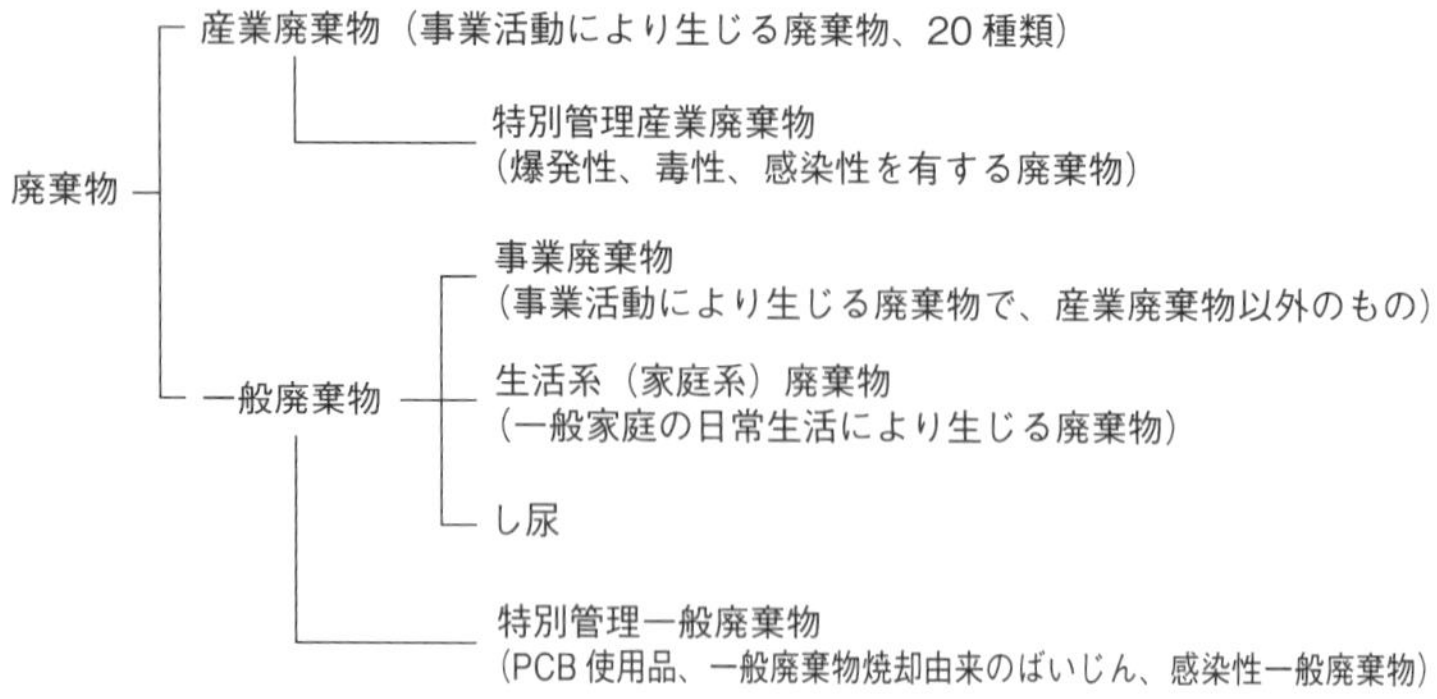

図 10-1　廃棄物の分類

形状又は液状のもの」[*1]と定義されている。廃棄物は、一般廃棄物と産業廃棄物に大きく分けられ、さらにいくつかの区分がある（図10-1）。産業廃棄物は、事業活動より生じる廃棄物であり、燃え殻、汚泥、廃油、動物のふん尿など二〇種類が指定されており、それらを排出する事業者の責任において処理が義務づけられている。また、産業廃棄物のうち爆発性、毒性、感染性を有するものは、特別管理産業廃棄物として定められており、その排出から最終処分まで、より管理が厳重になされなければならない。

一方、一般廃棄物は、産業廃棄物以外の廃棄物を指し、生活系（家庭系）廃棄物と事業系廃棄物、し尿（第9章参照）に分けることができ、その収集・運搬および処理・処分は市町村が行うことが原則である。生活系廃棄物は我々が日々の生活で排出する最も身近な廃棄物である。事業系廃棄物は、事業活動により生じる廃棄物で、産業廃棄物にて定義されるもの以外のものを指すが、産業廃棄物との区分が法解釈によりあいまいで、議論になることが多い。また、一般廃棄物においても、産業廃棄物の場合と同様に、人の健康や生活環境に悪影響を及ぼす恐れのあるものは、特別管理一般廃棄物として定められており、より徹底した管理が求められている。

図10-1に示すように、廃棄物は、法律的には理路整然と区分されているが、現実に排出される廃棄物は、混沌としており、ある区分の廃棄物に、別の区分の廃棄物が混入し、様々な問題を引き起こすことが多い。また、資源循環の観点からは、本来資源としてリサイクルできるものが、混ざって廃棄物として排出されると、循環のサイクルが絶たれてしまうことにもなる。したがって、廃棄物を適正に、かつ安全・安心に処理、あるいはそれに含まれる資源を利活用していくためには、排出される廃棄物の分別が最も重要である。

廃棄物問題の歴史

廃棄物、もしくはその一部を表す言葉としては、「ごみ」という言葉が、我々にとって、より身近な表現である。「ごみ」という言葉の由来はいくつかの説があるが、文献上では、平家物語に、泥を指す表現として使われていたことが最初である。[1] その後、現在のような意味で用いられるようになったのは、江戸時代になってからとされている。江戸時代には、都市部での人口の増加により、ごみの収集や本格的な埋立が開始された。明治・大正時代には、衛生問題や、コレラ・ペスト等伝染病対策のためのごみ処理整備（焼却炉、埋立地）が政府主導で開始され。一九〇〇年には汚物掃除法の施行により、ごみ処理が市町村の義務になった。その後、昭和初期から戦争直後までは、全国的な物資の不足等により、ごみ量も一旦減少した。このあたりまでのごみ質は、厨芥類や土砂などの不燃物が主であった。

戦後になると一九五四年に清掃法が施行され、その後、高度経済成長により、ごみ量が増大するとともに、プラスチック、乾電池等が多くごみに混在するなど、ごみの質が変化してきた。またこの時期には様々な公害問題が顕在化し始め、種々の公害防止関連の法律が成立・改正されるとともに、一九七四年には現行法である廃棄物処理法が施行されることとなった。一九八〇年代から九〇年代にかけては、ごみ焼却施設から排出されるダイオキシン類（第7章参照）や、産業廃棄物の不法投棄などが問題となった。またごみ減量や再利用・リサイクルが以前にも増して求められるようになり、廃棄物処理法が大きく改正されたり、ダイオキシン類対策特別措置法、容器包装リサイクル法等が制定された。

二一世紀に入ると、循環型社会形成推進基本法が成立し、「大量生産・大量消費・大量廃棄」型の経済社会から「循環型社会」へシフトしていくため、その形成を推進する基本的な枠組みが定められた。本法では、「発生抑制」（Reduce）、「再使用」（Reuse）、「再生利用」（Recycle）、「熱回収」、「適正処分」の順に、廃棄物の処理の順位が定められ、いわゆる3Rの概念が法制度化された。これに基づいて、我が国の物質フローに関する指標として資源生産性、循環利用率、最終処分量の三つが決められ、その目標値が定められた。また同時期に、廃家電、廃自動車、食品廃棄物などの各種リサイクル法も定められ、資源循環の観点からの法制度も整備された。二〇一三年には、小型家電リサイクル法が定められ、使用済小型家電中の貴金属やレアメタルの資源循環や有害物質管理等により、循環型社会の形成がさらに推進されている。

このように、我が国の廃棄物問題は、当初衛生的な側面が大きかったが、公害・環境問題を背景として、その適正処理や有害物質に対する対策に主たる重点が置かれたのち、現在では、資源循環の観

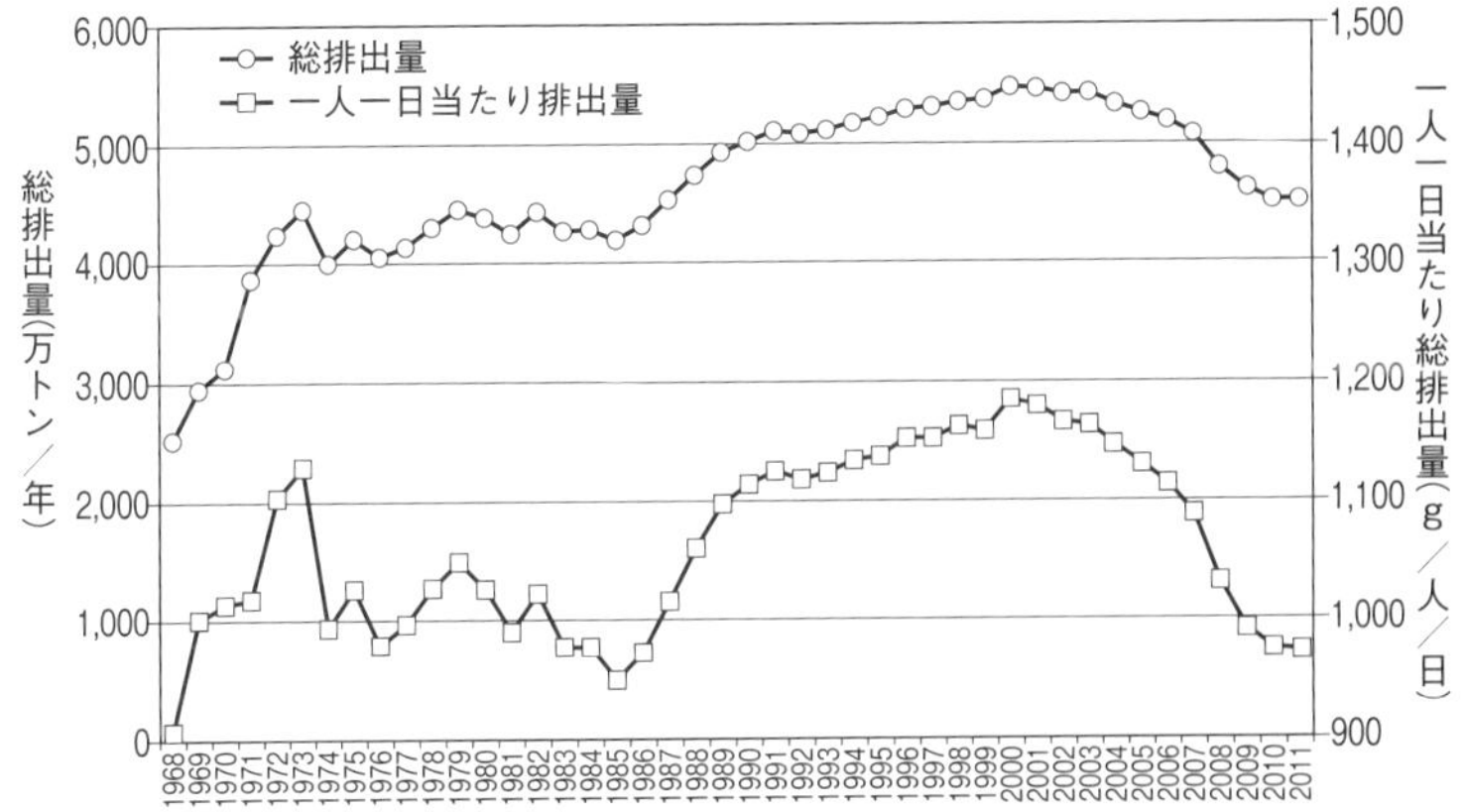

図 10-2　一般廃棄物の総排出量と一人一日当たりの排出量の推移

点から、循環型社会形成を推進することに重点が置かれてきている。ただし、このような変遷を経ても、これまでの衛生処理・適正処理・有害物質管理の観点からの対策は蔑ろになってはならない。

一般廃棄物の排出の現状

ここからは、廃棄物のうち、我々の生活に身近な一般廃棄物に着目する。一般廃棄物は、二〇一一年度に四五三九万トン排出されている。[*2] これは国民一人が一日当たり、九七五グラム排出していることに相当する。図10-2に、一九六八年からの、一般廃棄物の総排出量と一人一日当たりの排出量の推移を示す。図を見ると、総排出量は一九七三年までの高度経済成長期に急激に増加している。その後、一九七三年の第一次オイルショックを機に日本経済が安定成長期に入ると、伸びが止まり、その後横這いを続けているが、一九八六年頃からのバブル景気により再び増加している。バブル期以降は横這い・微増傾向を続けていたが二〇〇〇年をピークとして、それ以降は減少に転じており、

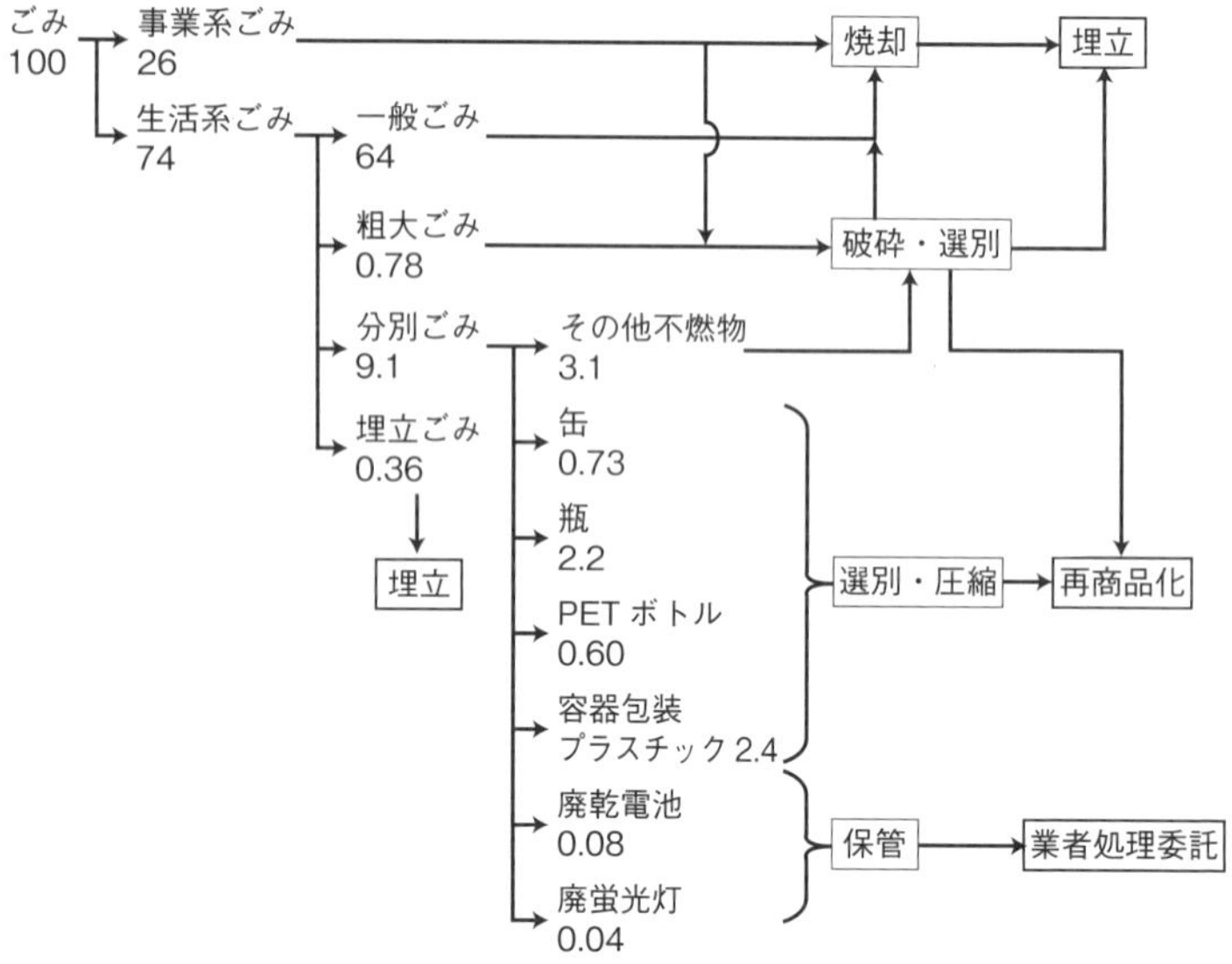

図 10-3　ごみ処理のフロー例

二〇一一年度ではほぼ一九九〇年頃のレベルにまで減少している。一人一日当たりの排出量についても、人口の増減による差はあるものの、概ね総排出量と同様に推移している。一般廃棄物は我々の生活と直接的に関わり、経済状況と密接に関係していることがわかる。また二〇〇〇年以降の減少については、経済状況のみならず、国、市町村などで実施されている廃棄物の3R政策も影響しているものと推測される。

一般廃棄物の内容とその処理

各家庭や事業活動から発生する一般廃棄物の中身は、どのようなものがあり、どのように処理されているのであろうか。ここからは一般廃棄物から屎尿、特別管理一般廃棄物を除いたものを「ごみ」と呼ぶこととする。図10-3

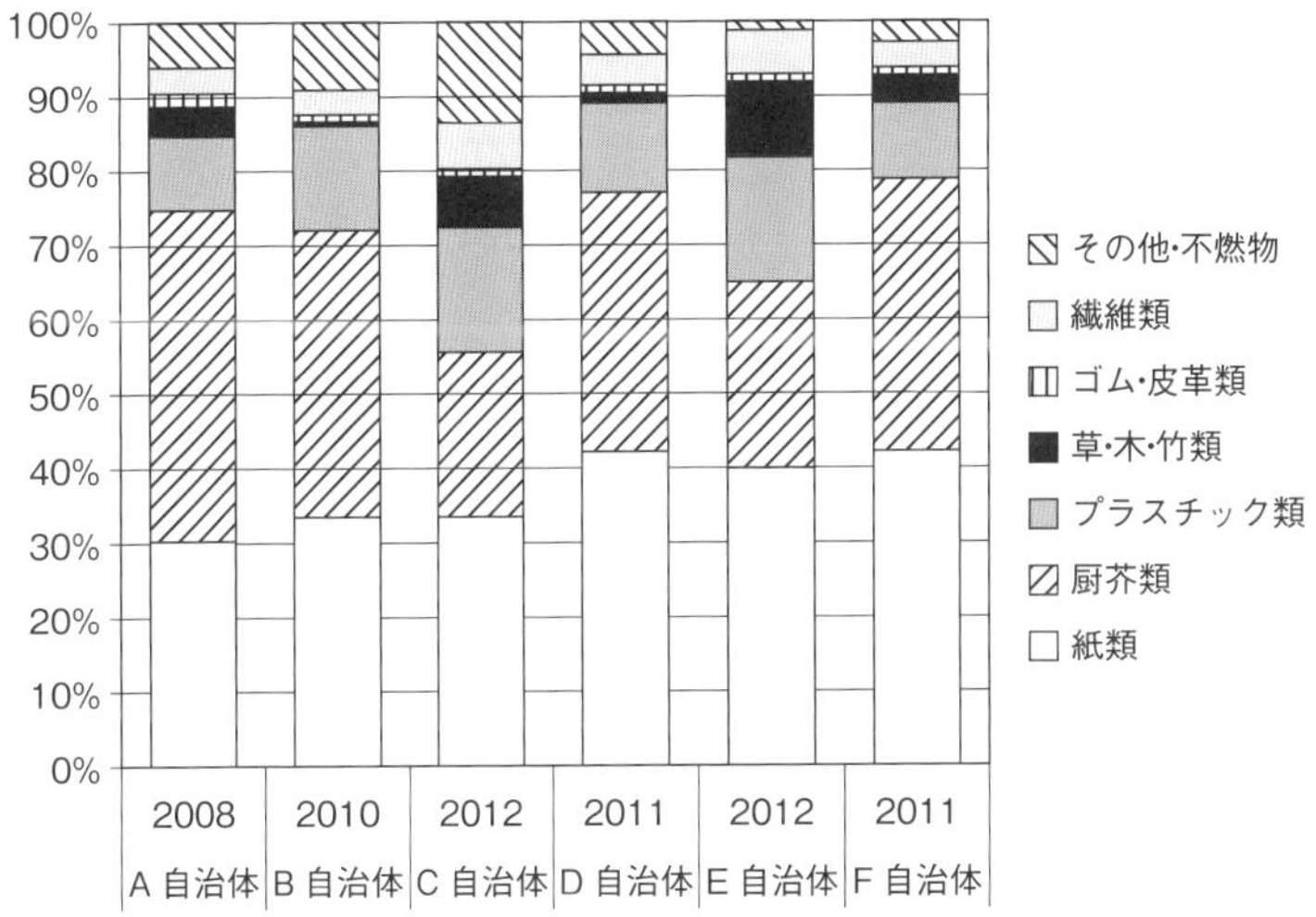

図 10-4　燃やすごみの組成

に、人口一〇万人程度のある都市におけるごみの内訳と湿重量割合を示す。まず割合の高い生活系ごみは大きく一般ごみと粗大ごみ、分別ごみ、埋立ごみに分かれている。ここでの呼び方は、各自治体で差があることに注意されたい。一般ごみは最も割合が高く焼却され、焼却灰は、埋立処分される。粗大ごみは、破砕、選別等を経て、可燃分は焼却、不燃分はリサイクルできるものは再商品化され、不適物は埋立処分される。分別ごみは、主に容器包装リサイクル法の対象物がほとんどであり、選別・圧縮等を経て、再商品化されるが、廃乾電池、廃蛍光灯は亜鉛や水銀などの有害な重金属を含むため、保管された後、適切な業者に処理委託することとなる。埋立ごみは、側溝に溜まった泥であり、直接埋立される。ここに示されたもの以外には、新聞紙、雑誌、段ボール、紙パックなどが、地域集団回収、拠点回収され、再商品化されることが多く、近年では、これに古着類や廃食用油なども加わり始めている。

焼却対象となり、最も量が多い一般ごみはどのようなものから構成されるのであろうか。それを明らかにすることは、一般廃棄物に対する3R政策、適正処分方策を効果的に進めていくために極めて重要であり、多くの市町村では、その組成調査が定期的に実施されている。図10-4に主な都市における生活系ごみの組成を示す。都市により差はあるが、紙類、厨芥類、プラスチック類の三項目で全体の七〇%以上を占めている。ごみの減量をさらに進めていくためには、まずこの部分の減量化が求められるが、一朝一夕に達成できるものではない。具体的には、紙製容器包装物の分別収集、各家庭で厨芥類の堆肥化や水切りの推奨、プラスチック類の再利用することなど、官民一体となった地道な努力が重要である。

ごみ焼却施設の概要とその果たす役割

現在我が国で、最も多く採用されているごみの中間処理方式は焼却であり、二〇一一年度において、ごみの約八〇%が焼却されている。この値は世界的にも極めて高い。これは、我が国は特に夏季には高温多湿となり、ごみが腐敗しやすく、ハエ、蚊、ネズミ等の発生が懸念されることや、国土が狭いことから、埋立地の確保が困難であることによる。すなわち、我が国でごみの焼却が発展してきた理由は、焼却が、衛生的な処理方法であり、ごみの大幅な減容化が図れる方法であることにある。しかしその半面、コストがかかることや、焼却に伴って、塩化水素、硫黄酸化物、窒素酸化物などの酸性ガスやダイオキシン類などの環境負荷が少なからず発生するため、その生成・排出抑制が必要である。

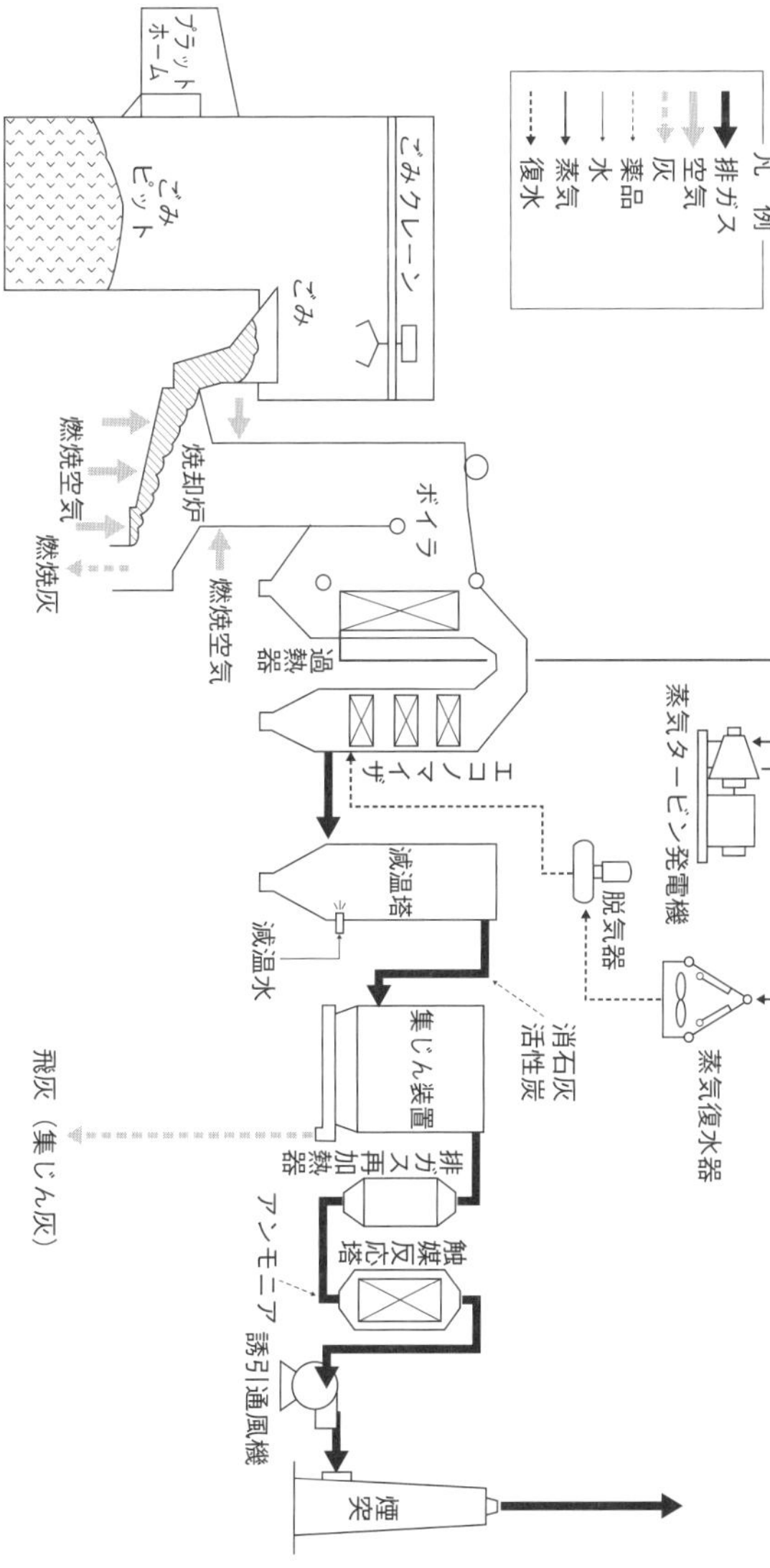

図10-5　ごみ焼却施設のフロー例(3)

図10-5に、ごみ焼却施設として、ストーカ式焼却施設のフロー例を示す。まず、ピットに溜められたごみはクレーンを用い、焼却炉内に投入される。投入されたごみは、空気が導入された炉内の階段状ストーカ（火格子）上で下流へと移行しながら燃焼され、焼却灰となる。発生した燃焼排ガスは、温度が約九〇〇〜一〇〇〇度（℃）となり、ボイラ・過熱器・エコノマイザにて、張り巡らされた水管中の水との熱交換が行われ、排ガス温度が低減する一方で、高温高圧の蒸気が生成される。生成された蒸気は、主に蒸気式タービン発電機に投入され、発電がおこなわれる。これがいわゆる「ごみ発電」であり、ごみ自体の燃焼によって発生する熱エネルギーを有効に回収し電気エネルギーに変換する手法である。大規模な焼却施設では、発電電力により施設の必要電力を全量賄った上で、余った電力を電力会社に売却すること（売電）も可能となっている。二〇一二年には、再生可能エネルギーの固定価格買い取り制度（FIT）が開始され（第6章参照）、ごみ中のバイオマスの燃焼により得られた電力を再生可能エネルギーとして、より高い単価で売却できることとなった。このため多くの自治体で本制度への参入が検討されている。

さて、ボイラ等での熱交換により温度が下がった排ガスは、減温塔にてさらに温度が下げられ一七〇〜一五〇度程度となり、集じん装置にて排ガス中に含まれるばいじんが除去される。集じん装置としては、従来電気集じん機が用いられており、集じん機入口の温度も、もっと高かった。しかし、三〇〇〜四〇〇度の温度域で、排ガス中のダイオキシン類の濃度が急激に増加する現象（de novo 合成）が明らかとなり、これを回避するため、急冷後にバグフィルターと呼ばれるろ過式集じん装置が設置されることが多くなった。また、その前段で、消石灰および活性炭を排ガス中に吹き込んで、それぞれ、塩化水素や硫黄酸化物などの酸性ガスの中和、およびダイオキシン類の吸着により、これらを気相から固相へ移行させ、バグフィルターで同時に除去する方式が多く採用されている。

集じん後の排ガスは、窒素酸化物を除去するために、排ガス中にアンモニアを吹き込み、触媒を通過させる。ここで、窒素酸化物は窒素に還元されるが、触媒の活性を確保するために、集じん装置部分で一旦温度が下がっていた排ガスを、二〇〇度以上に再加熱する必要がある。この熱源としては、ボイラ等の部分で生成された高温の蒸気を用いることが多く、その分発電機に投入される蒸気が減少し、発電量も減少することになる。

このように、ごみ焼却施設では、ごみの減容化がなされるとともに、様々なプロセスによって、①発生する酸性ガスやダイオキシン類を灰中へ移行させ、大気への排出を抑制している。②燃焼に伴って発生する熱エネルギーを回収し、発電をはじめとする有効利用がなされている。しかし、現状では、①の制約で、発電利用できる熱エネルギーが制限されていることも事実である。したがってエネルギー面からも考慮した新しいシステムが望まれる。先進的な具体例としては、「ごみ発電」に向かない低発熱量の厨芥類は、それに適したバイオガス発電を行い、焼却炉投入ごみの質を高め、全体の発電効率を上昇させるコンバインド方式の処理システムが、いくつかの市町村で稼働を開始している。

焼却灰と飛灰

次に、灰の方に着目してみよう。焼却炉から発生する灰は焼却灰であり、主灰とも呼ばれ、直接埋立処分されることが多いが、最終処分量を減らすには、この有効利用を推進することも重要である。集じん装置由来のばいじんは、飛灰と呼ばれ、酸性ガスの除去により生成した塩類や、除去されたダ

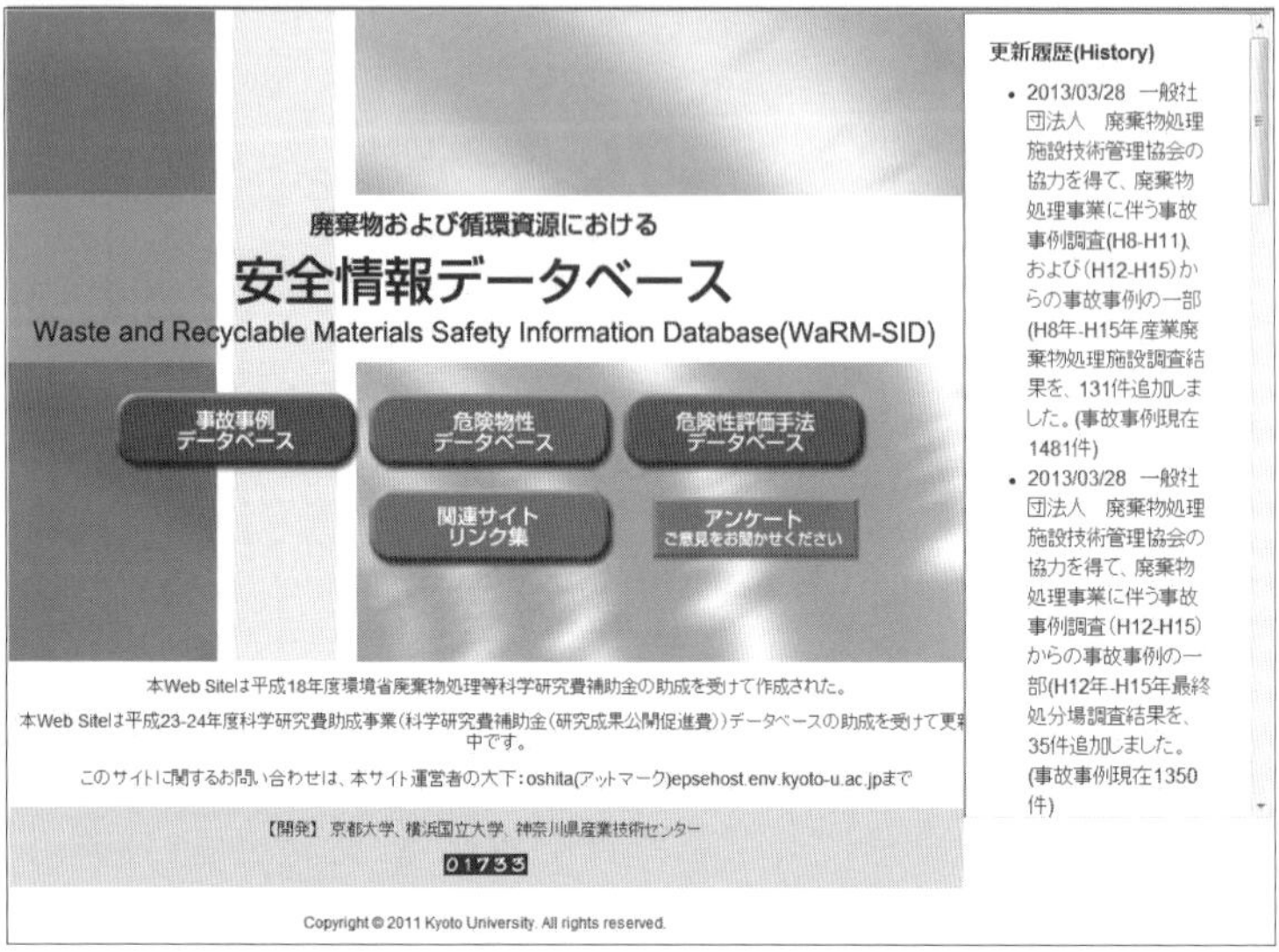

図 10-6　廃棄物および循環資源における安全情報データベース
（http://epsehost.env.kyoto-u.ac.jp/safety/index.html）

イオキシン類、高温燃焼に伴って、揮発しやすい重金属（亜鉛、鉛、銅など）が高濃度で含まれ、特別管理一般廃棄物となり、埋立処分するには、さらなる処理が必要となり、この部分のコストが高くなることが多い。したがって、ダイオキシン類については前述した de novo 合成機構の解明と、それに基づいた生成抑制が重要である。重金属については、ごみに混入してくる割合を減少させるなどの上流側の対策が肝要であるが、飛灰中に濃縮された重金属を資源と捉え、これらを回収する技術を確立することも資源循環の観点からは重要である。

廃棄物処理施設における事故

さて、少し異なる面から広く廃棄物処理をみると、廃棄物処理施設では一般産業に比較して、労働災害事故の発生率が五倍程度高く、労働災害以外にも、収集車の火災、破砕施設でのスプレー缶混入などによる爆発事故も生じている。この原因としては、組成が複雑で不均一な廃棄物を取り扱うため、安全対策を標準化することが難しいこと、焼却やエネルギー回収は可燃性物質に多大なエネルギーを加えるケースが多く、潜在的な危険性が大きいことなどが考えられる。近年では、電子機器中のリチウム電池の発火、リサイクル制度の進展に伴う木くずや金属くずなどの発火等、新たな事故も発生している。

このような廃棄物処理施設に特有の事故を防止していくためには何が必要であろうか。廃棄物処理施設で大きな事故が起こった際には、事故対策委員会などが緊急設置され、事故原因の究明や事故後の対策などが徹底的になされ、一定の成果が得られる。しかし、得られた知見や教訓は、再び類似の事故が起こった場合や、同種の廃棄物処理施設における安全対策に十分に生かされているとは言い難い現状にある。したがって、事故メカニズムやその要因を明らかにするだけではなく、その結果を、活用できる安全知識としてデータベースとし情報提供することが必要である。

筆者を含む研究グループでは、事故を未然防止するための廃棄物および循環資源における事故のデータベースを構築し、Ｗｅｂ上で公開・適宜更新している（図10-6）。本データベースが有効に活用されれば、廃棄物処理事業全体の安全レベルの向上が期待できる。

［大下和徹］

＊1　放射性物質およびこれによって汚染された放射性廃棄物を除く。したがって、東京電力福島第一原子力発電所事故に由来する放射性物質により汚染された廃棄物等については、別の法律の対象となっている。

＊2　二〇一一年三月の東日本大震災による災害廃棄物のうち二〇一一年度に、収集・処理されたものを含めると四九七四万トンとなる。

第11章

生命科学による生命現象の解明とその応用に向けて

本章では、環境と生命科学との関連について概説する。我々人間は地球上で生活する上で、他の人間のみならず動物、植物、微生物など、様々な生物と共生してゆく必要がある。現在深刻な課題となっている環境問題については、食糧問題、エネルギー問題など含めて、早急な対応が求められている。これら諸問題には生物が大いに関連していることから、環境問題を理解し解決するための方策を考えようとする人々にとって、近年急速に発展してきた「生命科学」の視点による生命観とその基になる知見や概念を学ぶことには意義がある。以下の節では、我々人間がどのようにして生物を利用してゆけばよいのかについて、基礎知識から遺伝子組換えという最近の技術まで初学者が理解できるようにできるだけ平易に記述した。

「生命科学」と「生物学」

はじめに、本章の要となる「生命科学」について説明したい。初学者を含めて一般の人々にはなかなかなじみの浅い言葉かもしれない。「生命科学（life science）」と「生物学（biology）」では何が違うのだろうか、という疑問をもつ読者もいるであろう。実際に学問領域を縦割りで明瞭に区切ることは完全には不可能で、定義も個々人で異なることも多い。ここでは、筆者が認識する「生命科学」と「生物学」の違いについて述べる。

「生物学」は自然科学に属する一研究領域で、狭義には物理学、化学、地学（現在では地球惑星科学と称することが多い）とともに理学に含まれ、基礎研究に重点をおくという印象が強い。生物学はその研究対象の大きさにより二つに大別される。一つは生態学のように個体群以上の関係を研究する分野で「マクロ系生物学」と呼ばれることもある。これに対して「ミクロ系生物学」とも呼ばれる分野では、個体を含めて個体よりも小さいもの、すなわち細胞やタンパク質、遺伝子などを対象としている。環境問題に興味を抱く人の多くは、生物の多様性や保全などに興味をもち「マクロ系生物学」に関心があるかもしれない。それに対して、生命科学は両者のうち「ミクロ系生物学」に近い研究領域であるが、環境問題とは無関係かというとそうでもない。

現代社会では、環境問題とは直接関わらない分野も含めて、生物の機能を有効に利用しようとする試みが多く進められている。応用を含めた分野は大学の学部では医学、薬学、農学、工学となる。しかし、応用を考えたときには必然的に社会との接点が生じるので、上記のいわゆる「理系の分野」だけでは十分ではない。新しい技術のリスクや費用便益の検討、倫理的な問題などに対する法整備や具体的な政策の策定など、文系の分野との連携も必要とされる。ゆえに、生命科学とは生命現象をミクロなレベルで解明するとともに、その応用に向けて幅広い研究領域と関わる学際的研究領域で、環境問題の解決に向けても期待されている。

生命現象を分子レベルで理解する

生命の基本単位は細胞であるといわれる。細胞は膜によって包まれた領域で、細胞膜や細胞壁により外界から隔てられている。多くの生物の細胞は、外界から取り込んだ物質からエネルギーを取り出し、生物が利用できるかたちに変換して使用している。また、細胞は分裂することで新たな細胞をつくり出すことができる。これらの性質は生物を特徴づけるものであり、生物のもつ固有の現象は生命現象と呼ばれる。約六〇兆個の細胞からなると推定されているヒトのように、多数の細胞が協調して成立する個体での生命現象を理解するためには、個体を構成する器官や組織、さらにそれらを構成する細胞、細胞に含まれる様々な成分（分子）について解析し、それら相互の関係を調べる必要がある。とりわけ、近年では分子のレベルの研究が進展している。

生物を構成する分子のうち、遺伝情報を記録しているＤＮＡおよびＲＮＡといった核酸、様々な機能をもつタンパク質、エネルギー源になる糖質、膜の成分やエネルギーの貯蔵に利用される脂質は主要な成分であるので、これまでに耳にした機会のある読者も多いだろう。しかし、これら以外にも細胞には多種多様な分子が存在し機能しているので、細胞は必要に応じて大量の分子を合成したり分解したりしている。ここでいう分子は化学物質とも呼べるので、その合成・分解は化学反応によって行われる。ゆえに、生命現象を分子レベルで理解するためには、細胞を構成する物質がどのように変動するのかを調べることが重要である。

遺伝情報を使えるかたちに変換する

それでは、「そもそも生物はどのような仕組みで生きているのか」について概説したい。というのも、この内容を理解しないと後述の説明を理解することが難しいからである。まず、基本となるのが遺伝情報の発現である。遺伝情報はDNAという物質が記録している。DNAはデオキシリボ核酸(deoxyribonucleic acid)の略で、方向性をもつ分岐のない鎖状の物質であり、通常は相補的な二本の鎖が対になり、らせん構造をとっている。DNAは四種類のヌクレオチドを構成単位とし、それらは塩基と呼ばれる部分に違いがある。塩基はアデニン(A)、チミン(T)、グアニン(G)、シトシン(C)で、それぞれ括弧内のアルファベットで略される。したがって、遺伝情報はある方向から「ATGCGAT……」のように記述され、これをDNAの塩基配列と呼ぶ。

この遺伝情報がどのようにして細胞内で機能を現すのかをまとめた概念がいわゆるセントラルドグマである(図11-1)。セントラルドグマでは、遺伝情報をもつDNAは細胞が分裂する前に複製され、遺伝情報を発現するときにはRNAというDNAと構造が似た物質にそのコピーをつくり(転写)、RNAの情報を利用してタンパク質が合成される(翻訳)。タンパ

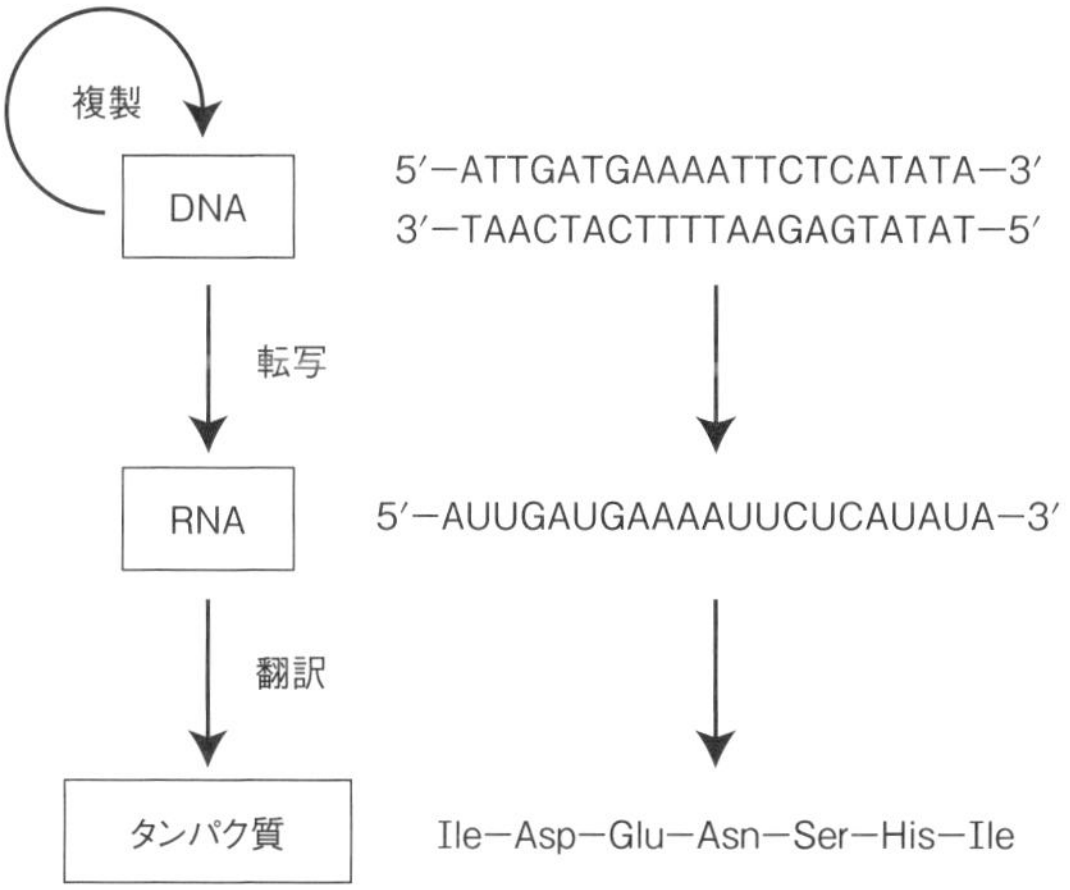

図 11-1　セントラルドグマ　DNA でのチミン(T)は RNA ではウラシル(U)になる。タンパク質のアミノ酸は 3 文字表記で略している

ク質はDNAと同様に方向性をもつ分岐のない鎖状の物質で、構成成分は二〇種類のアミノ酸である。翻訳の際に、RNAのもつ塩基配列の情報を合成するタンパク質のアミノ酸配列の情報に変換するためのルールを遺伝暗号と呼ぶ。生物に含まれる遺伝子のうち大部分がタンパク質の情報を格納している（コードしているという）ので、遺伝子が発現するというのは、その遺伝子がコードするタンパク質が合成されることを意味すると考えてよい。このような視点で考えると、生命現象を分子レベルで解く鍵の一つは、どのようなときにどのような遺伝子が発現しているのかといった、遺伝子の発現制御の理解であろう。

生物が「生きる」仕組み

遺伝子の発現についての概念は前節で述べたので、ここでは生物が「生きる」ために行っている応答の仕組みについて細胞レベルで解説する。遺伝子が発現してできた多種のタンパク質がそれぞれに特有の機能をもち、それらのはたらきの総和で細胞がどのように応答するのかが決定されると考えてみる。そうすると、その概略は図11-2のようにまとめられる。例を挙げると、ホルモンのような情報伝達物質が細胞外に存在する場合、細胞がそのホルモンを認識する受容体を表面にもっていればホルモンと結合する。この「ホルモンが受容体に結合した」という情報は、いくつかのタンパク質を介して細胞内を伝達されてゆく。このとき、介在するタンパク質のリン酸化の有無が目印にされることがある。そして、他の受容体からの情報と統合された結果、遺伝子の発現を制御する機構が影響を受ける。例えば、DNAに結合して遺伝子の発現を制御するタンパク質の活性が変化するなどである。そして、発現を正に制御された遺伝子にコードされるタンパク質が合成されて必要とされる機能を発揮する（実際の遺伝子の発現は、いくつもの段階で制御されている）。反対に発現が負に制御された遺伝子については、コードされるタンパク質の機能は抑制される。このように、外界などの情報を感知し、それに応答して様々な遺伝子の発現を制御することで、細胞の反応が決定される。第12章では、生体がどのような仕組みで環境変化を「感知」しているのかについて詳しく述べられているので、興味のある読者は参考にされたい。

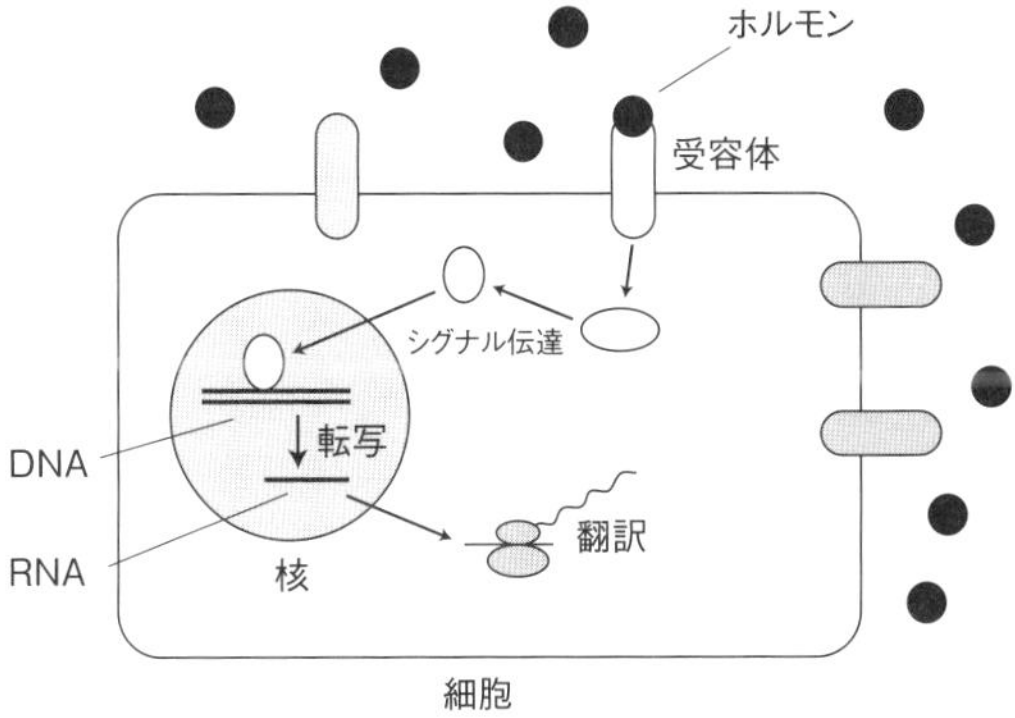

図 11-2　情報伝達物質に対する細胞の応答　ホルモンなどの情報伝達物質が細胞のまわりにある場合、細胞表面にある特異的な受容体に結合すると、その情報が伝達され核内で遺伝子の発現制御が行われる　図ではシグナルにより新たにタンパク質合成が活性化されている　ただし、実際には受容体・シグナル伝達の様式は多様である

それでは、細胞は遺伝子の発現などを介してどのような生命現象を制御しているのであろうか。数多くの生命現象の中で、代謝に焦点を当てて解説する。代謝には物質の代謝とエネルギーの代謝という二つの考え方があるが、ここでは物質代謝について述べる。前述のように、細胞では様々な化学物質を合成・分解する化学反応が連続して起こっている。図11-3のように、ある物質Dをつくるためには、物質Aから順に少しずつ構造を変化させる複数の反応を経る必要がある。これらの反応を促進するのが酵素で、各反応に対応する酵素が存在している。生物がおもに利用している物質を

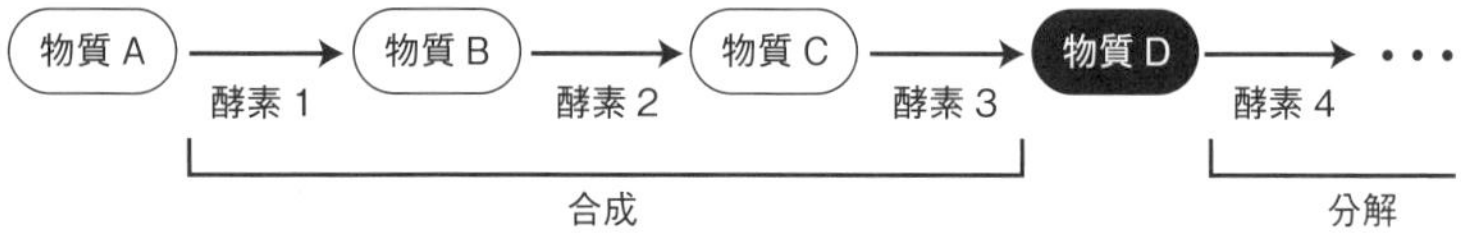

図 11-3　物質の代謝　物質Aから物質Dを合成するためには、酵素1、酵素2、酵素3が必要である　物質Bや物質Cは中間代謝産物と呼ぶ　物質Dがさらに別の物質に変換される場合は分解と考える　物質Dの合成量を増やすためには合成に関わる酵素の活性が高くなる必要があるが、実際には全体の律速になっている酵素があり、その酵素の制御により合成全体の制御が行われることが多い

中心に考えると、その物質をつくる反応までが合成（同化）、その物質を他の物質に変換してゆく反応を分解（異化）と呼ぶ。そうすると、物質Dをより多くつくるためには、合成に関わる酵素群の活性が上昇する必要がある。図11-3の物質Aから物質Dまでの経路は一本道であるが、実際の代謝は複数の経路がお互いに他の経路とつながって複雑な網目のようになっている。

ここで、生物が外界から取り込んだ物質からエネルギーを取り出す仕組みについて考えてみよう。我々は生きてゆくために食事をとるが、その成分の中で炭水化物が「エネルギー源」として知られている。炭水化物は糖質とも呼ばれるが、読んで字のごとく炭素（C）と水（水素（H）と酸素（O）からなる）を含む分子式で表すことができる。我々は食事として取り込んだ炭水化物を体内の消化器で小さい単位の分子に分解したのち吸収する。最終的に細胞内では最小の構成単位（単糖）であるグルコース（ブドウ糖）を代謝により多段階で分解してエネルギーを取り出し、生命現象で利用できるかたちのエネルギーに変換している。ここで、我々の身の回りにあり、多数のグルコース分子（$C_6H_{12}O_6$）がつながってできているセルロースを主成分とする紙について考えてみたい。紙に火をつけると、熱を放出して二酸化炭素（CO_2）と水（H_2O）が生じる。これは炭素と水素に着目すると、それぞれが最大限に酸素と結合した状態であることがわかる。つまり、反応後にもとの物質よりも「酸化」されている。このように糖質を酸化することで、物質中に存在していたエネルギーを熱エネルギーとして取り出すことができる。しかし、細胞は蒸気機関のように熱エネルギーを利用して水を蒸気にして仕事をしているわけではない。細胞内では、いわゆる呼吸によってグルコースを酸化してATP（アデノシン三リン酸）と呼ばれる物質を合成し、ATPを利用してエネルギーが必要な反応を行っている。我々が肺で行っている呼吸については、「酸素を吸って、二酸化炭素を吐く」ことを子どもの頃に教わるが、それはエネルギー源を酸化して生物が利用可能なかたちに変換するための行為であることが上記の説明から理解できると思う。細胞レベルの呼吸にはミトコンドリアが重要な役割を果たしているが、詳細な機構について興味のある読者は生化学などの教科書を参考にされたい。また、逆に「二酸化炭素を吸収して、酸素を放出する」といえば植物や藻類が行う光合成が思い出される。光合成では、光のエネルギーを細胞内で利用できるかたちに変換し、吸収した二酸化炭素を還元（酸化と反対の反応）して糖を合成する際に使用する。つまり、光合成生物が光のエネルギーを糖として蓄え、動物などの光合成を行えない生物は、それを外部から直接または間接的に取り込むことで、細胞を維持し生命活動を行うためのエネルギー源として利用しているのである。

生物の設計図は解読することができる

前の節では、ほとんどの遺伝子がタンパク質のアミノ酸配列の情報をコードし、どのようなときにそのタンパク質を機能させるのかを制御する機構が細胞内に存在することを解説した。それゆえ、生物がもつすべての遺伝情報（ゲノム）には、その生物がもつ遺伝子の数のみならず、どのような性質のタンパク質をコードする遺伝子が存在するのかについての情報が存在している。そこで、DNAの塩基配列の解読が精力的に進められてきた。塩基配列の解析手法は一九七〇年代後半に開発されたが、現在に至るまで技術革新により解析能力は飛躍的に向上しており、多くの生物の全ゲノム配列が解読されてきた。例えば、細菌（バクテリア）である大腸菌では、ゲノムは約四六〇万個の塩基からなり、約四四〇〇個の遺伝子が存在すると見積もられている。ヒトなどの真核生物では遺伝子数の予測は細菌より難しいが、ヒトの全ゲノムは約三二億塩基で遺伝子数は約二万六〇〇〇個と推定されている。ゲノム解析の結果より、生物では種によって数千〜数万の遺伝子が存在し、それらのはたらきを制御することで生命現象が引き起こされていると考えることができる。さらに、解読されたゲノムに存在する遺伝子の相同性を比較すると、ほとんどすべての生物に存在する遺伝子から、特定の生物群にのみ存在する遺伝子、ある生物にのみ存在する遺伝子まで存在することがわかる。これらをあわせて考えると、ある生物をその生物たらしめている基となる情報は、ゲノムそのものであるといってよいだろう。これが、ゲノムを生物の設計図というゆえんである。ということは、設計図であるゲノムが改変されれば、もとの生物とは形質（生物のもつ性質や特徴）が変化した生物が生まれる。

生物機能の利用と生命現象の理解

人類の歴史をみてみると、発酵のように長らく仕組みを知らぬまま経験的に生物の機能が利用されてきたことがわかる。これまでに概説してきたように、生物が行っている反応は非常に精緻で、その全体像を理解するのは困難である。しかし、個別の現象についての研究が進められ、多くの知見が得られている。例えばアルコール発酵では、微生物である酵母がグルコースなどの糖を分解してアルコールと二酸化炭素が生じる。この反応を行うためには、酸素が存在しない嫌気条件でなければならない。現在では、この発酵はグルコースからエネルギーを取り出す際に最終的に酸素を利用する（好気呼吸）ことができないために選択される代謝の結果であることがわかっている。そして、グルコースがどのような中間代謝産物を経てエタノールになるのか、その反応に関わる酵素とその遺伝子についても明らかになっている。このように、生物のもつ特定の現象を理解することで、これまでに経験的に利用していた生物機能を説明できる。そうすると、得られた知見をもとに論理的に生物機能を活用することが可能となる。近年いろいろと話題になっているバイオマスエタノールについても最終的には発酵によりエタノールを合成しており、酵母が利用可能な糖類やそのもとになるデンプンをサトウキビやトウモロコシから取り出して使うという点が異なっている。

上記のように、エタノールは発酵という生物の機能を利用して得ることができるが、石油や天然ガスからも化学的に合成が可能である。しかし、植物や藻類といった光合成生物由来の成分を原料とすれば、温室ガスとして削減が望まれている二酸化炭素の排出量の抑制にも有効であると考えられている。なぜなら、光合成生物が生長するときには二酸化炭素を取り込み、光のエネルギー由来のエネルギーを利用して糖質を合成するため、その植物由来の成分を燃焼して二酸化炭素が大気中に放出されても、もともと植物が取り込んだ二酸化炭素が戻るだけと考えるからである。このような「カーボンニュートラル」という概念では、光合成生物を利用することで大気中の二酸化炭素の増減に影響を与えることはないとされている。ただし、物質の製造・輸送などの過程で化石燃料を使用すれば、その分の二酸化炭素の排出を考慮する必要がある点には留意しなければならない。例に挙げたバイオマスエタノールについては、原料として食料との競合が懸念されているが、植物の細胞壁の成分でグルコースが重合した構造であるセルロースをデンプンの代わりに原料にすることや、食用ではない植物の利用も期待されている。このように、化学合成で得られる物質であっても、光合成生物を活用する方が好ましいと考えられる場合もある。アルコール発酵というわかりやすい例を挙げたが、生物のもつ複雑な機能については未解明なものも多い。そこで、多くの研究者がそれぞれ興味のある現象について基礎研究を進めることが今後も必要とされる。

遺伝子組換え生物

人類は農耕や牧畜を行うようになってから、自分たちに都合のよい形質をもつ動植物を選抜し、家畜・家禽や農作物としてきた。そして、より好ましい品種を得るために長い時間をかけてきた。このいわゆる「育種」は、二〇世紀に入ってメンデルの法則が広く認められるようになると、遺伝学の知見を生かして発展した。すなわち、それぞれ有用な形質をもつ親同士を交雑して、次の世代でお互いの形質をもたせることを目指したのだ。これは、親の遺伝情報のそれぞれに好ましい形質に関わる遺伝子が存在し、交雑によりそれらが子の世代で共存するようになると考えればよい。先に述べたように、現在では生物の設計図であるゲノムの解読が進み、多くの生命現象については関連する遺伝子が同定されその機構が明らかにされつつある。そうすると、自分たちが望む形質をもった生物を人工的な技術でつくり出そうという発想に至る。そのために必要とされる技術が「遺伝子組換え」である。

遺伝子組換えとは、生物のもつ遺伝子（遺伝情報）を人工的に操作することで、もとの生物の形質を変えることができる技術である。対象となる生物は細菌から動物や植物に至るまで多数あり、医学的な応用のように環境問題とは直接関わらない分野での期待も大きい。しかし、本稿では環境問題との接点が大きい植物に焦点を絞りたい。遺伝子組換えによりつくられた生物はＧＭＯ（genetically modified organism）とよばれる。特に作物についてはＧＭ作物と略すことがあるが、ここでは組換え作物と表記する。組換え作物にはその目的により開発の世代がある。第一世代は除草剤や病害虫への耐性の付与など、栽培にかかる労力を少なくするという農業生産者にとって有利な形質をもった組換え作物であった。このような形質は、もともとその作物がもっていない、他の生物由来の遺伝子を導入することで付与されている。第二世代の組換え作物では、健康機能性成分などの有用成分の生産を目的としている。次節ではそれらを含めて、生物のちからをどのように利用してゆけばよいのか、今後の展望を紹介する。

環境問題の解決に向けての期待

これまでの解説をもとに、環境問題の解決に向けてどのような試みがなされているのかについて、例を挙げて紹介したい。まず、最近なにかと話題になる「ゴールデンライス」について述べる。ゴールデンライスのコメは胚乳にカロテノイドの一種であるβ‐カロテンを含むために黄色く見える。植物はもともと葉などでβ‐カロテンを蓄積しているが、胚乳では合成しないため普通のコメは白く見える。そこで、β‐カロテン合成に関わる複数の酵素の遺伝子を導入して胚乳でのβ‐カロテンの蓄積を促したのがゴールデンライスである。β‐カロテンは体内に取り込まれるとビタミンＡへと変換される。よって、慢性的にビタミンＡの摂取が不足して欠乏症が深刻な問題となっている地域では、ゴールデンライスを用いればエネルギー源であるコメを食べるのと同時にビタミンＡも摂取できることになる。この例のように、栄養価の上昇を目指したものも多いが、いわゆる「食べるワクチン」のように、病原体由来の抗原を作物につくらせて摂取することで、ワクチンの投与の代わりにする試みも進められている。さらに、植物が生育しにくい乾燥ストレス、塩ストレス、低温ストレス、高温ストレス、などといったストレス環境下に強い組換え作物を開発することで、新たな耕地を増やすことを目的とした研究も展開されている。

微生物や植物などを用いて有害物質に汚染された土壌などを浄化する処理のことをバイオレメディエーションと呼び、特に植物を用いたものをファイトレメディエーションと呼ぶ。植物は根から水を吸収するため、カドミウムや鉛など毒性をもつ物質を土壌中から吸い上げることができる。そのためには利用する植物自体がそれら毒性を示す物質に対して耐性をもたなければならないため、そのような形質の植物がこれまでに使用されてきた。現在では、より適した形質を付与して浄化能力を高めた植物を遺伝子組換えによって作出することが期待されている。以上の試みは、食糧問題や環境汚染などの諸問題の解決に期待されている。また、光合成生物による燃料などの物質生産も遺伝子組換えによって多様な物質をつくり出すことが可能となれば、エネルギー問題の解決に向けても貢献できると考えられている。

本章では新しい技術として遺伝子組換え作物について言及しているが、いまだ倫理的な問題や安全性への不安などが残り、議論が絶えない。現在の問題を解決するために、新しい技術をどのように扱うのかについては技術面を理解せずには評価することはできない。その意味では、生命科学についてだけではなく広く自然科学の基礎知識をもつことも、これから環境問題について取り組む人には求められるのだろうと思われる。

［土屋　徹］

第12章 生体の環境変化「感知」メカニズム

生物種の絶滅は、重要な地球環境問題の一つとして挙げられる。生物種の絶滅はこれまでも緩やかな速度で進んできたが、最近では、環境破壊との相乗効果により、地球がこれまでに経験したことのない早さでその絶滅が進んでいる。生物種の急速な絶滅は、生態系および食物連鎖そのものを破壊してしまうため、人類の絶滅にもつながる危険性を帯びている。そのため、環境保全や絶滅危惧種の保護など、生物種の絶滅を防ぐ（生物の多様性を維持する）様々な対策方法が挙げられており、不十分ながらも実践されつつある。今後、全世界でその対策が実施されれば、絶滅速度を遅くできるだろう。しかし、人類が快適性を求めた発展を続ける限り、自然環境を完全な形で保護することはできず、環境への負荷を最小限にした形で人工建造物を造らざるを得ない。そのような状況を考えると、生態系の維持のために、様々な生物種の生態を理解し、環境変化に伴う生物種への影響を知ることが必要である。具体的には、生物種がどのような機構で環境変化を「感知」しているのか、またどのようにしてその環境変化に対して「適応」しているかを理解することである。そうすることで、環境変化による生物種への影響を事前に予測でき、特定の生物の絶滅が生態系を大きく崩してしまうことが懸念された場合は、その開発を中止する、あるいは人的な保護によりその生物種の絶滅を未然に防ぐことが可能となる。そこで、本章では、研究が進んできた動物を主にフォーカスしながら、生物の環境「感知」機構について紹介する。

動物の環境変化「感知」機構

地球上の環境は刻々と変化する。したがって、地球上で生物が生きていくためにはその環境変化を速やかに「感知」することが必須となる。地球上で起こってきた絶滅期を乗り越えてきた生物種の多くは、このような環境変化に対する「感知」機構を有していたと言えよう。実際に、多くの動物は、視覚、聴覚、触覚、嗅覚、味覚などの感覚機能を有している。この感覚機能こそが、環境変化の「感知」機構である。環境変化が多様であることから、感知のメカニズムが多彩であることは容易に予測できる。「感知」機構に関しては、古くから知られていた。しかし、どのような分子メカニズムで変化を「感知」しているかは、生物の複雑さ故に、ここ数十年前まではほとんど不明瞭な状態であった。そのような状況に対して変化をもたらしたのが、一九九〇年代に劇的な速さで進んだゲノム（遺伝子）解析である。それに伴い生物を構成するタンパク質群が明らかとなってきた。その中でも、イオンチャネルと呼ばれる一連のタンパク質群が、環境変化の「感知」に必須な役割を果たすということが明らかになりつつある。以下、著者らが主に研究を進めている、イオンチャネルによる「感知」について説明する。

イオンチャネルと「感知」

イオンチャネルとは、細胞膜表層に存在して各種イオンを選択的に透過させるタンパク質である(図12-1)。そのタンパク質の概念自体は、一九六三年にノーベル生理学賞を受賞したホジキンとハクスレイにより提唱された。しかし、一九八〇年頃までは、ナトリウムイオン(Na^+)やカリウムイオン(K^+)を選択的に通す穴をもった「イオンチャネル」と名づけられたタンパク質が細胞膜上に存在し、そのタンパク質の活性が神経細胞や筋細胞の活動を制御しているという概念でしかなかった。しかし、その後にゲノム解析と平行して劇的なスピードで進行した分子生物学の発展により、わずか一〇年弱の間に、イオンチャネルの分子実体、遺伝子配列、アミノ酸配列が解明された。その結果、一〇〇種類以上のイオンチャネルが生体内に存在することが明らかとなった。

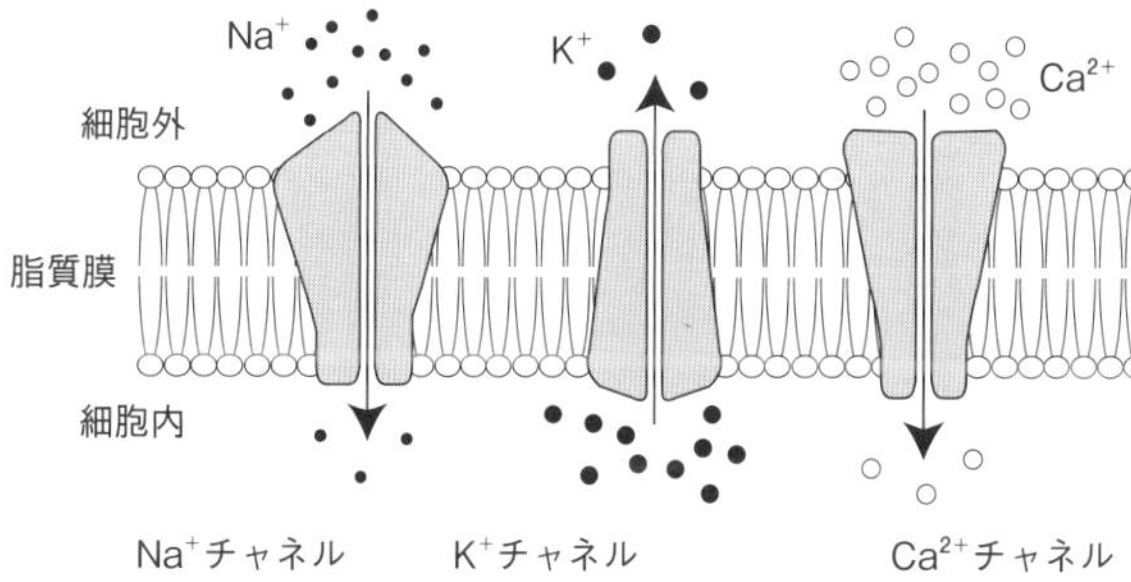

図 12-1 細胞膜上のイオンチャネルタンパク質

多くのイオンチャネルは、それぞれが高いイオン種選択性を有しており、濃度の高い方から低い方へとイオンを受動的に輸送する。細胞内と細胞外の各種イオンの組成は大きく異なるため(表12-1)、その濃度勾配を利用して細胞内イオン濃度をミリ秒(一/一〇〇〇秒)単位で素早くかつ大きく変化させることができる。生命を維持するためには、環境変化を素早く「感知」

することが必要であるため、イオンチャネルおよび電気信号を使った伝達システムというのは「感知」システムとしてはうってつけと言える。

生物にとっては、生体外環境にあるすべての物理的・化学的な変化が「感知」対象である。従来は、それぞれの感覚を受容するタンパク質があり、それを中枢神経に伝達するのがイオンチャネルの役割であると考えられてきた。確かに、生体内にそのような機構は存在する。視覚はロドプシンと呼ばれるタンパク質が「感知」するし、嗅覚は嗅覚受容体と呼ばれる一連のタンパク質群が「感知」する。それらの情報はイオンチャネルへと伝えられ、電気信号によって中枢神経へと伝達される。最近では、そのような機構に加えて、イオンチャネル自体が環境変化を感知しているということが明らかにされつつある。その分子実体が、一九九〇年代から分子同定され、TRPチャネルと名付けられた一連のイオンチャネルタンパク質群である。

表 12-1　細胞内外の代表的なイオン種の濃度

イオン種	細胞外の濃度	細胞内の濃度	[細胞外] / [細胞内]
Na^{+}	145 mM	12 mM	12
K^{+}	4 mM	155 mM	0.026
Ca^{2+}	1.5 mM	100 nM	15,000
Cl^{-}	123 mM	4.2 mM	29

TRPチャネルとはどんなタンパク質か?

TRPチャネルをコードする *trp* (transient receptor potential) 遺伝子は、一九八九年にショウジョウバエの光応答に対する変異体（光受容変異株）の原因遺伝子として発見された。なぜショウジョウバエから？　と思う人も多いだろう。遺伝学の分野において、ショウジョウバエは非常に有用なモデル動物として用いられている。放射線照射などにより、ショウジョウバエにランダムな遺伝子変異を与えることで、いろいろな表現型を示す変異ショウジョウバエが得られる。そのショウジョウバエの遺伝子変異箇所を同定して、その表現型に重要な遺伝子を同定するという方法論である。また、ショウジョウバエのライフサイクルは非常に早いため、変異遺伝子の同定を速やかに行うことができる。*trp* 遺伝子も同様の方法で同定された。この変異株においては、光受容器の電気応答が一過的（英語でいうと transient）であったため、このような名前がつけられた。同定された当初には、この遺伝子にコードされるタンパク質（TRPチャネル）が動物の「感知」機能に必須であることは誰も想像しなかった。

遺伝子解析が進むについて、ショウジョウバエの *trp* 遺伝子と類似した遺伝

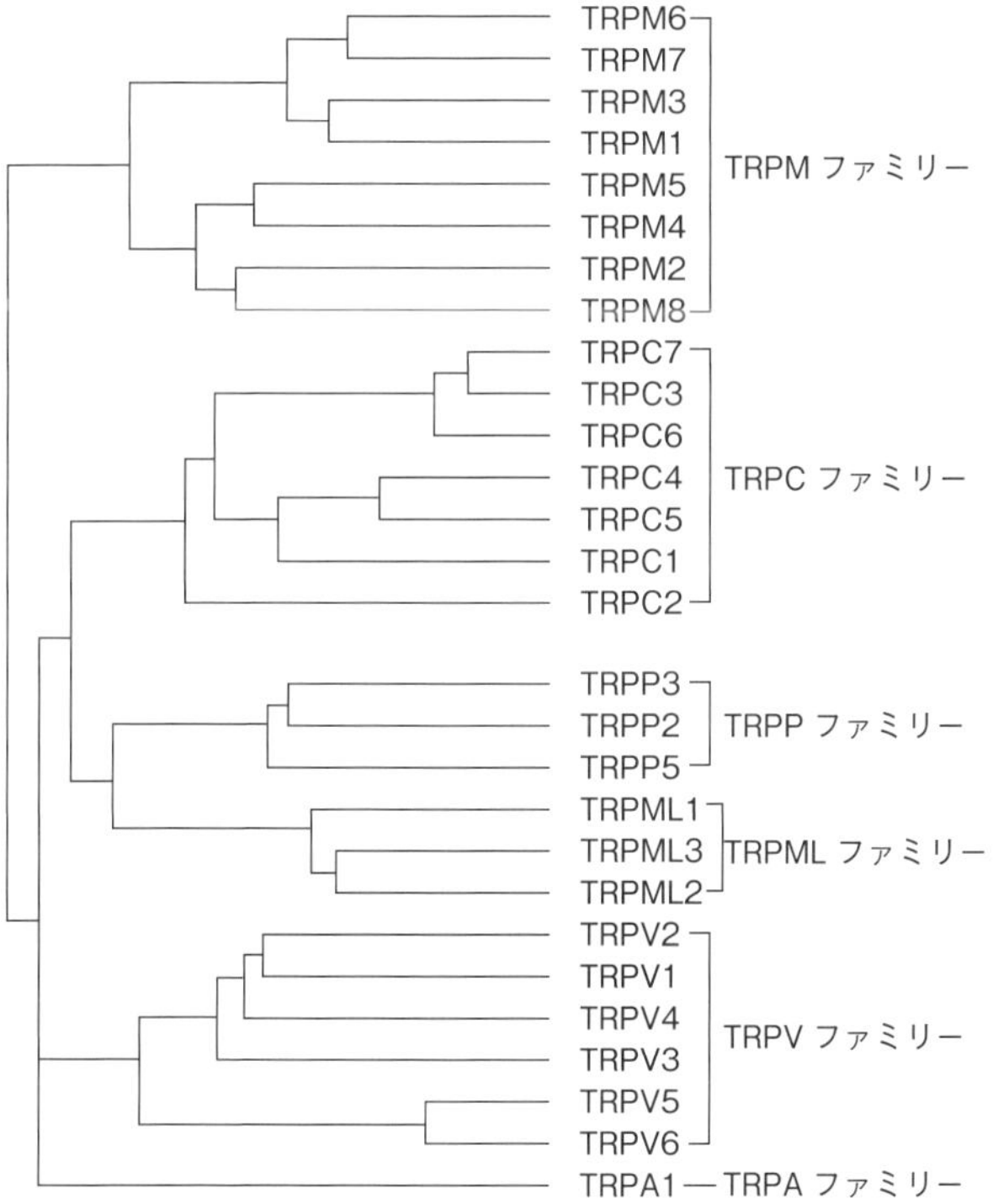

図 12-2　TRP チャネルの種類および進化系統樹

子が哺乳動物にも存在することが明らかになった。ヒトゲノム解析によりヒトの遺伝子はすべて解明され、二九種類の *trp* 類似遺伝子がヒトゲノム上に存在することが明らかになっている。また、遺伝子配列の相同性から、二九種類のＴＲＰチャネルは六種類に分類されている（図12-2）。

細胞外環境「感知」センサーとしてのＴＲＰチャネル

動物におけるＴＲＰチャネル研究が進み始めた当初は、このタンパク質が環境変化を「感知」するセンサーだとは思われていなかった。前述したように、遺伝子の相同性からヒトにはショウジョウバエ *trp* の類似遺伝子が二九種類あることが判明したが、その中に環境を「感知」するタンパク質が含まれていたのである。すなわち、ヒトゲノム解析を含めた分子生物学・遺伝学の発展こそが、環境「感知」機構の解明に関する研究を可能にしたと言えよう。現在、ＴＲＰチャネルが担う「感知」機能として、温度変化、ｐＨの変化、酸化および還元、酸素濃度変化、有害化学物質、機械的な刺激などが明らかとなっている。以下、それについて紹介する。

温度「感知」センサー

温度「感知」は、恒常性の維持、生命に危険を及ぼす温度からの回避など生存に必須である。その分子メカニズムは長年不明な状況であったが、ＴＲＰチャネルの発見により、その分子実体が明らかとなった。現在、二九種類のＴＲＰチャネルのうち、九種類が温度センサーだと考えられている。それぞれのＴＲＰチャネルが固有の活性化温度領域を有しており、高温を感知する高温活性化型、体温付近の温度変化を感知する温熱活性化型、また、低温を感知する低温活性化型に分類される（表12-

表 12-2　温度センサー TRP チャネルの分類

活性化タイプ	チャネルの種類	感知する温度領域
高温活性化型	TRPV 1 チャネル	42 〜 43 ℃ >
	TRPV 2 チャネル	52 〜 55 ℃ >
温熱活性化型	TRPV 3 チャネル	23 〜 40 ℃ >
	TRPV 4 チャネル	25 〜 34 ℃ >
	TRPM 2 チャネル	35 ℃ >
	TRPM 4 チャネル	15 〜 35 ℃
	TRPM 5 チャネル	15 〜 35 ℃
低温活性化型	TRPA 1 チャネル	< 19 〜 27 ℃
	TRPM 8 チャネル	< 17 〜 18 ℃

2)。高温活性化型としては、TRPV1チャネル、TRPV2チャネルが挙げられる。特にTRPV1チャネルは痛みに対する受容器であることも知られているため、高温からの回避行動を起こすために必要だと考えられる。温熱活性化型としては、TRPV3チャネル、TRPV4チャネル、TRPM2チャネル、TRPM4チャネル、TRPM5チャネルが挙げられる。これらのチャネルもその活性化温度は異なり、動物種にとっての至適な温度領域の探索に重要だと考えられている。低温活性化型としては、TRPM8チャネル、TRPA1チャネルが挙げられる。TRPA1チャネルはTRPV1チャネルと同様に痛みに対する受容器であるとも言われており、低温からの回避行動を起こすために存在すると考えられる。以上を踏まえると、人間は各温度領域を感知するセンサーTRPチャネル群を有することにより、温度変化に対して敏感に適応することができると言えよう。

興味深いことに、高温で活性化されるTRPV1チャネルは唐辛子の辛み成分であるカプサイシンによっても活性化される。もともと、TRPV1遺伝子はカプサイシンに対する受容体として同定されたが、遺伝子配列がTRPチャネルと類似するので、後にTRPチャネル群に分類された。我々が唐辛子を食べたときに熱さおよび痛みを感じるのは、高温を

「感知」するＴＲＰＶ1チャネルが活性化されたからである。また、低温で活性化されるＴＲＰＭ8チャネルは、ペパーミントなどに含まれるメントールにより活性化される。メントールを食した際あるいは皮膚に塗布した際に冷感を感じるのは、低温センサーであるＴＲＰＭ8チャネルが活性化されたためである。このような結果は、これらのＴＲＰチャネルが温度センサーであることを我々が実感できる極めて簡単な事例とも言えよう。

ｐＨ「感知」センサー

酸性雨が問題視されるように、自然界におけるｐＨの制御は生物が生存する上で必須である。ヒトの体内ｐＨも厳密に制御されており、部位（臓器）によって、そのｐＨの値は大きく異なる。例えば、消化器である胃は食物を分解するためにそのｐＨは酸性側の二付近である。よりミクロな環境においても、ｐＨは厳密に制御されている。細胞内のタンパク質分解を担う細胞内小器官であるリソソームのｐＨは他の細胞内小器官に比べて酸性側であるし、ミトコンドリアにおいてはｐＨの違いを利用してエネルギー産生を行っている。したがって、生体内のｐＨは厳密に制御される必要があり、また生体外のｐＨを厳密に感知する必要がある。

酸性になることで活性化される最も代表的なイオンチャネルとして、高温の侵害受容器として知られるＴＲＰＶ1チャネルが挙げられる。同様に侵害受容器として知られるＴＲＰＡ1チャネルも酸性側で活性化される。ＴＲＰＡ1チャネルはアルカリ性でも活性化される。すなわち、ＴＲＰＡ1チャネルに関しては、生理的な中性ｐＨから外れることで活性化されると言える。

酸化および還元の「感知」機構

我々の生体は、酸化と還元のバランスも巧みに制御されている。一九五四年にノーベル化学賞を受賞したポーリングが提唱したように、生体の酸化状態と老化が結びつくことは広く認識されている。例えば、我々の生体内には活性酸素を除去する酵素であるスーパーオキシドディスムターゼが備わっているが、その酵素に変異が加わることで様々な疾患と結びつく。すなわち、生命維持においては、生体の酸化状態と還元状態の厳密な制御が必須である。酸化と還元に関しては、複数のＴＲＰチャネルが厳密に「感知」していることが明らかにされつつある。酸化に関しては、ＴＲＰＣ１チャネル、ＴＲＰＣ４チャネル、ＴＲＰＣ５チャネル、ＴＲＰＶ１チャネル、ＴＲＰＶ３チャネル、ＴＲＰＶ４チャネル、ＴＲＰＡ１チャネルが酸化により活性化される。興味深いことに、酸化の度合いを示す指標である酸化還元電位は、ＴＲＰチャネルの種類によって異なっている（図12-3）。酸化は特に生体へのダメージが大きいために、温度などと同様に、複数のチャネルが厳密に制御していると考えられる。ＴＲＰＡ１チャネルは還元によっても活性化される。

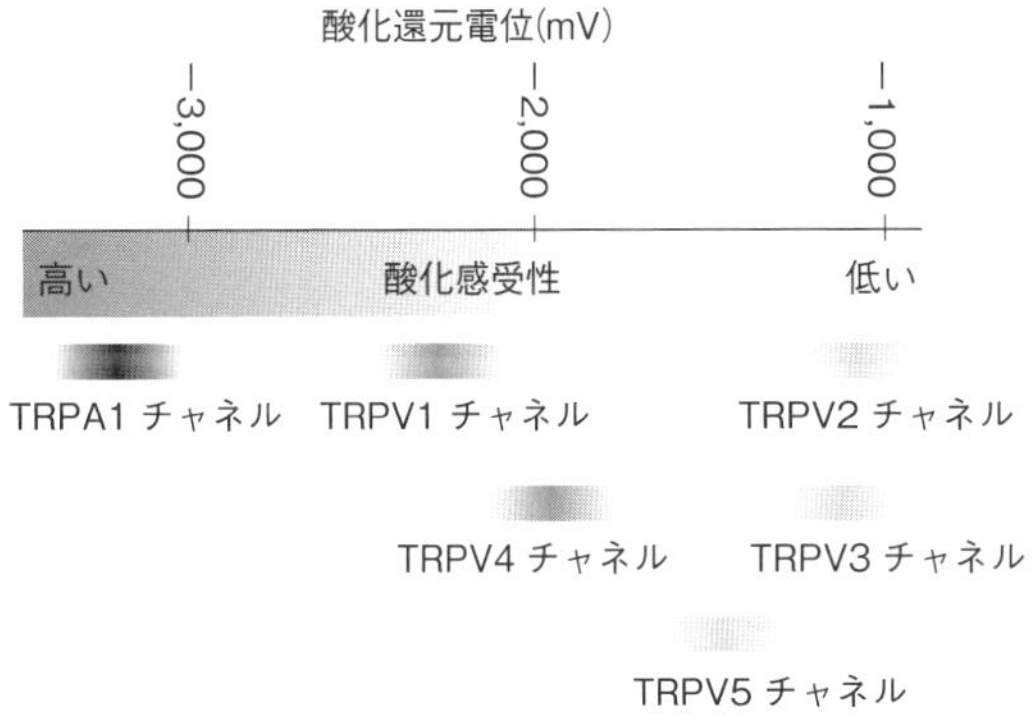

図 12-3　TRP チャネルの酸化感受性

過酸化水素は広く認識されている酸化物質であるが、過酸化水素によってＴＲＰＭ２チャネルが活性化される。興味深いことに、過酸化水素によりＴＲＰＭ２チャネルが活性化された細胞は、アポトーシスと呼ばれる細胞死を起こす。過剰な過酸化水素（酸化）によってダメージを受けた細胞はがん化などを起こす危険性があるため、それ以前にそのような細胞を死に追いやってしまうという自己防衛機能かもしれない。

酸化と老化の議論で述べたように、高濃度の酸化物質は生体にとって毒性を示すため、酸化物質は一般的に毒であると考えられてきた。しかし、微量の酸化物質は、実は生命維持に必須であることが知られつつある。その代表例が一酸化窒素である。一酸化窒素は酸化作用を有しており、高濃度の一酸化窒素は生体にとって毒である。しかし、生体内からごく微量の一酸化窒素が産生されていることが明らかとなった。さらに興味深いことに、その一酸化窒素が血管の拡張作用をもたらした。毒だと考えられていた酸化物が、実は重要な生理活性物質だったわけである。ＴＲＰＣ５チャネルはごく微量の一酸化窒素によって活性化される。活性化されたＴＲＰＣ５チャネルは一酸化窒素のさらなる産生を引き起こす。このようにして産生された一酸化窒素が、最終的に血管拡張作用を引き起こすのである。

酸素濃度「感知」センサー

人間をはじめとする好気性生物が地球上で生きていく上で、酸素は不可欠である。もともと地球上には、好気性生物は存在しなかったが、光合成を行う生物であるシアノバクテリアが二七億年前に存在し始めてから、酸素を使って呼吸する好気性生物が生まれ始めた。好気性生物にとって体内の酸素濃度調整は生命の維持に必須であるため、酸素濃度調節機構は必須となる。ごく最近、ＴＲＰチャネルは酸素調節機構を担っていることが明らかとなった。TRPA1チャネルは低酸素状態になることで活性化されることから、生体内の酸素濃度機構を担っていると言える。酸素濃度が低くなると肺に投射している神経に発現しているTRPA1チャネルが活性される。そうすると、呼吸が速くなり、結果として酸素がより取り込まれることで生体内の酸素濃度が調節さている。

酸素は、生命の維持に必須な化学物質なように思われるが、鉄が酸素と長時間触れることで酸化鉄（サビ）になってしまうことに代表されるように、化学的な性質から言えば、酸素は弱い酸化剤に属する。ヒトなどの動物においても長期間の呼吸および高濃度の酸素は早い老化につながる。TRPA1チャネルは、低酸素状況だけでなく、高酸素条件下でも活性化されることが明らかとなった。TRPA1チャネルが高酸素条件下で活性化されると、低酸素の場合とは逆に呼吸がゆるやかになる。すなわち、血中の酸素濃度が上がりすぎないように調節されていると言えよう。数千年前の地球では、酸素濃度が高かったと言われている。したがって、高酸素センサーは人間の体に残った進化の名残かもしれない。

有害化学物質「感知」センサー

自然環境には、気体から固体まで幅広い物性の有害物質が存在する。気体として吸ってしまうと生存に直接関わるし、固体（粉末）を吸ってしまうと肺へ蓄積し、生命維持におけるダメージが大きい。そこで、我々の生体においては、気管支にそのような異常を見分けるタンパク質が発現している。それが、TRPA1チャネルである。気管に異物が混入すると、TRPA1チャネルが活性化する。そうすると、咳き込むという生理応答を引き起こされ、その異物が体外に排出される。すなわ

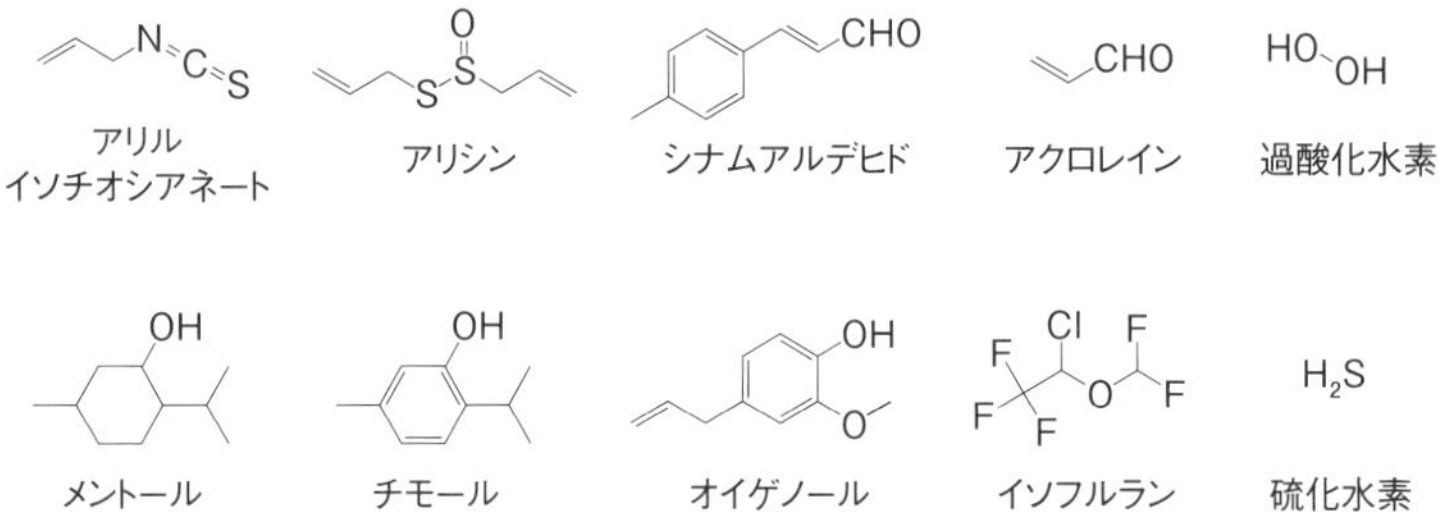

図 12-4　TRPA1 を活性化する化合物の化学構造

ち、気管に余計なものが入ってくるのを未然に防いでいると言える。実際に、TRPA1チャネルは、共通構造をもたない様々な化学物質で活性化される（図12-4）。また、このTRPA1タンパク質は、先にも述べてきたように、pHが中性からずれることで、あるいは酸化および還元状態がずれることでも活性化される。すなわち、気管支が正常の状態から外れることで活性化されていると言えよう。一般的には、各タンパク質に固有の認識物質や活性化物質が存在するのに対して、TRPA1は非常に広範囲に渡る物質認識能を有しており、その分子メカニズムは非常に興味深い。

機械的な刺激に対する「感知」機構

これまでは、外環境の変化での活性化について述べてきたが、直接の接触を「感知」する、あるいは生体内における浸透圧の変化を「感知」する感覚も存在する。これらの刺激は機械的な刺激と呼ばれ、これらを「感知」する分子実体が、機械刺激感受容チャネルと呼ばれるタンパク質群である。

機械受容の感知機構としては、二種類が知られる。一つ目は、チャネルタンパク質が直接感知する機構である。チャネルタンパク質が存在する細胞膜では、機械的な刺激に伴い膜進展や膜脂質成分の挿入による膜のたわみが起こるが、その構造変化を直接的にチャネルタンパク質が「感知」して活性化するという機構である。直接活性化されるTRPチャネルの代表例として、TRPC6チャネル、TRPV2チャネルが知られる。もう一つはチャネルタンパク質が間接的に感知するものがある。この場合は、細胞膜の変化を感知するタンパク質が別途存在し、その情報がチャネルタンパク質に伝達され活性化されるというものである。

おわりに

動物種を中心に生物の環境「感知」機構について解説してきた。動物種においては、「感知」機構に関する詳細な分子機構が明らかになってきた。昆虫種に対しても、動物種ほどではないが「感知」機構が理解されつつある。今後、これらの知見は、生物種の理解としてだけでなく、生物種の絶滅に対するリスクマネージメントとしても大いに役立てられることが期待される。

生物の絶滅に関して言えば、主な対象は我々の目に見える生物種に限られていることが多い。しかし、地球上には、大腸菌など我々の目には見えない微生物が多数存在する。また、地球環境の維持においては、これらの微生物が重要な役割を果たしている。今後は、目に見える動物種に対する理解だけでなく、微生物種の環境変化に対する影響を考慮していくことが、真の生物多様性の維持および地球環境の維持につながるだろう。

［清中茂樹］

第13章

構造ヘルスモニタリング

——土木構造物の高齢化への取組み

我が国では、高度経済成長期に建設された多くの土木構造物の老朽化が社会問題となっている。その一方で、近年の経済社会情勢の変化から、公共事業関係予算は縮減傾向にある。このような状況では、建て替えるよりもむしろ、危険箇所の早期発見・早期対策による予防保全的な維持管理に力を入れ、構造物の長寿命化を図ることが重要となってくる。土木構造物は我々の生活を支える重要な社会基盤であるが、新たな建設工事は建設廃棄物、排気ガス、騒音、振動等の環境問題を伴う。したがって、構造物の長寿命化を図る予防保全的な維持管理は環境保全の面からもメリットがある。予防保全的な維持管理では一般に、定期点検の頻度は多くなるが補修の規模は比較的小さく、補修工事に伴う廃棄物や騒音等の環境負荷要因の発生を軽減できる点からも、環境保全的であると言えよう。予防保全では構造物の健全度を評価する技術が重要となる。本章では、我が国の橋梁の老朽化が抱える問題と、構造ヘルスモニタリングについて解説する。構造ヘルスモニタリングとは、構造物の振動計測によって異常の発見を目指す健全度評価手法の一つである。

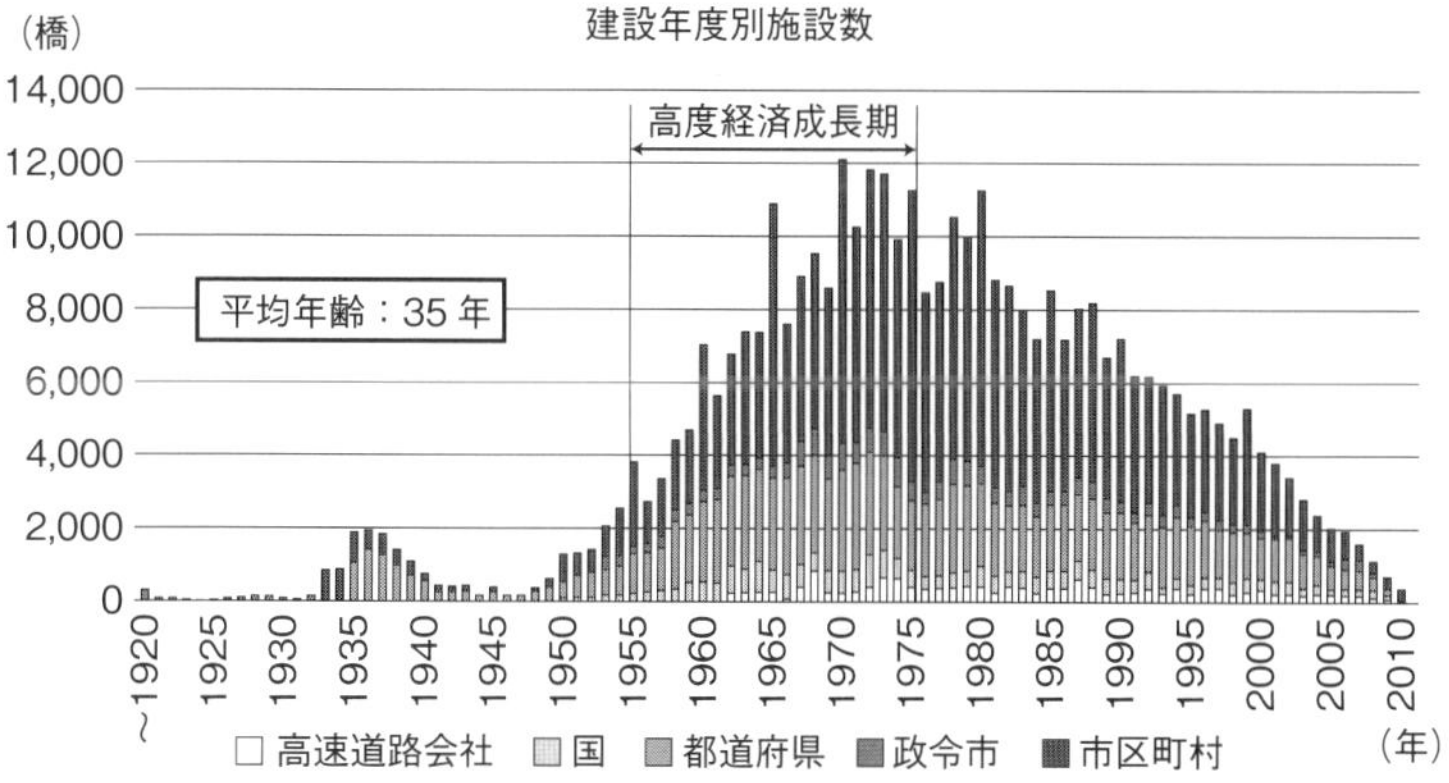

注：この他、古い橋梁など記録が確認できない建設年度不明橋梁が約 30,1 万橋ある
平均年齢は、建設年度が把握されている施設の平均（基準年は 2012 年）

図 13-1　建設年度毎の橋梁数　（国土交通省）[1]

我が国の橋梁の高齢化の現状

我が国には、橋長二メートル以上の橋梁が約七〇万橋存在する。図13-1は、橋長二メートル以上の橋梁について、建設年度毎の橋梁数を示したものであり、二〇一二年度における平均年齢は約三五歳である[1]。高度経済成長期とされた一九五〇年代半ばから七〇年代半ばにかけて多くの橋梁が建設されており、我が国の経済の発展と国民生活の向上に大きな役割を果たしてきたが、現在では老朽化が社会問題となっている。建設後五〇年以上を経過した橋梁の割合は、二〇一二年時点において約六・四万橋の一六%であるが、一〇年後の二〇二二年には約一六万橋の四〇%、二〇年後の二〇三二年には約二六万強の六五%に達するとされている。

図13-2は、平成元年から平成二四年度までの公共事業関係費の推移を示したものである[2]。公

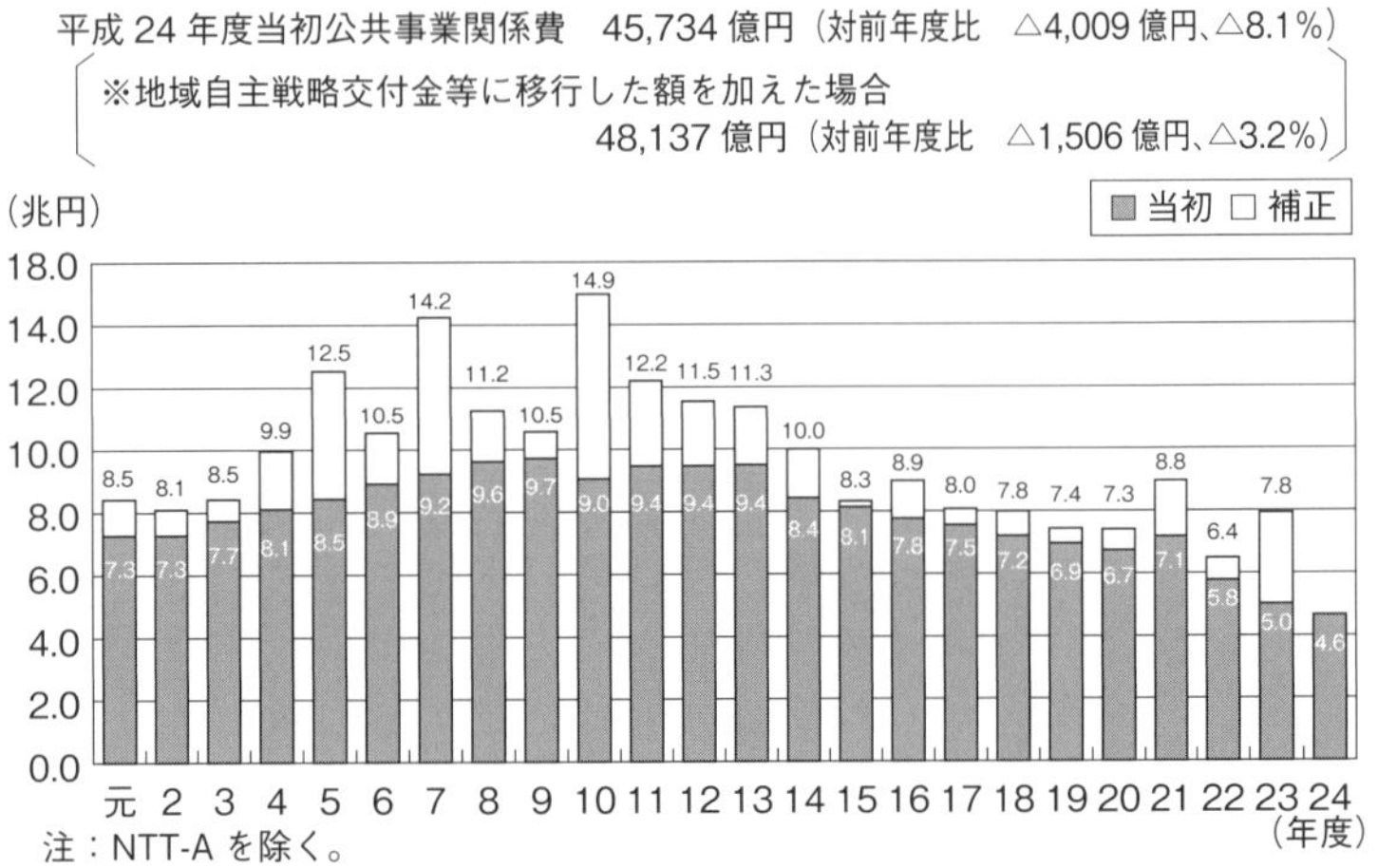

図13-2　公共事業関係費の推移　（財務省）[2]

共事業関係費は当初・補正予算を合わせて平成一〇年度に一四兆九〇〇〇億円のピークを経験した後、一〇年後の平成二〇年には七兆三〇〇〇億円と約半分になっている。このように我が国では、公共事業関係費が削減傾向にある中で、老朽化が進み補修・更新が必要な道路橋が増加していく状況にあり、合理的・効率的な維持管理が重要な課題となっている。

アメリカにおける橋梁事故の事例

アメリカでは、一九三〇年代のニューディール政策により、日本より早くに道路整備が進められた。しかし、一九八〇年初めまでに維持管理に十分な予算措置がされず、一九八〇年代初頭にはアメリカの道路橋の多くが老朽化し、崩落、損傷、通行止め等の事故が相次いだ。このように、必要な維持管理を怠ったために「荒廃するアメリカ」と呼ばれるほど深刻な状況に陥ってしまった。これを教訓にして、アメリカでは

図 13-3　ミネアポリスの橋梁崩壊事故[4]

維持管理費を増額し対策を進めてきている。

こうした取組みにもかかわらず、二〇〇七年に痛ましい事故が発生した。アメリカ・ミネソタ州のミネアポリスのミシシッピ川に掛かる橋梁の崩落である[3]。この事故では、五〇台以上の車両が川に転落し、死者は一三名、負傷者は一四五名に及んだ。崩落した橋梁は、一九六七年に供用された橋長五八一メートルの鋼トラス橋であり、事故当時三九歳であった。この橋梁の点検は、一九九三年以降毎年実施されており、事故前年の二〇〇六年に実施された詳細点検では、部分的な腐食等が観察され、橋の評価としては構造的欠陥ありとされていた。アメリカの国家運輸安全委員会から発表された公式の事故調査によれば、橋梁の崩落の原因は、主要鋼材を連結するガセットプレートの厚さが必要な板厚の半分程度という設計の誤りであった。老朽化でなく設計の誤りによるものであったにせよ、地震や衝撃力のように瞬時に構造物が破壊する現象と違い、じわじわと迫る破壊現象では、何らかの予兆があった可能性がある。その予兆を解明し、点検で予兆を検知する技術が開発されれば、同様の事故の未然防止につながるのではないか。今後の研究、技術開発に期待したい。

近年の我が国における橋梁の重大事故

二〇〇七年のミネアポリスでの橋梁の崩落事故は、対岸の火事ではない。我が国においても、二〇〇七年六月二〇日に三重県の木曽川大橋、同年八月三一日に秋田県の本荘大橋において、鋼トラス橋の斜材が破断するという重大事故が発生した。いずれも、供用後四〇～四五年が経過していた。トラス橋とは、図13-4に示すように、トラスと呼ばれる細長い部材を三角形につないだ構造であり、これを繰り返して橋桁を構成する。構造冗長性（リダンダンシー）とは、構造物が余分な部材により構成されていて、一部の部材が座屈・破断したとしても構造物の全体崩壊に至らないことを示すが、トラス橋は構造冗長性の低い構造物であり、一本の斜材の破断は全体崩壊につながる恐れのある重大な事故である。

図13-4　木曽川大橋の斜材の破断事故
（○が破断箇所）[5][6]

木曽川大橋では、事故当時五年に一度の定期点検が一年半前に行われたばかりであったが、斜材の貫通部が「要観察」とされていたことが点検員に伝わらず、また近接目視を遠望目視に変更された結果、損傷が見逃されたという。(5) 一方の本荘大橋の事故は、木曽川大橋の破断事故を受けて、国土交通省が緊急・詳細点検を実施している最中に、重量級の車両が通ったときに補修していた鋼材が破断したものであった。

日本の橋梁の高齢化はアメリカの三〇年遅れ

アメリカでは、一九三〇年代より大量の道路橋が整備されたが、維持管理を怠った結果として、五〇年後の一九八〇年代に入って急速に問題が深刻化した。一方の我が国は、一九五〇年代半ば～七〇年代半ばの高度経済成長期に大量の道路橋が整備され、それらがまさに今、五〇年を迎える時期に達した。木曽川大橋や本荘大橋の事故では、幸いにも崩壊は免れたが、日本でも適切な維持管理を怠ると、「荒廃する日本」になることが懸念される。今まさに、維持管理が重要な時期にきている。なお、五〇年というのはあくまで目安であり、高度経済成長期後半の一九七五年に建設された橋梁は二〇二五年まで大丈夫であるというわけではない。ミネアポリスの例では崩落事故当時三九年、木曽川大橋や本荘大橋の事故では事故当時四〇～四五年が経過していたという。日本の橋長二メートル以上の橋梁の平均年齢が二〇一二年時点で三五歳であることからも、維持管理は喫緊の課題である。

予防保全的な維持管理

従来は、点検の結果、損傷が顕著に表れている箇所において事後的に対処するという対処療法的な維持管理が行われてきた。しかし、橋梁の高齢化が加速する中、高齢化した構造物が破壊すると重大事故につながる可能性のあることから、異常を事前に察知することによって、致命的な損傷が顕在化する前の軽微なうちに対処するという予防保全的な維持管理が必要となってくる。

損傷が顕在化し健全度が大きく下がった後であれば、構造物を更新するといった大規模補修が必要になる可能性があり、費用も高くなる。これに対し、損傷が顕在化する前の軽微なうちであれば、更新せずとも中小規模の補修で長寿命化につなげることが期待できる。このような予防保全的な維持管理を行うことで、構造物を長持ちさせることができ、構造物の生涯にかかる費用（ライフサイクルコスト）の縮減につながる。また、建て替えや大規模補修を行わなくて済むことから、工事に伴う廃棄物や騒音、振動等の環境負荷要因を低減でき、予防保全は環境保全の面からもメリットがある。

構造ヘルスモニタリングへの期待

現状では、維持管理における橋梁の定期点検は目視点検が中心である。目視は構造物を直接人間の目で見ることにより損傷を調べる手法であり、表面の状態や傷が早く簡単に調べられることから非常に有力な手法とされてきた。しかし、木曽川大橋の例のように点検していたのに部材が破断してしまうなど、信頼性の問題が指摘されている。さらに、見えない、見に行くことのできない場所の損傷を検出することは不可能であるが、最近の構造物の大型化や複雑化に伴いこうした問題の傾向は高まりつつある。このような背景から、目視だけに頼るのではなく、他の手法との併用が検討されるようになってきた。

近年の測定機器および計測技術の進歩により、計測や実験を通して損傷を検出する技術の開発が進められている。非破壊検査法は、構造物を傷つけたり破壊させたりせずに間接的にそれらの性質・状態・内部構造および内部欠陥等を調べる検査手法であり、超音波やアコースティック・エミッション

（AE）、放射線等の計測に基づいて行われる。しかし、非破壊検査法は局所的な損傷の検出には適しているものの、構造物全体の損傷を捉えることはできないという難点がある。したがって、定期点検で構造物全体を検査し損傷の疑わしき箇所を抽出した後に、より詳細に損傷程度を把握するための二次点検として非破壊検査法が有効になると考えられる。

構造物全体の健全度を捉えることのできる手法としては、振動特性の変化を利用する手法がある。これは、構造物の損傷の結果として振動特性に変化が見られるという事実に基づくものであり、土木工学に限らず機械工学や航空工学等の幅広い分野で開発され適用されてきた手法である。損傷による構造物の振動特性の変化を利用した点検手法は、構造ヘルスモニタリング（Structural Health Monitoring：SHM）と呼ばれ、対象構造物にセンサーを設置して、振動等の物理量（加速度、変位、ひずみなど）を観測し、異常の発見を目指す。これまで、構造ヘルスモニタリングで損傷が見つかったという事例はないが、近年精力的に研究が進められており、多くのセンサーが埋め込まれた橋梁（スマートブリッジ）も誕生している。

構造ヘルスモニタリングに用いられる振動特性

代表的な構造物の振動特性として、固有振動数とモード形状というものがある。例えば、構造物に瞬間的な外力を与えて、その後は何も外力を与えないでいると、構造物はそれがもつ固有の振動数で振動をする。このような振動を自由振動といい、このときの振動数を固有振動数という。固有振動数は複数存在し、低いものから順に、一次の固有振動数、二次の固有振動数……と呼ばれる。モード形状とは、各々の固有振動数で振動するときの構造物の振動の形状を表したものである。例えば、左

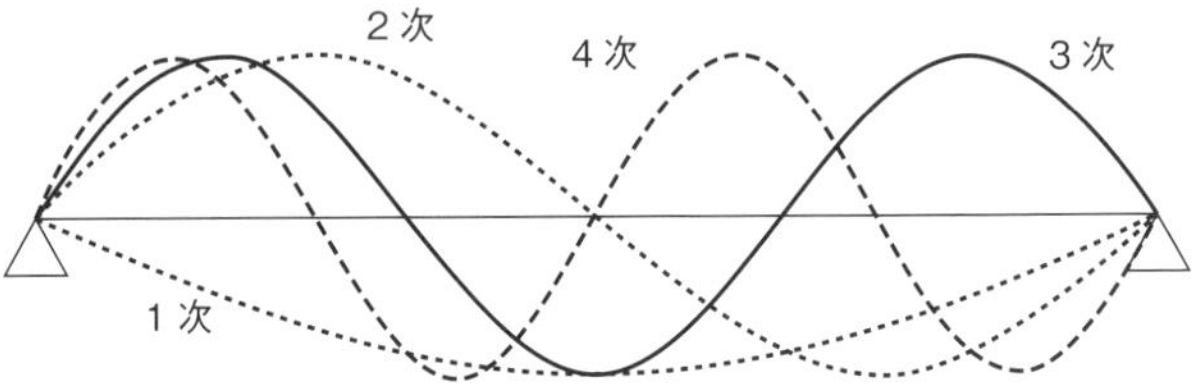

図 13-5　単純梁のモード形状

端をヒンジ（水平・上下方向の移動を拘束、回転は拘束されない）、右端をローラー（上下方向の移動を拘束、水平方向の移動と回転は拘束されない）で支持された単純梁の一～四次までのモード形状は、図13-5のような形状をしている。固有振動数やモード形状は構造物に固有の値であり、構造物が損傷すると変化することが知られている。例えば、部材が腐食して断面積が減少すると、部材の剛性（かたさ）が減少し、固有振動数は一般に低くなる。モード形状は、損傷の位置に応じて形状が変化する。構造ヘルスモニタリングでは、このような振動特性の変化を捉えることで、損傷の有無や場所、そしてその程度を明らかにしようとするものである。

固有振動数やモード形状は一般に、構造物に設置された加速度センサーで記録される加速度時刻歴からフーリエ変換等の計算によって求められる。固有振動数は比較的容易に計測することができるが、空間的な構造特性を捉えることには適していない。一方のモード形状は空間的な特性を捉えることができるが、詳細なモード形状を得るにはセンサーを高密度に配置する必要がある。外力としては、車両走行による外力や風荷重などの自然の力が利用されることが多い。

鋼トラス橋を対象とした振動実験

二〇〇四年一二月、熊本県阿蘇郡阿蘇町地内の菊池赤水線に架かる車帰橋（図13-6）の撤去工事に際し、振動実験をする機会を得た。なお、図13-6において、手前側は新橋、奥側が旧橋であり、実験の対象としたのは奥側の旧橋である。この橋梁は昭和三八年に架設された橋長四七・〇メートル、幅員四・八メートルの単径間鋼製トラス橋である。部材を連結する箇所を節点とし、図13-7の側面図に節点番号と部材番号を記す。

図 13-6　車帰橋

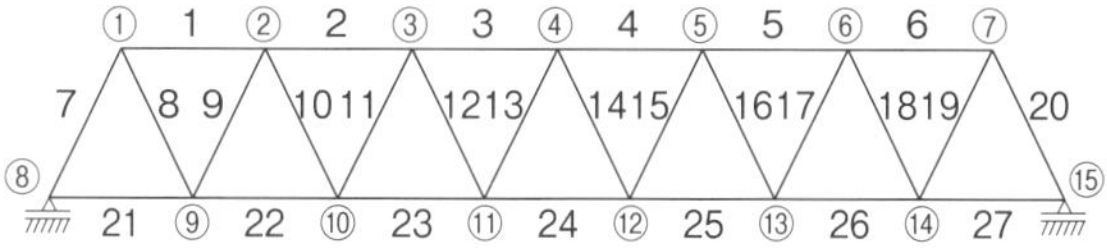

図 13-7　節点番号と部材番号

損傷に伴う鋼トラス橋の振動特性の変化

損傷によって鋼トラス橋の振動特性がどの程度変化するかを調べるために、斜材に損傷を与え、損傷程度の異なる四通りの損傷モデルA、B、C、Dを作成した。損傷モデルAでは、部材8の剛性を一・三%減少させた。損傷モデルBでは、部材8の剛性を六・四%、部材15の剛性を〇・一%減少させた。損傷モデルCでは、部材8の剛性を二一・四%、部材15の剛性を一二・〇%減少させた。損傷モデルDでは、部材8の剛性を二九・〇%、

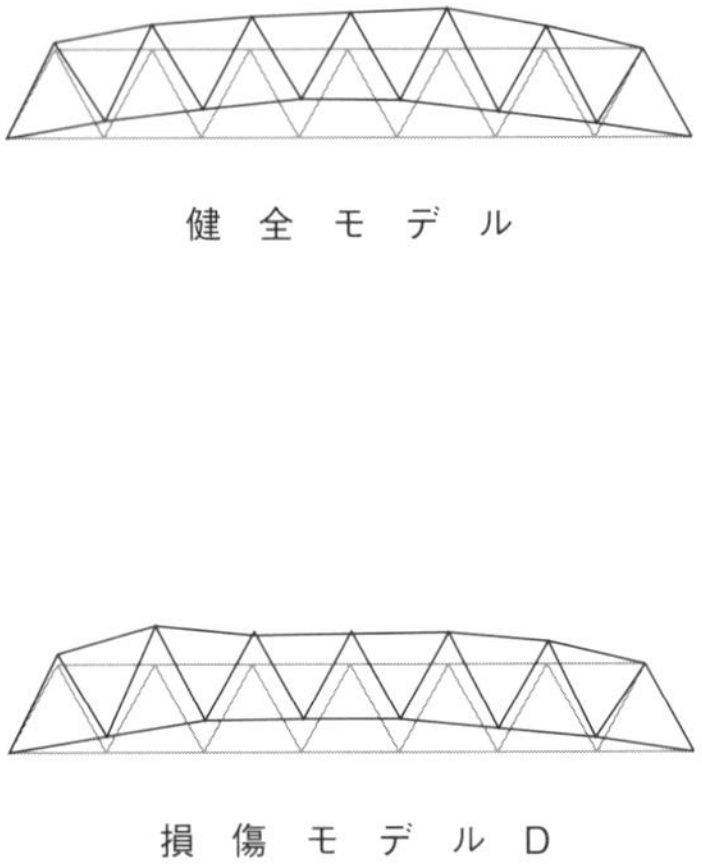

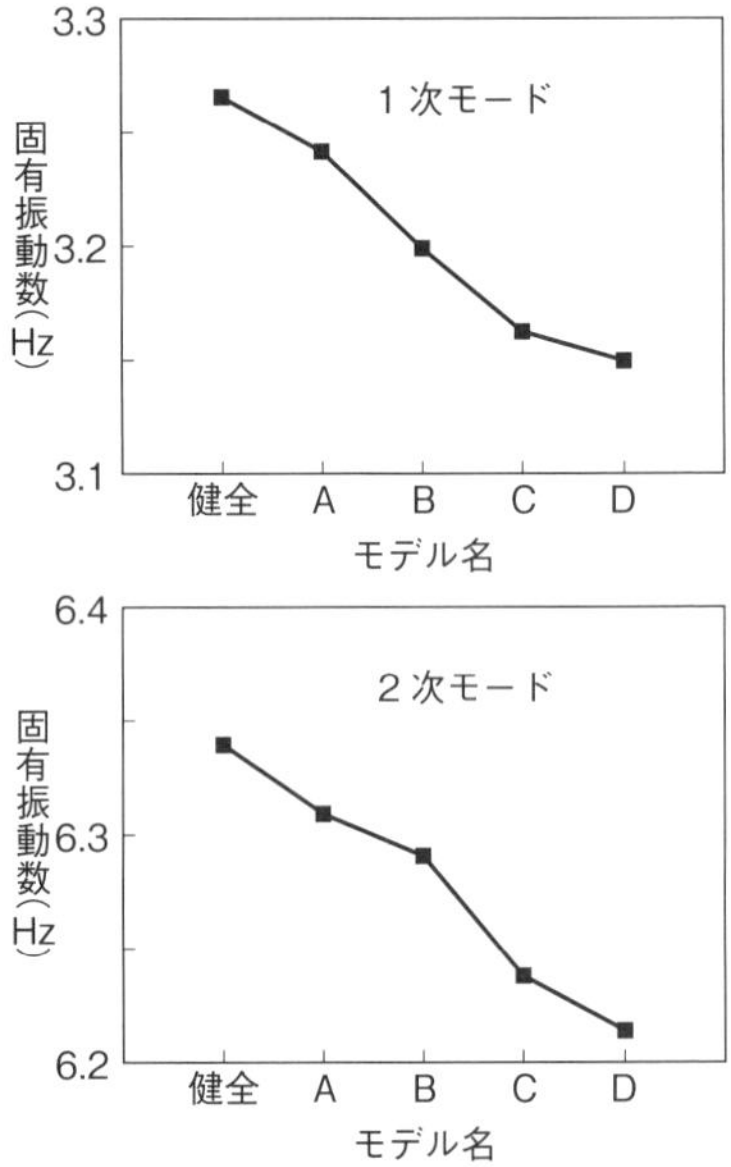

図 13-9 損傷による一次のモード形状の変化

図 13-8 損傷による固有振動数の変化

部材15の剛性を二九・〇%減少させた。架設当初から四〇年近く経過しているものの、損傷を入れる前の状態を健全モデルとした。そして、鋼トラス橋の節点に加速度センサーを設置し、交通振動や風荷重などの自然の外力による構造物の微小な振動の計測（微動計測）を行い、固有振動数とモード形状を求めた。

図13-8は、各モデルと一次および二次の固有振動数の関係である。損傷程度が増加するにつれて、固有振動数が減少していることがみてとれる。このことから、固有振動数の減少を捉えることで、損傷を検知できることがわかる。しかし、固有振動数の減少はわずかであり、健全モデルと損傷モデルDの固有振動数の差は、一次モードで〇・一二ヘルツ、

二次モードで〇・一三ヘルツであった。健全モデルに対する比率で表すと、一次モードは三・五五％の減少、二次モードは二・〇三％の減少となっており、損傷による剛性の低下率二九％に比べてはるかに小さな値となった。このように、固有振動数は損傷によって低下する傾向があるものの、その低下率はわずかであり、損傷に対して感度の低い指標である。

図13-9は、健全モデルと損傷モデルDの一次のモード形状を比較したものである。損傷によってモード形状も変化していることがわかる。モード形状が大きく変化している箇所に損傷があるというわけではないため、形状を目で見ただけで損傷位置を推定することはできないが、コンピュータを使った構造解析と組み合わせることで、モード形状の変化から損傷部材を推定する手法が開発されている。

構造ヘルスモニタリングの課題

構造ヘルスモニタリングでは、損傷を剛性の低下とみなし、剛性低下によって振動特性が変化することを利用して損傷を検知しようとする。前述の例では、固有振動数の減少を検知することで、損傷による剛性低下を検出できる可能性のあることを示した。しかし同時に、固有振動数は剛性低下に対して感度の低い指標であることも明らかになった。構造ヘルスモニタリングの抱える問題の一つに、この振動特性の損傷に対する感度の低さが挙げられる。加速度センサーで記録されるデータには、計測ノイズと呼ばれる誤差が必ず含まれる。その誤差を含んだデータを処理して推定される振動特性にも誤差が含まれる。損傷が軽微な場合は、振動特性の変化はさらに軽微であるため、計測ノイズに埋もれてしまい誤判定する恐れがある。さらに、次のような問題も存在する。振動特性は、損傷だけで変化するのではなく、温度や湿度などの環境要因によっても変化するということである。したがって、振動特性が変化したとして、これが損傷によって変化したのか、それとも環境要因の変化によって変化したのかがわからない。また、損傷によって固有振動数が減少しても、その減少分を相殺するような増加が環境要因の変化によってもたらされれば、損傷を見過ごしてしまうことになる。

以上のような問題に対して、様々な研究がなされている。計測ノイズの影響については、ノイズを軽減する信号処理技術の開発や、統計的手法によりノイズの影響を取り除く手法などが研究されている。また、環境要因の影響については、様々な環境要因下における振動特性を記録してデータベース化しておくことで、点検時と最も環境要因の近い過去のデータとを比較することで、環境要因の影響を除去する試みもなされている。

おわりに

人体には実に多くのセンサーがあり、日々健康状態をモニタリングしている。人間が健康を維持する上で、日々健康状態の観察と、病気の早期発見・早期治療が大切であるように、構造物においても健全度のモニタリングと、危険箇所の早期発見・早期対策が重要である。構造モニタリングでは、直接健全度をモニタリングするのではなく、加速度などの物理量を計測するので、物理量を健全度に結び付ける指標が必要になってくる。固有振動数等の振動特性にとって代わる、より健全度を検知しやすい新たな指標が見つかるかもしれない。それには、病院では過去の治療における膨大な症例が参考となり治療が行われているように、構造物においても多くの事例を蓄積していくことが必要であると考える。今後、より多くのモニタリングが行われデータが蓄積されることで、予兆から未然に事故を防ぐような技術が開発されることを望む。

［古川愛子］

第14章

安全と安心の間

――リスクコミュニケーションを考える

はじめに

環境問題の解決や持続可能な発展を図る、その方向性を否定する人は少ないかもしれないが、その具体的な方策を巡って、様々な議論や対立が生じる。第Ⅱ部で紹介された、環境問題を解決する卓越した方策ですらその例外でない。その多くは、環境に関する価値観や利害の違いに起因するが、問題を複雑にするのは、社会的意思決定に伴うリスクについての認知の違いであり、それを埋めるためのコミュニケーション不足である。本章では、そうしたリスクコミュニケーション問題について考える。

開発をめぐる社会的対立

環境保全と開発のバランスを考え、持続可能な社会を築いていく――これは、環境経済学における究極の課題であるが、開発の現場では、開発の是非やあり方をめぐって激しい社会的対立を招くことがしばしばである。リゾート開発をめぐる環境保護派と開発者の対立、工場や商業施設の建設をめぐる業者と近隣住民との対立、道路やごみの焼却施設等の建設計画をめぐる自治体と近隣住民との対立、河口堰建設をめぐる国と環境保護団体の対立等々、事例はいくらでもある。

その多くは、開発に伴う利害や環境保全に関する考え方・価値観の違いが原因している。しかし、利害関係だけが問題ならば、補償という形で合意点が発見できるはずで、価値観や考え方の違いによるものであるならば、話し合いを通じた政治的な決着ができるはずだ。ところが、そうした冷静な交渉や話し合いでは解決されず、激しい反対運動が生じ、関係者間に根強い不信感を植え付けてしまうことがあるのは何故だろうか。

ゲーム理論の解答

ゲーム理論にローゼンタールのムカデ・ゲームというものがある。ある地域にゴミ焼却場などの迷惑施設の建設計画がもち上がった。建設するかしないかを最終的に決定する権利は建設者側（行政）にある。しかし、地域住民は、その開発計画に反対である。施設が建設されると住環境や健康が脅かされるとおそれるからだ。そこで住民には、反対運動を起こすべきか、建設を受け入れるかの判断が迫られる。もし、建設が受け入れられると、建設は滞りなく進められる。しかし、住民が反対すれば、今度は、建設者側が、そのまま計画を強行するか、建設をあきらめるかの判断をしなければならない。もし、建設者側が建設をあきらめたら、住民の反対運動の労力と建設計画に要したコストを犠牲にして、この対立は収まる。しかし、建設者側が計画を強行に進めようとすると、住民には、さらに反対運動を継続すべきか、建設を受け入れるかの判断が迫られる。

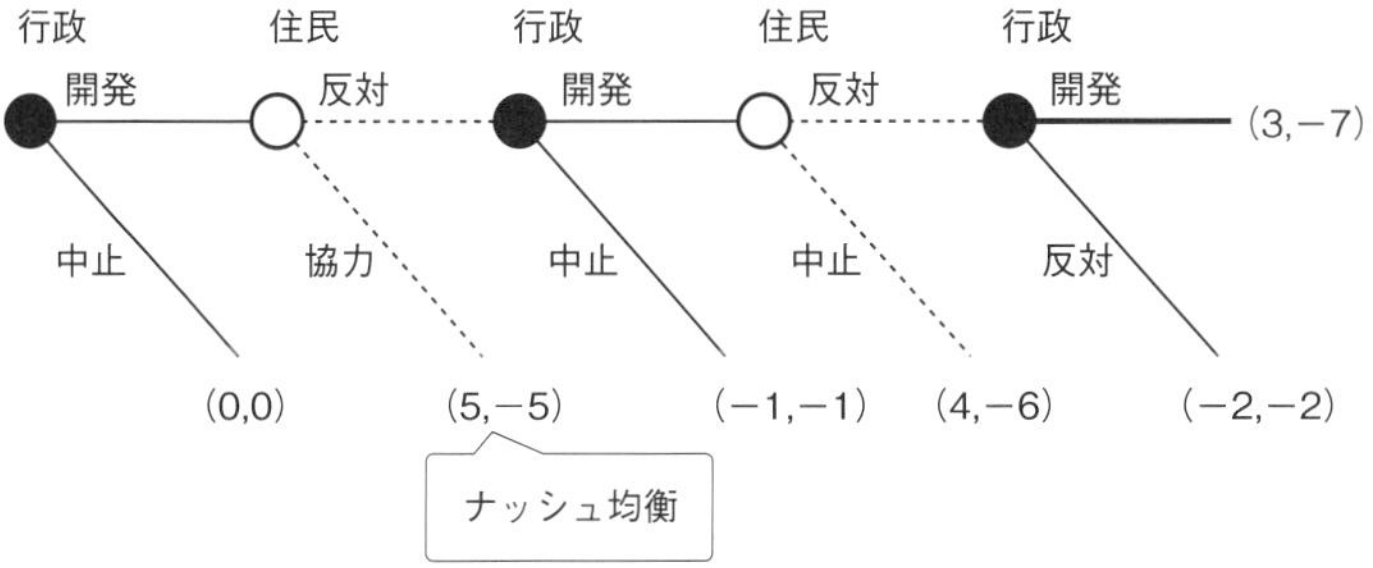

図 14-1　迷惑施設建設をめぐるローゼンタールのムカデゲーム　黒丸が行政、白丸が住民の意思決定の順番（手番）であることを示し、行政は、開発か計画中止かを選択する　住民は、反対活動をするか、受け入れるかを選ぶ　（ ）内の数字は、順に行政と住民の利得を示す　右端から、手番の主体の利得を比較して、どちらが得かをたどると、最初に行政が開発を決めた段階で、住民が受け入れを決めることが最適であることがわかる

ゲーム理論が導くこの問題の解は、建設者側と住民が合理的である限り、建設側がはじめに計画を提示し、その段階で住民が計画を受け入れるというものである。最終的に建設の決定権が建設者側にある限り、両者とも反対運動とそれへの対応による損耗を小さくしようとするからである。

しかし、現実は異なる。住民と建設者側との対立が続き、怒りと悲しみとあきらめの中、お互いを不信感が隔て、双方が消耗する。理論では、建設の実行または中止に伴う利害が既知で、利害関係者間でそれが共有されている。しかし、実際にはそうではない。開発者が考えるよりも、住民の感じる損失は大きいかもしれない。建設業者側は、住民が考えるよりも環境リスクや住民への被害を小さく見積もっているかもしれない。そもそも、お互いを「話の通じる人」かどうかを怪しんでいる場合すらある。

リスクを伴う社会的合意の難しさ

開発のリスクや成果は不確実である。現在行われている原発をめぐっての推進派と反対派の対立を思い浮かべればわかるように、リスクが関係すると、社会的合意は複雑で難しいものとなる。リスクは、正確には予測できない。専門家がその安全性を確信していても、うまく説明できなかったり、評価の正確性が疑われたりする。リスク評価の背後にある利害関係が怪しまれることがある。

さらに、不安なら食べなければよい食品リスクとは異なり、環境保全と開発の問題は、たとえ社会的に賛否が半々に分かれたとしても、いずれかに意志決定しなければならない。そして、その社会的決定をすべての人が甘受しなければならず、自分だけが避けることは難しい。

だから、リスクを伴う問題は、リスクを俎上に置き、十分に議論しなければならない。しかし、各主体のリスク評価は、各主体の知識や理解力、関係者への信頼といったものに左右され、多分に主観的で多様である。だから、リスクを議論していてもなかなかかみ合わない。お互いが何を恐れ、何を心配しているか、お互いがわからないまま議論しているからである。理解できない相手の言動は、おそらく自らの損得を考えてのことかと怪しむ。そのために、ウソをついているのでは、と不信感や懐疑心が芽生える。姿勢やモラルを相手に伝えることはさらに難しいから、そうなるとコミュニケーションは不全に陥る。

社会的な相互理解の意味を考える

「リスクコミュニケーション」という言葉がある。リスクについて関係者間で理解を共有するといった意味で使われることが多い。化学物質を扱う工場が周辺住民の不安に応える形で実施されたり、食品安全性について政府が直接説明する活動にもこの言葉が使われている。福島第一原発の事故を受けて、放射線の影響に対する不安が蔓延する中、リスクコミュニケーションに関わる専門家の育成が主張されたりもしている。

リスクコミュニケーションについては、一九八九年に米国学術会議が、それまでの研究成果をとりまとめて報告書を作成している。これによると、リスクコミュニケーションは、一方的なメッセージの伝達ではなく、関係主体間で情報や意見を交換する相互交渉過程であると定義され、その成功は、リスクメッセージが相手に伝わったことではなく、利用できる範囲内で適切な情報が得られたと、関係主体が納得した状態であるとされている。この定義は、各所で引用されるが、ここで言う「相互交渉過程」とは何か、その成功はどう判断するか、この報告書を読む限り定かではない。

迷惑施設建設をめぐる開発者側と周辺住民との確執については、以前論じたことがある（吉野、二〇〇七）。リスクコミュニケーションによって、リスクメッセージを伝えることは難しくても、お互いの理解なら伝えることはできる。それができても、お互い満足できない結果に至るかもしれないが、少なくとも、冷静な話し合いや交渉を通じた社会的合意形成を行うための前提条件が確保できることを指摘した。

今回は、食品安全行政をめぐる消費者と行政との確執を例に、リスクコミュニケーションにおける相互交渉、相互理解の意味について再考してみよう。食品安全の問題は、「心配だったら食べなければよい」という個人的選択の問題として扱われかねないが、遺伝子組換え食品、残留農薬が問題となった食品等々、具体的な食品リスクを考えればわかるように、実際には、表示を徹底すれば社会的な納得が得られるというものではない。食品安全規制や管理制度をどうするかは、開発問題と同様に、非排除性を伴う社会的選択の問題なのである。

BSE騒動とは何だったのか

BSEの発生

二〇〇一年九月、日本で初めて牛海綿状脳症（BSE）感染牛が発生した。それまで、政府は、日本でBSEが発生する危険性はほとんどないと主張していた。実は、それ以前の二〇〇〇年一一月、EU科学運営委員会が、日本におけるBSE発生の危険性を指摘していた。しかしながら、これに対して、日本政府は異議を唱え、評価の取り下げを申し入れた。EUは、日本が、エサとしての肉骨粉の使用禁止、特定危険部位（SRM）の除去、ならびにBSE検査といったアクティブ・サーベイランスを行うように勧告したが、日本政府はこれにも従わなかった。日本でBSE検査が開始されたのは二〇〇一年四月で、肉骨粉の使用禁止も、SRMの除去も、いずれもBSEが発生するまで行われなかった（BSEに関する調査検討委員会、二〇〇二）。

マスコミと政府の対応

日本で初めてBSE感染牛が確認されると、マスコミによる政府の一斉非難が始まった。政府が牛肉の安全性についてウソの発言をしたと。イギリスで撮られた、ふらつくBSE感染牛とヤコブ病に苦しむ少女の映像が繰り返し放映された。牛肉の消費量は激減した。多くの焼肉店は閑散となり、閉店した店も少なくなかった。

これに対して政府は、国民に牛肉の安全性を訴えるために、応急的な措置を行った。一〇月一八日、政府は、BSEに感染された牛の肉が〝絶対に〟市場に出回らないように、屠畜牛全頭にBSE検査を開始した。そして、BSE検査開始以前にすでにと畜されたためにBSE検査を受けていない流通在庫を全量買い上げ、焼却処分した。同時に、肉骨粉の輸入、製造、ならびに販売を禁止し、すべての屠畜場におけるSRMの除去を義務づけた。その他、当時の首相や国会議員がテレビカメラの前で肉を食べて安全性をアピールした。

しかし、牛肉の消費はなかなか回復しなかった。BSE検査が始まり、他の感染牛も発見された。検査して感染牛を市場から排除したのだから、対策の手柄だったはずだが、二頭目および三頭目のBSE感染牛が発見されると、マスコミは、初めてBSEが発見されたときと同じように、BSE感染牛とヤコブ病患者の映像を見せながら、政府の安全性対策を非難した。いくらか回復していた牛肉の消費量は、それによって再度落ち込んだ。

流通業者の失態

また、国産牛肉全量買い上げ対策の中で、いくつかの流通業者が、輸入牛肉を国産牛肉と偽って政府に買い上げさせるという事件が発生した。この事件は、牛肉の安全性とは直接関わりはなかったが、流通業者の信用を傷つけた。流通業者は、牛肉の安全管理を徹底していないのではないかと疑う余地が生じた。

食品安全行政の改革

食品安全行政に改革が求められ、「リスク・アナリシス」という手法が導入された。リスクの管理と評価を別々に行い、それをリスクコミュニケーションでつなごうというほどの考え方である。当時の農林水産大臣と厚生労働大臣のための私的諮問機関である「BSE問題に関する調査検討委員会」

が、二〇〇二年四月に報告書を提出し、ＢＳＥへの対応において明らかになった政府の食品安全行政の欠陥を厳しく批判した。そして、消費者優先を基本原則として、リスク・アナリシスの手法の導入を主張した。それを受けて、二〇〇三年五月、食品安全基本法が公布され、同年七月にはリスク評価を行う第三者機関として食品安全委員会が設立された。

「全頭検査」の見直しへ

その後、牛肉の消費はゆるやかながら回復していった。それでもまだＢＳＥ騒動の傷が癒えない二〇〇五年、いわゆる「全頭検査」の見直しが議論された。それまでは、と畜される牛の全頭についてＢＳＥ検査が行われていたが、ＢＳＥ検査の対象を月齢二一カ月齢以上の牛だけにするというものだった。この見直しは、新設された食品安全委員会の答申を受けたもので、二〇カ月以下の若齢牛の異常型プリオンの蓄積量は少なくリスクも低いこと、さらにＢＳＥ検査をしても検出できないという科学的リスク評価に基づくものだった。

これに対して、消費者団体などから激しい反発が起こった。ＢＳＥ発生後、政府が実施した対策の中では、「全頭検査」が最もよく知られ、消費者に最も安心感を与えていたからだ。

科学者たちの消費者批判

科学的なリスク評価で見直してもよいと判断されたのに、なぜ消費者は反対するのか。主に科学者たちからの消費者批判が始まった。消費者は、「ＢＳＥのリスクを過大評価している」「ＢＳＥ検査の役割を誤解している」「ゼロリスクを夢見ている」「安全のための費用を考えていない」等々。だから、消費者に「科学的に正しい情報を伝えよ」と（唐木、二〇〇四）。政府も、「リスクコミュニケーション」と称して、限られた人たちを相手に科学的説明を行った。

なぜ、そのような小さいリスクを消費者は恐れるのか。心理学には、専門家はしばしば致死率や疾病率だけでリスクを判断しがちだが、一般の人のリスク認知はもっと多様な次元で行われており、未知で、制御できない、おぞましい結果を生むようなリスクは、極端に恐れられる、という有名な研究がある（P. Slovic, 1987）。ＢＳＥ騒動を題材に、こうした研究の再確認などを行う者もいた。しかし、その成果は、専門家の安直な判断に対する警笛でしかなく、本当に大切なのは、消費者の不安を素直に聞くことだった。

それは科学と管理体制への懸念だった

消費者は本当に勉強不足な愚か者なのだろうか。我々は、一斉に行われたこうした「キャンペーン」に強い違和感を覚えた。そこに、消費者の不安を素直に聞くという姿勢が見えなかったからだ。我々は、アンケート調査結果の自由回答を丹念に分析した。「安心して牛肉を食べられるようになるにはどうしたらよいですか」という問への回答を一つずつ読みながら、感じている不安要因、そしてその背後にあるそもそもの不安は何かを抽出した。

生産・流通の現場での指導・教育の徹底、監視・チェックの強化など、消費者からは様々な対策が提案されていた。しかし、その根底にある不安はすべて同じ「信頼」の喪失だった。政府や科学者が管理しているとはいってもその能力には限界があって、生産者や流通業者も、過失または故意によって事故を起こすのではないかといった不安だった。

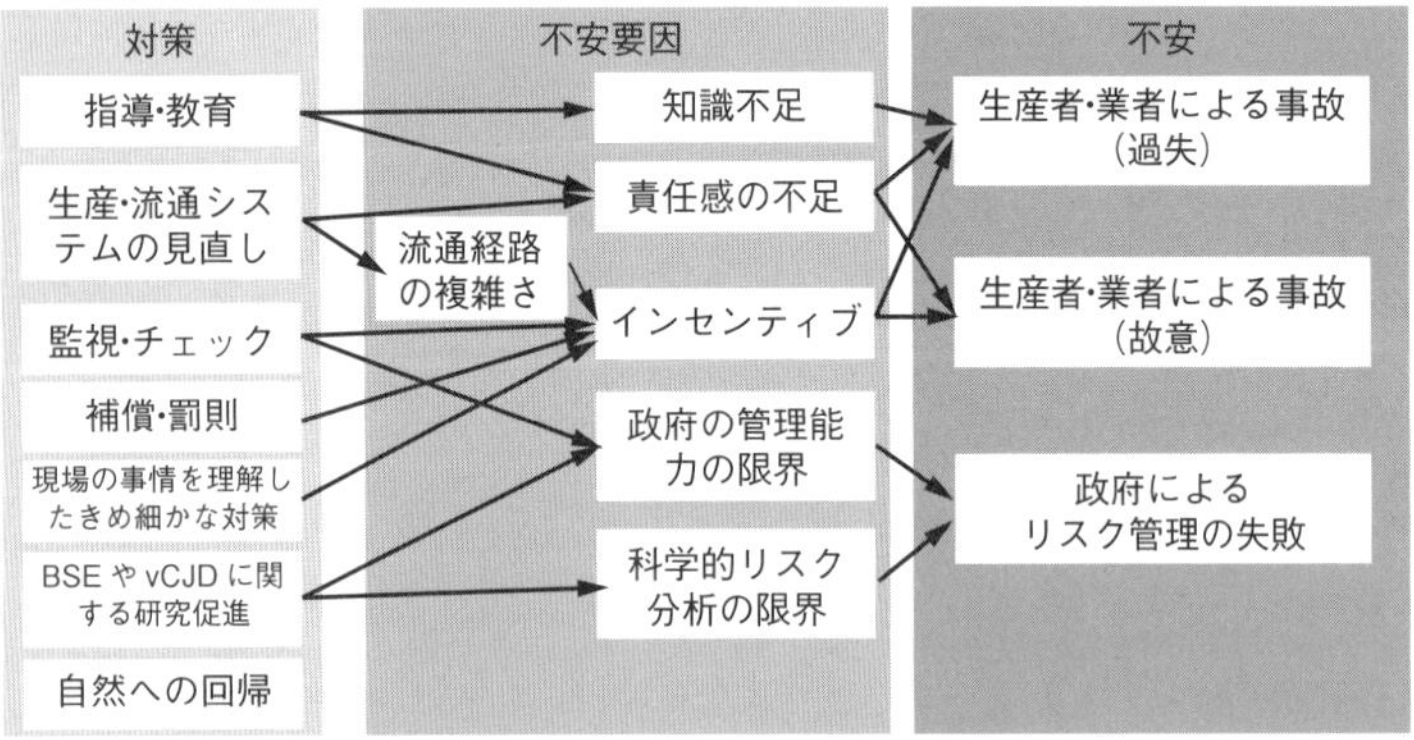

図 14-2　消費者が BSE に対して感じる不安とその要因　「安心して牛肉を食べられるようになるにはどうしたらよいと思いますか」という自由記述形式のアンケートに対する回答を KJ 法によって整理し、意味づけたのもの（吉野ほか 2005 から引用）

主婦を集めてグループインタビューも行った。「全頭検査に何を求めているか」という問に、BSE検査の検出力を信じているという意見はあまりなかった。それよりも「全頭」が検査されるという、対策のシンプルさへの信頼がしばしば指摘された。二〇〇七年に実施したアンケート調査では、全頭検査を望む消費者の五七%が、全頭検査を見直すと「二〇カ月齢以下でもBSEの感染が明らかになるかもしれない」という科学的判断への疑いを指摘し、四八%の人が「事故や不正により二一カ月齢以上の牛までもが検査されないかもしれない」と検査体制が複雑になることで起こる事故を懸念していた。

「安全ですよ」とだけ言われても

牛肉のリスク管理は、以前は行政の監督の下で、生産者や流通業者が行ってきた。しかし、BSE騒動以降、牛肉の安全性を第三者の立場から科学的に評価する必要があるということで、食品安全委員会

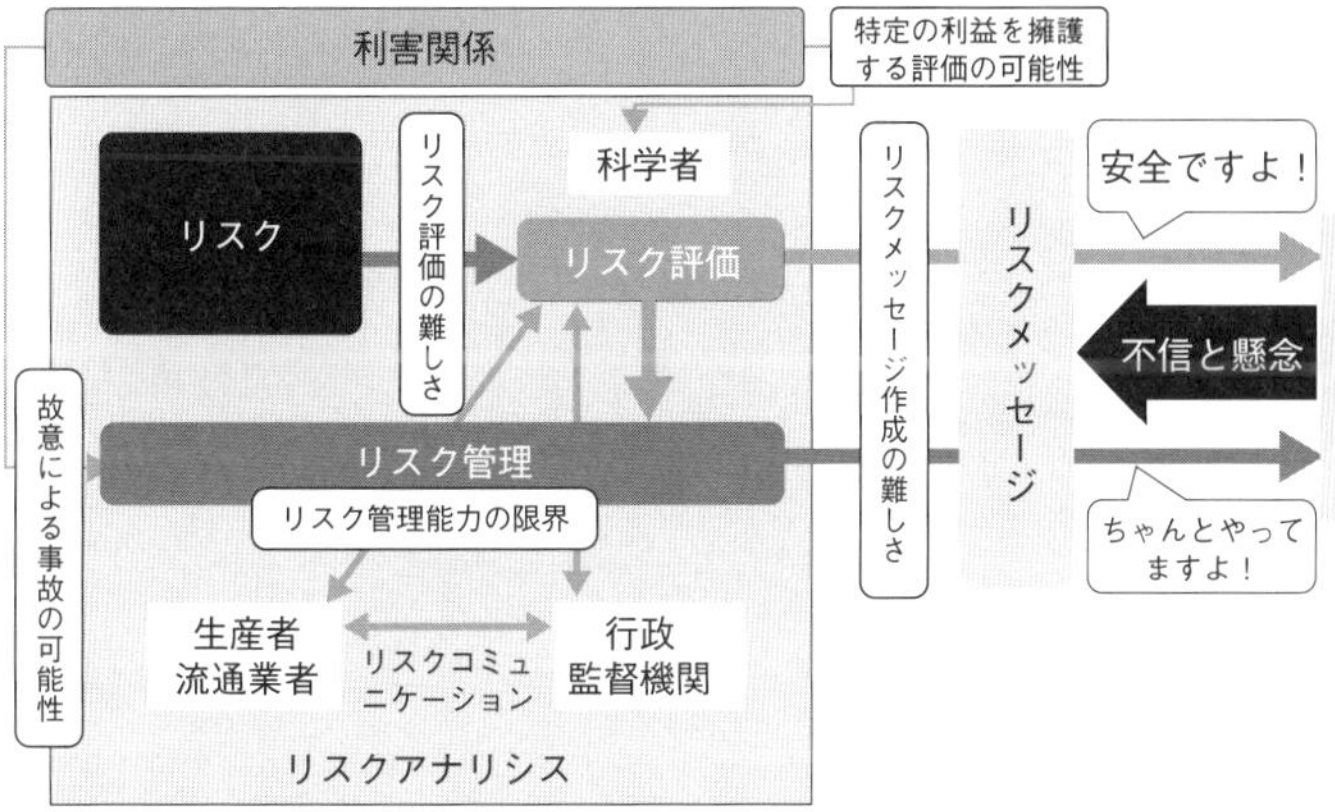

図 14-3　対消費者リスクコミュニケーションの阻害要因　日本では、BSE 騒動を機に、リスクアナリシスという考え方が導入されたが、そこにも消費者が懸念を抱く余地は残る　しかも、BSE 騒動ではリスクメッセージがリスク評価に偏っていた

が立ち上げられ、リスク評価が独立して行われるようになった。このような役割分担においては、食品安全委員会が、消費者に対して科学的リスク評価の結果を伝え、行政や生産者・流通業者がリスク管理の徹底を訴えなければならない。しかし、ＢＳＥ騒動において、「安全ですよ」というリスク評価を頻繁に耳にすることはあっても、「ちゃんとやってますよ」というリスク管理の徹底について聞くことはなかった。消費者の不安はそこにあるにもかかわらず、リスクメッセージはリスク評価に偏重していた。

　さらに、ＢＳＥ対策が遅れたのは生産側しか見ていなかったからだと指摘され、流通在庫買取をめぐる不正事件まで起こった。リスク管理を「ちゃんとやってますよ」という訴えがないのは、やらないのではなく、できないのだろう、と言われても仕方がなかった。

「全頭検査」は不安を覆う方便だった

そのような中で、全頭検査は当を得た対策だった。BSE検査そのものに対する安心感は十分なものではなかったが、食卓に届く牛はひとまず全頭が検査されている、その対策のシンプルさが、リスク管理に要求される能力や不正の余地の小ささを納得させるものだった。BSEの科学的解明もリスク管理体制の徹底も伝えられることなく、そうした全頭検査だけの見直しが行われても、消費者が抵抗するのは当然だった。全頭検査は、法的には二〇〇五年八月で見直されたが、二〇〇八年七月まで全頭検査を実施するための補助金は継続され、それ以降も各都道府県によって独自に継続された。

二〇一〇年、日本におけるBSE発生件数は〇となった。BSEの発生から一〇年以上が経過し、BSEの不安を口にする消費者はほとんどいなくなった。二〇一三年四月に、再びBSE検査が見直され、発生状況調査が二四カ月齢以上、食肉検査が三〇カ月齢以上に引き上げられた。さらに同年七月には食肉検査の月齢が四八カ月齢以上となった。そのような改正に反対する大きな声は聞こえない。リスクそのものが目に見えて減少し、話題としても風化しながら、ようやくBSE騒動の傷は癒えつつある。しかし、政府や生産者・業者に対する信頼が回復したとは思えない。

むすび――そして「フクシマ」へ

リスクコミュニケーションの現在の最大の関心時は、福島第一原発事故に伴う放射性物質汚染問題である。生産者がいくら除染を行っても、生産物の線量を測っても、福島県やその近隣県の農水産物が売れない。政府によってセシウムと当量の基準値が設けられ、それに基づいた出荷前検査などのリスク管理が行われている。検査結果についてもネット上でいつでも確認できる。生産者や流通業者には、独自基準を設けて検査を行っている者も少なくない。しかし、基準値設定に対する懐疑、検査の精度など、リスク評価やリスク管理が信用されていない。「わかりやすい」が「不正確」な情報が垂れ流され、不安は煽られ、産地偽装を疑う者、東電の情報隠蔽を口にする者、リスクコミュニケーションは破綻している。

「安全」だと言うリスク評価はなぜそう言えるのか、そのリスク評価を信用できない人は、何が不安なのか、その不安に「安全」だと言う人はどう応えるのか、不安な人は何をすればよいのか、そうした理解や不安・懸念を、社会的に議論し共有できるプラットフォームが必要なのである。それは、WikiPedia のような無政府的なシステムであるのか、既存マスメディアの果たすべき役割なのか、それを目標とするＮＰＯの創設が必要なのか、やはり政府が築くべきものなのか、わからない。

しかし、福島県で消費者の支持を得ている桃農家もいると言う。それは、苦闘の中で得た信頼であることは間違いないが、単に科学的評価を伝えたり、第三者機関の認証といったお墨付きをもらったりする手法ではなく、一つの人格として問題に取り組み、対話している結果である。そのあたりに解決の糸口はあるのかもしれない。

［吉野　章］

第Ⅲ部　自然災害への適応力をどのように高めるか

第15章

自然災害と地域社会

日本人は昔から地域で起こる様々な災害とともに暮らしてきた。特に記憶に新しいのが東日本大震災や紀伊半島大水害（平成二三年台風第一二号）などの激甚災害指定を受けた自然災害である。人々は、自然から恩恵を受けながら暮らしを営んでいる。その一方で自然は災害という脅威も同時にもたらす。しかし、人々はその土地に住み、被災したら生活を再建し、災害に備え、その経験を伝えながら生きてきた。日本は防災大国だと言われるが、伝統的に人々はどのように災害に備えてきたかについて知る機会は少ない。

近代化、都市化が進む現代において自然や災害との関わりが変化する一方で、先人たちの知恵や努力から学ぶことは多いのではないだろうか。ここでは、日本の伝統が今でも残る地域で行われている地域住民主体の自主防災活動を紹介しながら、災害とともに、そして地域の人々とともに生きるという課題について解説する。

地球環境と防災

日本は、その位置、地形、気象等の自然環境から、地震、台風、洪水、土砂災害、津波、豪雪、火山噴火など年間を通じて様々な災害の危機にさらされている。世界でも有数の災害多発地域である。昭和二〇年から三〇年代前半までは、自然災害による死者が一〇〇〇人を超える災害が頻発し、特に伊勢湾台風（一九五九年・昭和三四年）で死者五〇〇〇人を超す甚大な被害を受けた[1]。この経験をもとに、災害対策基本法等の法制度や構造物対策、気象観測技術などの発展・向上が進められた。その後大きな台風や地震の発生が少なかったこともあり、昭和三〇年代後半以降、自然災害による死者・行方不明者は著しく減少し、日本は高度成長を成し遂げてきた。

しかし、一九九五年一月一七日に発生した阪神・淡路大震災は、死者六四三四人、負傷者四万人、経済被害約一〇兆円もの被害をもたらし、それまで作り上げてきた日本の防災体制や構造物対策に関する考えに転換を迫る災害となった。また、新潟県中越沖地震、石川県能登半島地震を経験後、二〇一一年三月一一日に発生した東北地方太平洋沖地震（東日本大震災）では、マグニチュード九・〇を記録し震度六を超える揺れとともに沿岸部は津波に襲われ、死者約一万八五〇〇人、行方不明二六〇〇人（平成二五年三月一一日現在[2]）という甚大な被害となった。さらに、人々の生活に大きな影響を与え、人々は現在も復旧・復興の過程に置かれている。このように、自然災害は、これまでに想定されていなかった規模で発生し、人命のみならず、インフラから人々の生活といった多岐にわたる分野が大きな影響を受けることが明らかになっている。さらに、近年は、都市化や高齢化など、社会システムが今まで以上に複雑化しており、多様な影響が思わぬところに出てくるようなことも起きている。

このような突発的に起こる自然災害に対処していくためには、行政だけではなく、地域社会（地域コミュニティ）が主体的に日常から作りあげてきた人間関係やこれまでに各地で培われてきた災害対応、防災への知恵や知識を生かした取組みを行っていくことが重要となる。災害時および復旧・復興時における地域社会の重要性に関しては、阪神・淡路大震災で警察や消防などの公的機関がマヒ状態に陥った際に、住民間の助け合いによって瓦礫の下敷きになった人の約八割が助け出されたことや東日本大震災では地域住民や消防団が避難・誘導に尽力したこと、地域住民を主体とした仮設住宅や産業復興の取組みからも明らかである。

災害と地域社会

我々は、災害と自然の外力（ハザード）とを同じものとして考えがちだが、同じ規模の台風または地震が、異なる二カ所の土地に同じ被害をもたらすとは限らない。もちろん、自然災害そのもののもつエネルギーは大きく破壊的だが、災害や災害によって引き起こされる被害は、特定の地域の社会的脆弱性を媒介して初めて顕著になる。災害心理学で著名な安倍北夫氏は、このような地域社会の媒介的特性を、「そのコミュニティのもつ防災特性、あるいは端的に防災力」と呼び、コミュニティの特性を、地理的・物理的・社会的・人的特性、そしてコミュニティの人間的結合や連帯性、話し合いの三つの次元から明らかにできるとしている。これに加えて、地域の災害下位文化として、防災についての知識や訓練、過去の災害経験や防災組織の存在と参加の重要性を述べている。

災害研究で国際的にも著名なワイズナー氏は、災害のリスクは自然外力と災害にさらされる人々の複合関数であるとし、災害リスク（RISK）＝自然の外力（HAZARD）×社会の脆弱性

（VULNERABILITY）という関係で示している。[3] このように、災害は、地域社会の状態・状況なしには語ることができない。災害前にどのような地域社会がそこに形成されていたか、特に災害に脆弱な状況に置かれている人々がどの程度存在したかによって、災害やそれによる被害は大きく変わってくることになる。よって、災害研究において、地域社会そして人々の日常を対象とすることは大きな意味をもっている。

伝統的な地域共同体と自主防災

日々の暮らしの中には様々なリスクが存在する。そのリスクまたは災害はいつ起こるかわからない。昔から日本の農山漁村で暮らす人々は突発的に発生する災害にどのように対処してきたのだろうか。

日本社会独自の自然村という理念を形成した鈴木榮太郎は、日本各地の村では厳しい自然から自らを守り、生活の場となる共同体を形成してきた背景から、村落社会を定義して、「共同防衛の機能と生活協力の機能のため、あらゆる社会文化の母体となってきたところの地域社会統一」であると述べている。[4] さらに、人々は常に自然災害のような人間が支配できない環境に由来する圧力、農民の相互の利害や考えの違いという社会システムから生まれる圧力、そして年貢や利子の支払いや兵役などの政治経済的な圧力といった三つの圧力にさらされており、これらの圧力に対処する方法こそが、共同性を身につけ、地域社会を形成させたゆえんであったと述べている。このように、日本の各地では、生活の中に起きる様々な危機・災害や問題に対し、地域社会独自で対応し、維持してきた歴史がある。これは、日本各地にある村々には、自律的な地域社会が確立されているということでもある。

社会学の鳥越皓之氏は「水利組織、道普請などの共同労働組織、祭祀事組織、講などの信仰組織、消防・防犯の組が原則としてすべて、江戸時代の村を単位としてすでに成り立っていた」と著書で述べている(5)。このように、時には町村制などの国家政策の影響を受けながらも、村は常に一定の自律性をもって自らを組織化し、基礎的なルールの下で運営されてきた。そして、地震、洪水、火災などの災害や防災に対応することが、生活を維持する中で最も重要な事柄であったことは各地の歴史や市町村史をみても明らかである。

若者と消防団

村落では、年齢構成によって、それぞれが特定の機能を果たすために組織化・階層化がなされてきた。例えば、年寄組、青年団、婦人会、子供会などがそれである。これらの組織の中でも特に防災の役割を担っていたのが、青年団(若者組とも呼ばれる)であった。村の生活では、結婚して一戸を構えることが一人前とされ、青年団に加入するのは一五歳から一人前になるまでの期間の男性であった。若者組は、土木、消防、警備、災害救助などを行うとともに、祭礼においても大切な役割を担っていた。そして、これらの活動を通じて一人の若者を一人前に教育する場でもあった。

若者たちが担ってきたこれらの役割は、自治体消防制度や第二次世界大戦中の警防団などを経て、消防団という形で組織化されていく。消防署は災害時にすぐ出動・対応ができる組織体制(常備消防)で地方公務員によって構成されている。一方、消防団は通常自らの仕事をもち、災害時には現場に駆け付け初期消火や災害対応を行う地域の住民からなる組織(非常備消防)である。消防団員は市長によって任命される準公務員であるが、給与を伴わないことから義勇精神に依存した組織である。[*1]

日本ではほとんどの市町村に常備消防が整備されているが、消防署に十分な人員が配置されていない地域にあっては、消防団がその役割を全面的に担っている。消防団は、地域密着性、要員動員力、即時対応力といった三つの特性を生かしながら災害時の緊急対応、事後処理等を行うほか、大規模災害時には住民の避難誘導の支援や災害防御を担う。また、平常時においても火災予防の啓発や地域に密着した活動を行うなど、地域の安全確保のために果たす役割は大きい。

しかしながら、近年は産業構造の変化や過疎化による人口減少、地域の連帯意識が希薄になったことなどを理由に消防団員の数は減少傾向にある。ピーク時には全国で二〇〇万人を超えていたが、平成二四年には、九〇万人を下回っている（平成二四年防災白書参照）。

地域社会での防災の取組み

地域防災を社会学的視点から捉える場合、組織化された社会生活とそれが人間の行動や意思決定に及ぼす影響について考察しようと試みる。ここでは、伝統的な地域自主防災の取組みについて岐阜県白川村の事例を紹介する。

合掌集落を守る人々——白川村荻町地区の事例

白川村は、岐阜県の西北部位に位置し、一九九五年（平成七年）一二月に、日本の伝統的な茅葺屋根の合掌家屋と田園風景を今も継承する地域として「白川郷・五箇山の合掌造り集落」として世界文化遺産に登録された。当地域では火事から合掌家屋を守ろうと長年にわたり多様な活動が継続的に行われてきた。しかしながら、景観や建造物などに注目が集まるも、それらを守る活動やそれらを行ってきた地域住民の努力はこれまであまり知られてこなかった。その理由の一つには、地域住民が日々行う活動はなかなか文章という形で記録されず、多くの活動や経験が口伝で地域住民に伝えられていることと、活動を行ってきた本人たちがそれを日常の当り前のこととして捉えているため特別なことと考えていないことが指摘できる。

合掌集落と火災の記憶

白川村の人々は、その厳しい自然環境から、飢餓、洪水、豪雪など歴史的にも多くの災害を経験してきた。その中でも火災は、人々に最も恐れられてきた。昔はどの家にも囲炉裏があり、生活の中心として重要な役割を果たしてきた。囲炉裏の火は夜間も絶やされることはなく、灰を被せて火種を保ち続けていた。そのため、不注意によりたびたび火事が発生していた。白川村の合掌家屋は茅葺屋根であるために、いったん火が付くと火の粉によって次々に延焼し、集落全体が大火に巻き込まれることが歴史上数度記録されている。一九一二年（明治四五年）には、荻町近隣地区で五七戸（約七割）が焼失しており、当時の被害の大きさや深刻さを資料から読み取ることができる。また、火災は高齢者の記憶に今でも鮮明に残っている。聞き取り調査では、火が猛烈な勢いで燃え広がったこと、当時は消火栓等が整備されておらず手押しポンプやバケツリレーによる消火手段しかなかったこと、さらに、家屋は屋根が高く（約八メートル）、一度燃え出すと三〇メートルもの高さに火の粉が吹き上がり、手のつけようがなかったことなどが語られた。このような火災の経験を通じて、住民は火災の恐ろしさを再認識し、火災を出さないよう防火予防に一層気をつけ、気を引き締めていた。

表 15-1　火の番廻りの概要

回数	呼び名	時間帯／道具	組織担当	方法	目的
1	火の番	11 時頃／声掛け	各組女性	「火の番お願いします」と一軒ずつ声をかけて回る	昼食の準備時間の注意発起
2	夜廻り	18 時頃／拍子木	各組女性	拍子木を鳴らしながら組内を歩いて回る	夕食準備時間の注意発起
3	夜廻り	20 時頃／錫杖	各組男性	錫杖を引きずりながら歩き玄関前で一突きし、声をかける	就寝時間の注意発起
4	大廻り	23 時頃／拍子木・記録帳	地区男性	二人一組で拍子木を鳴らしながら歩き、地区内各所に設置された文字印を記録帳に押して回る	就寝後の注意発起

※現在では女性が夜回りや大回りを行うこともある

火の番廻り

白川村では昔から住民の主体的な活動として「火の番廻り」と呼ばれる防火活動が行われている。いつから始まったのか、その起源の詳細は明らかではないが、一九〇六年の区長会の記録に、最も火気に注意を要する時期であるため、各戸交代に夜番の実施をするなど策を講じるよう推奨するとある。また、白川村荻町の民家には、大正一二年五月に作成された木札に「夜警順番札　白川村青年団荻町分団」と記されたものが残っていることから、この当時すでに青年団によって火の番廻りが行われていた。この火の番廻りも白川村の各地区で行われていたが、時代の変化に伴い徐々に行われなくなってきているが、荻町地区では現在でも毎日この火の番廻りを続けられている。

火の番廻りは、昼食や夕食の準備時、就寝とその後の一日四回行われる。各火の番廻りは主に約一五～三〇世帯で構成される班単位を対象に一世帯が担当し、次に引き渡される。ただし、夜の大廻りは地区単位を対象として二世帯が地区全体を拍子木をたたきな

図 15-1　錫杖

図 15-2　白川村消防団

がら廻り、さらには地区内各所に設置されている印鑑を記録帳に押して歩き「火の番巡視」を揃えて終了という念の入れようだ（表15-1参照）。

火の番廻りでは、拍子木、錫杖、記録帳といった道具が使われている。拍子木は四角の棒状の木材を二本一組に結び、音を鳴らす道具で日本では古来から様々な用途に使われてきた。拍子木を両手にもってたたくと、「カーン、カーン」と音が響き、これをたたきながら地域を歩くと、誰かが火の番廻りを行っているのだとわかる。この音が間接的に火災への注意を呼びかけ、人々の意識を高めることにつながっている。白川村では、拍子木は神聖なものとされ、また、拍子木に関する言い伝えがある。また、錫杖も路面を引きずる「ジャラ、ジャラ」という音が悪霊を攘却する呪力があると考えられている。これらの道具を代々受け継ぎながら活動を行うことで、眼には見えないものへの恐れと、活動と道具への神聖性、そして先人たちが行ってきたという尊敬の念などの複合的な要因が、現在でも火の番廻りが継続されることにつながっている。

消防団の役割と意識形成

白川村では、消防団が防災（防火）や災害時の対応を主体的に行っている。彼らの活動は、初期消火、行方不明者の捜索、大雨洪水時の土嚢設置などの災害時対応に加え、火の元検査、貯水槽の清掃、放水銃点検の補助、消防機材の操作方法訓練、夜警、雪に備えての消火栓の保護・ポールの設置、祭りの警備など防災（防火）への備えと、年間行事は五〇件以上に上る。

消防団に聞き取り調査を行ったところ、若者が多かった時代には、消防団に入らないかと声をかけてもらえることは嬉しいことだったという。現在では、初めは消防団に入るのが嫌だったが、ほぼ義務として入団する者がほとんどだ。しかし、日々の活動の中で異なる年齢層や異業種間の交流といった縦と横のネットワークができ、共に訓練することで目標や意識を共有し、次第に消防団としての地域における役割を果たすことの重要さや村の一員としての役割を認識していく。白川村には高校がないため、中学を出てから近隣の都市で下宿しながら学生生活を送る者も多い。このため、成人して村に戻ってきたときにまず受け入れ先となるのが消防団である。消防団は、地域の様々な人脈やルールを知る場であり、一人の若者を受け入れる窓口でもある。

そして、地域の人々も消防団員となった彼らを一人前と認識し、ご苦労様と声をかけ、大雨のときなどに近所を見回ってくれている彼らに感謝の気持ちを抱いている。このように、地域のために活動し、それを地域の人々がきちんと認識していることを知ることで、消防団員としての責任感が育っていく。毎日および定期的な活動とそこで形成される人間関係が、消防団員そして地域住民の地域および防災意識向上の一旦を担っている。

伝統的地域防災の仕組み

白川村では、まず「火を出さない」ために住民が日々小さな努力を積み重ねている。町内会と消防団では、地域の中での役割は異なるものの、どちらも「地域のため」の組織・活動であり、そのために参加するという意識が共通して存在する。そこには地域への愛着や共同体の意識がある。またそれは、地域住民がこれまでに構築してきた自立（自助）と助け合い（共助）のバランスであるとも言い換えられる。自分の家は一人では守れない。自分の家を守るためには、近隣住民の助けが必要であり協力する必要がある。白川村では、先に紹介した事例のように、有事に備えた日常からの活動、地区単位（強制）と組単位（柔軟）での活動、男女の役割分担・認識等が自生意識（自ら）と地域の助け合い（相互扶助）や年齢、世代、業種を超えた人間関係（ネットワーク）を構築し、全員参加による経験の共有によって、地域の防災・防火に対する知識と意識が高まるという重層的な仕組みが構築されている。この仕組みが、伝統的そして自主的な地域防災の継続性を支えている。

災害とともに生きる

自然に起こる現象を止めることはできない。ここに紹介した事例においても、人々は、災害に備えて地域や近隣の人々と関わり合いを持ち、組織を作り、自立した社会を構築していることがわかる。日本人は、自然という恩恵と災害の双方をもたらすものとこれまでの長い歴史の中で共存してきた。家が燃え、地域が流されても人々はそこに住み、そして町を再建してきた。その根底にあるのは、地域社会（コミュニティ）を基盤とした人々の共存と信頼関係の構築なのである。

高齢化や過疎化など社会構造が変化し多様化する中で従来のような伝統的な防災体制や方法では、

地域の安全を確保し、人々の意識を維持することが難しくなってきている。このため、住民が自主的に体制を構築していくことが求められている。本章では主に伝統的な町内会や消防団の活動を取り上げたが、どこの地域にも存在する一連の地域組織が、いかに連携、協同し、地域の安全を守っていくかが重要となっている。

［落合知帆］

＊1　詳細については、総務省消防庁のウェブサイト、内閣府発行の防災白書、後藤一蔵の『国民の財産 消防団——世界に類を見ない地域防災組織』（近代消防新書）を参照されたい。

第16章

東日本大震災から学ぶコミュニティ防災へのアプローチ

コミュニティは、災害発生時に初動対応者となるケースが多い。戦後日本最大級の被害をもたらした東日本大震災の被災地においても、コミュニティの住民が初動対応者となり、個々が取った対応は人々の運命を大きく左右した。コミュニティの災害時の対応行動は、災害前からの備え（preparedness）のレベルによる部分が大きく、阪神淡路大震災の教訓でもある「公助」「共助」「自助」にかかるコミュニティが有する能力により決定される。これは災害への応急対応、その後の復旧・復興、予防の全過程においても、コミュニティが主体となり災害に強いまちづくりに向けた取組みを行う際には重要となる。ここでは、東日本大震災からの経験と教訓を事例として挙げ、コミュニティが防災力を向上するための取組みの可能性を解説することとする。

コミュニティ防災の必要性

災害が発生すると、その規模にかかわらず最も影響を受けるのは地域コミュニティである。特に大災害の発生後、行政による支援が届くまでの時間においてコミュニティは自らの判断および行動で生命や財産を守りお互いに助け合わなければならず、これには発災前から防災力と体制の強化を行っておくことが必要である。さらに自助と共助の能力を緊急時に発揮させるには、人々の平常時からのつながりや信頼関係が欠かせない。地方自治体などの行政機関においては、地域コミュニティが防災という切り口でつながるためのサポートを提供し、復興計画および防災計画を策定する際には、コミュニティの参画を得るための対策を取ることが求められる。また、災害常襲地のコミュニティは、地域特有の防災知識を有している場合が多く、これを効果的に防災対策に取り入れるためにもコミュニティの参画は必要である。コミュニティ防災を効果的に実施するための主要点を次の通りまとめた。

1　地域住民のコミュニティ防災への参加――コミュニティ防災の主役である人々の参画は防災対策の有効性および一連の活動の継続性を高める。また、防災活動は、持続的な地域開発にも貢献する。

2　社会的脆弱者への配慮――コミュニティ防災において、子ども、女性、高齢者、障害者などの社会的弱者の参加は重要であり、社会的弱者のニーズは優先的に配慮されるべきである。

3　地域の特徴に適したリスク軽減――防災対策は地域が有するリスクや人々のリスクに対する認識を把握した上で決定されるべきであり、これには様々な参加型手法の活用が可能である。

4　地域特有の防災知識の活用――コミュニティは、災害経験と教訓からの知識、人的・組織的リソースを有しており、これをさらに強化し、防災対策に活用することが可能である。

5　防災と地域開発の関連性――コミュニティ防災の最終的な目的は、個人やコミュニティの能力強化を通じて災害に強い安全な社会を形成することであり、これは持続可能な地域開発を実現するためにも不可欠である。

6　地域内外の関係者による役割——行政機関は、コミュニティ防災を制度化する役割を担っており、NGO／NPOはコミュニティを側面支援する役割をもつことが可能である。これらの関係者によるパートナーシップを形成し強化することは、地域の防災力を向上させるために有効である。

コミュニティ防災は個人や一組織の取組みだけで実現するのは困難であり、行政がすべての責任を担うことも不可能である。前述の通り、コミュニティ防災を成功させるには、災害時に最も影響を受けるコミュニティの人々の参画とコミュニティを支援できる地域内外の関係者による協働体制を平常時から構築することが重要である。

東日本大震災とコミュニティ

東日本大震災は、日本における観測史上最大のマグニチュード九・〇を記録、場所によっては波高一〇メートル以上、最大遡上高四〇メートルにも達する大津波を引き起こし、東北地域を中心に甚大な人的・経済的被害をもたらす戦後最大の災害となった。今回の震災の大きな特徴としては、被害が複数県と広範囲におよび、地震、津波、福島第一原発の事故が同時に発生する複合災害であったこと、被災地の支援活動が地域内外の様々な関係者（NGO／NPO、個人ボランティア、海外の救援隊など）により行われたことが挙げられる。

図 16-1　釜石市の被害の模様　左）鵜住居東中、右）唐丹町小白浜

当地域は歴史的に地震・津波災害が多発する地域であり、明治三陸地震（一八九六年）、昭和三陸地震（一九三三年）やチリ地震津波（一九六〇年）が発生した際にも沿岸部の市町村は大きな被害を受けた。この歴史的背景もあり、国は一九七〇年代後半より巨費を投じ、津波防波堤を含む多くの防災構造物を建設した。また、地域住民の災害の経験は、地域中に建てられた津波の到達点を示す記念碑や「津波てんでんこ」のような地域特有の言い伝えの中で受け継がれてきており、地域住民の防災への意識を高めてきた。これらのハードとソフトによる防災対策は、コミュニティの東日本大震災への応急対応において一定の効果はみられたが、さらなる方策が必要であることも明らかにした。

なお、震災により住宅、職場や学校を含む公共施設を失った地域住民は、元の居住地から離れた仮設住宅や避難先の馴染みのない環境の中での生活を余儀なく送っており、これはコミュニティの復興の大きな障害となっているだけではなく、地域の防災力の低下にもつながっている。他方、復興過程の中で得られる政府、ＮＧＯ／ＮＰＯなどの団体からの支援や復興資金は、地域振興の推進や少子高齢化などの社会問題への対策をさらに強化する機会であり、プラス要因も復興の中では共存する。復興まちづくりは、今後五～一〇年以上の長期間に及ぶことが予想されるが、継続的に実施するにはコミュニティの早急な再生および維持が不可欠である。では、具体的にどのような方法をもってコミュニティを再生し、地域が一体となり復興とまちづくりに取り組むことができるのであろうか。次にコミュニティを主体とした復興のオプションとして岩手県釜石市および宮城県気仙沼市からの事例を紹介する。

学校を中心とした復興まちづくり——岩手県釜石市からの事例

東日本大震災の被害が最も大きかった岩手県、宮城県、福島県では、六〇〇〇名以上の児童・生徒・教職員の生命が失われ、六〇〇〇件以上の教育施設が被害を受けた。校舎が使用不可となった学校の児童生徒は、仮設校舎等での学校生活を続けており、そのほかにも一万人以上（ピーク時）が県内外へ転校することとなった。このような状況下、文部科学省は二〇一一年一〇月、一都一五県の教育委員会に対し、学校の復旧・復興にかかる「学校からのまちづくり」という提案の通知を発出した。内容としては、①学校の安全・安心の確保、②避難場所又は防災拠点として機能を充実するための整備、③太陽光発電や省エネを利用した防災拠点としての持続性の確保、④学校と他の公共施設（公民館、社会福祉施設など）複合化の四点が挙げられており、日本における学校の拠点性を利用し、学校の復旧・復興を通じたコミュニティ全体の復興とまちづくりの促進を目標としている。日本では公立学校の九割近くが市町村の指定避難所になっていることから、学校の安全性の確保と防災拠点としての強化は欠かせないが、コミュニティのつながりを通じた復興まちづくりを視野に入れた学校の複合化は、これまでにないユニークな復興のコンセプトである（図16-2）。

岩手県のリアス沿岸部に位置する釜石市では、二〇一一年二月時点の人口約四万人のうち、震災に

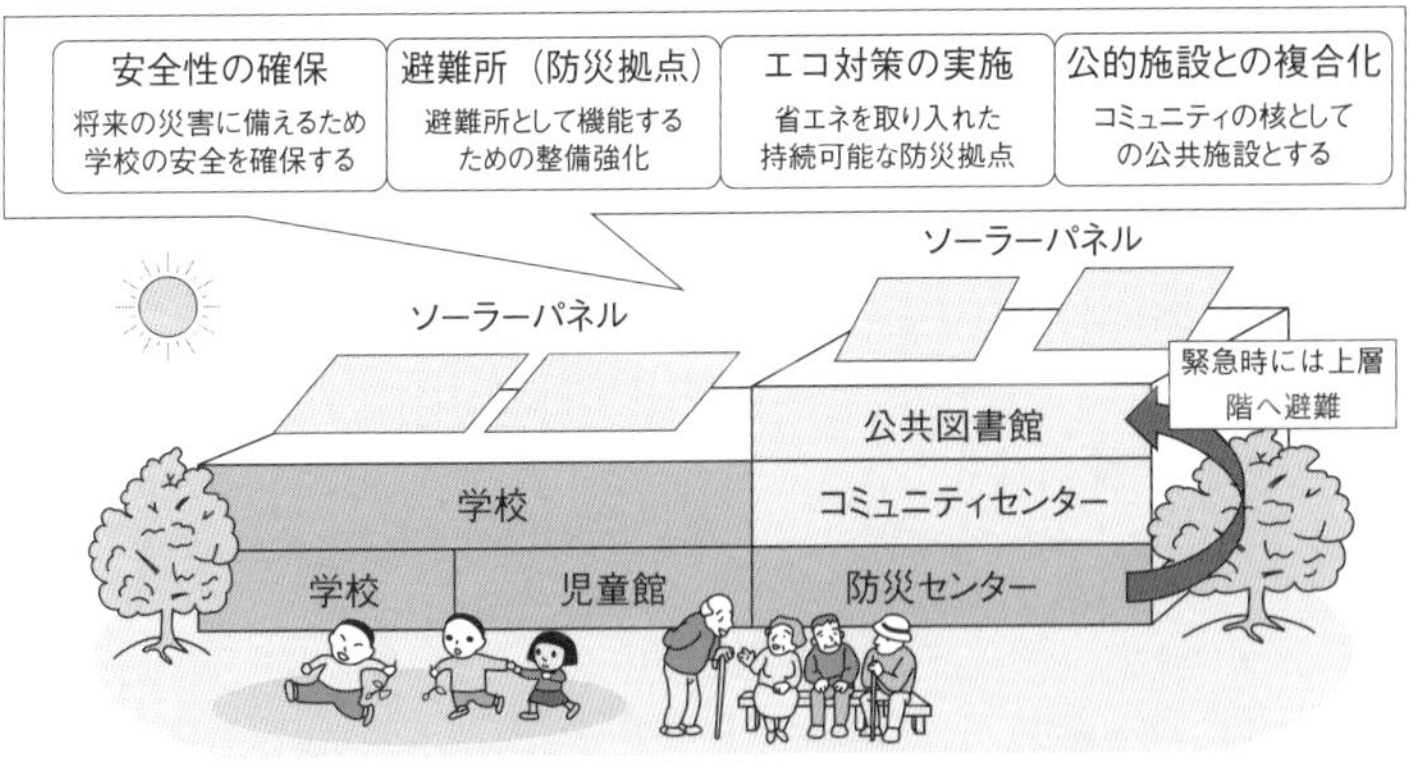

図 16-2　学校を中心としたまちづくり　（文部科学省）

より一〇〇〇人以上の死者または行方不明者が発生した。最大避難者数は一万人近くに上り、約三七〇〇戸の住家が被災し、産業、商業・公共施設ともに多大な被害を受けた。公立学校においては、小学校二校（鵜住居小学校、唐丹小学校）、中学校二校（釜石東中学校、唐丹中学校）の校舎が使用不可能となり、釜石市は被災学校の迅速な復旧・復興を目指し、「学校からのまちづくり」のコンセプトを復興計画（釜石市復興まちづくり基本計画―スクラムかまいし復興プラン）に取り入れた。図16-3は復興計画の中で学校の復旧・復興に関する箇所を抽出したものであり、安心して子育てができる環境づくりと学校の生活・防災拠点としての充実を基本方針として示している。具体的には、学校を安全な場所への移転、学校施設と他の公共施設（児童館、福祉施設、防災施設など）、または公共サービス機能の複合化、避難所として機能するための整備の強化を通じて学校を核としたまちづくりを実現することを目標としている。

ここで事例として取り上げる唐丹小中学校が位置す

■ **基本方針2：安心できる子育て環境の整備**

➢…被災した児童育成クラブ…放課後活動の充実…鵜住居小学校・唐丹小学校の本校舎建設に併せた施設整備…

■ **基本目標6：強く生き抜く子供を育てるまちづくり**

➢…被災した小学校2校、中学校2校は、より安全な場所へ移転…生活・防災拠点等の新機能を兼ね備えた地域を支える学校の整備…

■ **スクラム11：新機能で地域を支える学校の整備**

➢…新設に当たっては、安全な同一空間への立地を図り、それぞれ連携しやすい教育環境を考慮…防災拠点として機能の強化を図ります。…社会教育施設や福祉施設、集会施設など地域の活動の場としての機能も兼ね備えた、まちづくりの核となる施設としての整備を検討…

図16-3　釜石市の復興計画　（学校の復旧・復興に関する部分）

る唐丹地区は、釜石市の中でも特に教育熱心な地区として知られており、子供がいない高齢者世帯でも文化祭や運動会などの学校行事に参加し、学校側も地域の協力を得て体験学習を定期的に実施するなど、学校とコミュニティの交流は盛んであった。しかし、小中学校が同時に損壊し使用できなくなったことにより学校行事や学習活動は中断され、地域住民の交流の機会は減少した。このような状況下、釜石市教育委員会は、唐丹小中学校を復旧・復興するための対処方針を協議するため、専門家、被災学校の校長、PTAの代表者、町内会長、教育委員会や防災危機管理課などの市の関連部局が構成する唐丹地区校舎建設検討委員会を設置した。同委員会は、二〇一一年一二月に第一回の会議を開催し、新校舎の建設場所、校舎のデザイン、小中一貫校の検討、避難路のアクセスなど、短期的に対応が必要な課題から協議を始めた。他方、より長期的な課題である復興とまちづくり、また、その中での学校の役割について、地域住民の意向を確認する必要性から地区の代表者に対する聞き取り調査と全世帯に対するアンケート調査を実施した。調査結果の要旨は次の通りである。

1　唐丹の地域力、教育や文化を重視する姿勢、防災への認識の高さは地域住民の東日本大震災への対応の際、有効に働いた。この特徴は今後の復興まちづくりのためにも維持・強化されるべきであり、その中で学校は重要な役割を果たす。

2　唐丹中学校は指定避難所であり、その防災拠点としての機能は更に強化されるべきである。方法としては、備蓄倉庫の整備や避難路の再検討の他、過去の災害経験により培われた地域特有の防災知識を活用した、地域と共同で行う防災教育・活動の充実などが有効手段として考えられる。

3　学校を児童館や公民館などの公共施設と複合化し再建することは、地域の交流を促進するので復興にとって有効である。他方、学校施設の安全や運営管理の責任の所在を十分協議し、明確にするとともに、地域が学校をサポートする仕組みを構築することが必要である。

4　新しい学校の建設の際には、将来的な少子化や住民の移転による人口減少の可能性を考慮し、児童生徒が学び続けたくなる、地域の特徴を生かしたユニークで魅力的な学校づくりを目指すべきである。これには学校と地域コミュニティが一緒で取り組む地域教育を充実させ、将来的にまちづくりに貢献する人材を育成することも必要である。

調査結果は、地域住民が学校とのつながりの復活と強化を希望していることを示し、学校を地域に開かれた公共施設にすることに前向きであることも明らかにした。一方で、学校を中心とした復興まちづくりという大きな課題は学校と教育委員会の本来業務の範囲を超えているため、計画の段階から都市計画課、防災危機管理課や地域づくり推進課などの市の関連部署、また、場合によってはNPO／NGOなどの民間支援団体との調整や協力を要することが明確となった。

幸いなことに、新しい唐丹小中学校が新設される旧唐丹中学校の敷地には、教育委員会の意向で仮設住宅が建設されなかったため、新校舎の建設は場所の最終決定を受け次第、早急に進めることが可能な状況にある。コミュニティの中核的な公共施設である学校の復旧は、復興に尽力する地域住民に復興が着実に進展していることを実感させ、通常の教育活動の再開は釜石の宝と呼ばれる子どもたちの元気な声をまちに呼び戻すため、地区全体の復興を引率することと思われる。

仮設住宅におけるコミュニティづくり――宮城県気仙沼市からの事例

宮城県気仙沼市は、人口約七万人の水産業と観光を中心に栄えた沿岸都市である。東日本大震災により約一三〇〇人の死者・行方不明者、一万五〇〇〇戸以上の被災住家、約九五〇〇の被災世帯を記録し、被災世帯は市全世帯の三分の一以上まで達した。被災者の多くは行政が用意した仮設住宅に入居することになったが、公平性の観点から入居は抽選で行われ、従前のコミュニティの関係性は考慮されなかった。結果として、多くの住居者は知人がほとんどいない孤立した環境の中で仮設住宅生活を始めることとなった。市の自治会の六割が被災し、その内の約四割が活動を休止している中、阪神淡路大震災で問題となった仮設住宅での孤独死が発生する可能性が懸念される事態となった。自宅が居住禁止区域に指定され移転が必要なコミュニティにおいては、新しいコミュニティの形成が必要で

図 16-4　仮設住宅への支援活動
左）仮設住宅団地代表者交流会、右）お茶会の活動

あるため大きな課題となっているが、被災者が自らコミュニティづくりに着手するのは困難な状態にある。

ここでは前述の状況に鑑み、震災後に結成された地元団体である気仙沼復興協会（ＫＲＡ）が神戸市に本部を置くＮＰＯの **SEEDS Asia** の支援を受け、仮設住宅の住民に対する各種支援を通じて行ったコミュニティづくりの取組みを事例として紹介する。（図16-4は活動風景）。

1　お茶会とコミュニティイベントの開催――孤立化の恐れがある独居高齢者等の見守り、異なった地域から入居してきた仮設住宅入居者のコミュニティづくりの各種活動。

2　居住者の情報共有――お茶会の促進を主な目的とし、コミュニティペーパー、コミュニティ活動事例集、「気仙沼市くらしの便利帳」を作成・配布。

3　仮設住宅団地代表者交流会――各仮設住宅の現状や課題について情報を交換し、解決に向けた取組みを一緒に考えることを目的とした仮設住宅団地の代表者が交流する場の提供。

4　地元団体の活動支援――コミュニティづくりの支援を行う地元団体への技術的支援、事業運営支援や専門家などの招へいによる研修機会の提供。

コミュニティづくりに向けて計画されたお茶会は、すべての仮設住宅で少なくても一カ月に一回開催できるようKRAにより準備が進められた。お茶会は、仮設住宅の居住者同士の会話を促進することにより人間関係を築くだけではなく、仮設住宅団地の自治組織づくりを促進することも目的とした。実際に自治会が各仮設住宅で設立された後、お茶会は自治会長が主体となり開催されるようになった。お茶会から始まった地域住民主体の活動は、地区のコミュニティイベントを開催するきっかけとなり、二〇〇人以上が来場した子ども向けの祭り（反松公園仮設住宅こども祭り―二〇一一年八月二一日に開催）、これまで交流がなかった近隣仮設住宅との行事（ハートフルin水梨―同年九月二三日に開催）などが継続的に開催されることとなった。このほかにも、仮設住宅住民と地域外との交流活動として、神戸との手紙による交流を内容とするツタエテガミ・プロジェクトなどが実施された。活動の多様化は、お茶会を通じたコミュニティづくりの持続性にも貢献し、特に家から外出したがらない住民を巻き込むためにも効果的であった。

震災の影響でコミュニティが崩壊し、人々のつながりが弱化している状況の中でのコミュニティの再生は困難を極める。ここで事例として紹介したお茶会とそこから発展した自治会の設立や仮設住宅団地代表者交流会の連絡組織の結成は、復興プロセスの中での地域住民が主体となり実施するコミュニティづくりの活動の効果性と重要性を物語っている。仮設住宅におけるこれらの活動は、初期段階においてはNPO／NGOなどの外部団体の支援を必要とするかもしれないが、段階的に住民や地元団体に引き継がれることにより持続性が確保されるものと期待される。

今後に向けて

復興プロセスはダイナミックであり、状況は常に変化するものである。その中で復旧・復興とまちづくりと将来的な災害に備えるための防災力の強化を持続的に行うには、これらのプロセスにコミュニティが中心的なアクターとして関わることが鍵となる。例えば、地域のハザードマップを作成する際には、住民が自らまちを歩き危険区域を確認するタウンウオッチングを行うことにより、コミュニティは危険箇所を認識するだけではなく、緊急時には自ら適切な対応行動を取ることも可能とする。あるいは、学校が地域コミュニティとともに防災訓練を実施することにより、児童生徒は学校だけではなく、通学路や自宅でも自分の身を守ることができるようになる。参加型方式による活動は、地域住民を顔見知りにし、防災で重要となる信頼関係を構築するきっかけになる。現在、復興とまちづくりに取り組んでいる行政官、学校教員、外部からのＮＰＯ／ＮＧＯやボランティアは人事異動やプロジェクトの終了を迎えることにより復興現場から離れてしまうため、コミュニティ自身が復興まちづくりのビジョンと実現に向けた活動の持続性を確実にしなければならない。

東日本大震災からの新たな教訓の一つとして、今までの公助、共助、自助の概念を超える地域内外の幅広い関係者との支援体制が重要視され始めた点である。これまで防災という切り口でのつながりがなかったＮＧＯ／ＮＰＯ、大学・研究機関、民間企業、近隣市町村や海外の支援団体の協力関係を体系化する、新しいネットワーク型の支援体制をここでは「Ｎ助（Ｎ＝Network / NGO / New）」と呼ぶ。Ｎ助のコンセプトは、南海トラフ巨大地震に備える市町村でも関心が寄せられているところであるが、理想的には各地の防災対策の一環として平常時から協力体制が構築され、体系化されることが望ましい。多くの市町村の行政は、応急対応、復興・復旧と防災対策のすべてを行政が担うことの限界を公言しており、地域コミュニティが積極的に自助と共助の能力を高める努力をするよう訴えている。行政は防災の専門家などを招き講習会を開催したり、コミュニティが参考とできる危機管理ハンドブックを作成したりするなどサポートはできるが、災害に強いまちづくりを最終的に実現するのは地域コミュニティである。

［ショウ　ラジブ・松浦象平］

第17章

防災・減災の視点で今を見つめる

——巨大災害と防災・減災のこれから

経験したことのないような自然災害が相次いで発生している。二〇一三（平成二五）年九月一六日、台風一八号に伴う大雨は、京都府を中心に大きな被害をもたらした。連日多くの観光客で賑わう嵐山でも、桂川が氾濫し、街が濁流に飲み込まれた。この災害では、経験したことのないような異常な現象の接近を知らせる「特別警報」が運用開始後はじめて発表された。一方、二万人もの死者・行方不明者をもたらした東日本大震災における津波は、日本の津波災害史を振り返っても類をみない過去千数百年の中で最大規模の津波であった。今、我が国は地震の活動期である。また、気象現象は極端化が進む一方である。我々は今、こうした経験したことのないような自然災害の脅威と向き合って生きていかなければならない。ここでは、巨大災害の特徴や対策の難しさについて過去の実際の災害を踏まえながら解説し、経験したことのないような災害の多発が予測されるこれからの時代における防災・減災のあり方について、著者の研究活動と社会活動の具体事例を交えながら述べていく。

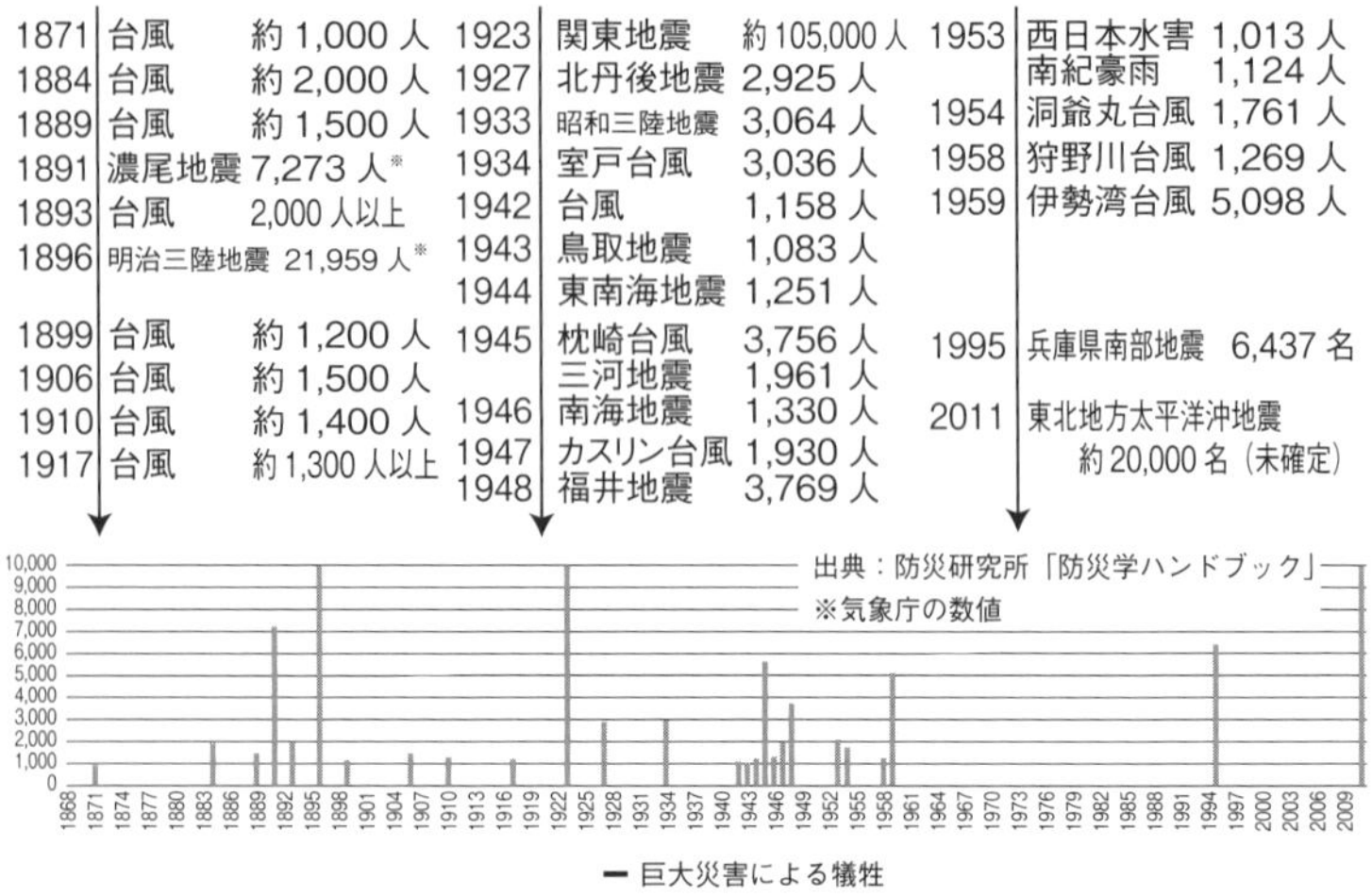
1871 台風 約 1,000 人
1884 台風 約 2,000 人
1889 台風 約 1,500 人
1891 濃尾地震 7,273 人※
1893 台風 2,000 人以上
1896 明治三陸地震 21,959 人※
1899 台風 約 1,200 人
1906 台風 約 1,500 人
1910 台風 約 1,400 人
1917 台風 約 1,300 人以上
1923 関東地震 約 105,000 人
1927 北丹後地震 2,925 人
1933 昭和三陸地震 3,064 人
1934 室戸台風 3,036 人
1942 台風 1,158 人
1943 鳥取地震 1,083 人
1944 東南海地震 1,251 人
1945 枕崎台風 3,756 人
三河地震 1,961 人
1946 南海地震 1,330 人
1947 カスリン台風 1,930 人
1948 福井地震 3,769 人
1953 西日本水害 1,013 人
南紀豪雨 1,124 人
1954 洞爺丸台風 1,761 人
1958 狩野川台風 1,269 人
1959 伊勢湾台風 5,098 人
1995 兵庫県南部地震 6,437 名
2011 東北地方太平洋沖地震
約 20,000 名（未確定）
出典：防災研究所「防災学ハンドブック」
※気象庁の数値
巨大災害による犠牲

図 17-1　明治以降の巨大災害の一覧

明治以降の巨大災害

明治から現在までの約一四五年の間に発生した巨大災害は実に二九回を数える（図17-1）。ここで巨大災害とは、一度で千人以上の死者・行方不明者が発生するような甚大な災害のことである。直近の半世紀のみに注目すれば、阪神・淡路大震災と東日本大震災の二回のみであるため、我が国が巨大災害を減らすことに成功しているかのような錯覚に陥る読者もいるかもしれないが、それは全くの間違いである。

確かに、もはや日本においては一度で千人を超える死者が出るような災害は起きないだろうと考えられていた時期もあった。戦後二〇年ほどの自然災害多発時代ののち、自然災害による犠牲者数が大きく減少傾向に転じ、さらに偶然にも巨大災害が発生していなかった時期である。しかし、そうした考えは、六四三四人もの方々が亡くなった阪神・淡路大震災（一九九五年）によって一変したことを改めて確認してお

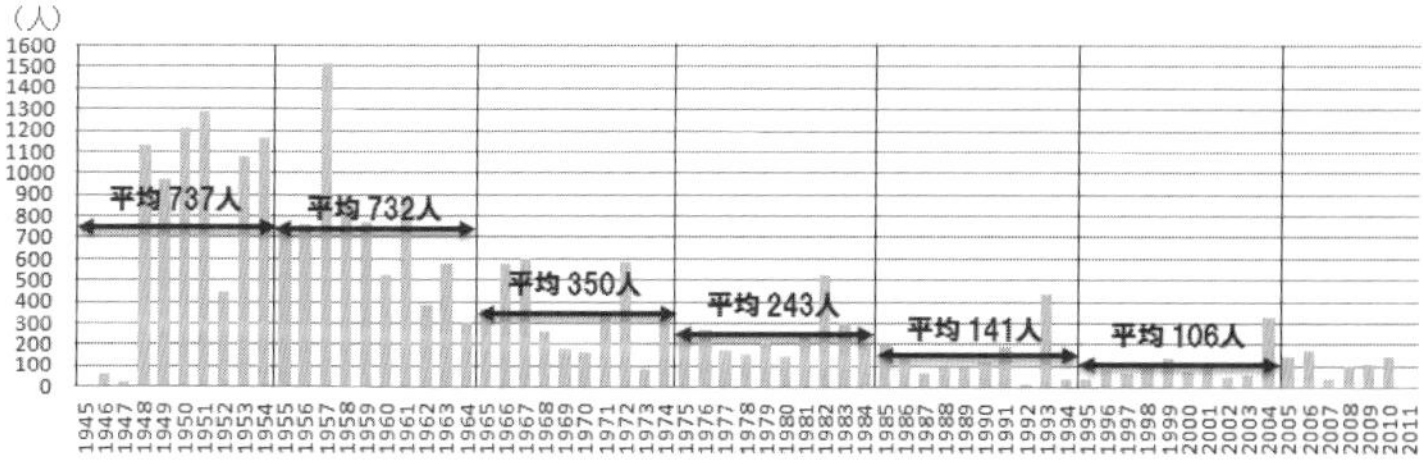

図 17-2　中小規模災害による犠牲者数の推移

かなければならない。

巨大災害と中小規模災害

戦後の自然災害による被害の減少は、言うまでもなく様々な防災対策の結果である。しかし、これらの対策によって被害を減らすことができたのは、巨大災害ではなく中小規模災害である。中小規模災害のみの犠牲者数の推移を図17-2に示す。戦後二〇年ほどは年間七〇〇人規模の犠牲を出していたのが、ここ二〇年ほどは年間一〇〇人規模にまで減少した。防災対策の効果が顕著に現れていると言える。一方で、巨大災害に目を向ければ、犠牲者数が減少傾向にないことは誰の目にも明らかである（図17-1）。

阪神・淡路大震災を経て、被害をゼロにすることを目指すだけではなく、被害を少しでも減らす「減災」という考え方が生まれた。東日本大震災後、我が国における減災対策に対する関心はこれまでになく高まっており、耳にしたことのある読者も多いだろう。このような概念が登場したことも、防災の限界が強く認識された結果であり、我々が巨大災害を克服してはいないことの現れでもある。

ひとごとではない巨大災害

このように我々は、まず「巨大災害はなくならない」ということを確認しておく必要がある。明治以降に限れば、巨大災害は五年に一回の頻度で、我が国のどこかで発生している。また、風水害による巨大災害が一七回、地震や津波による巨大災害が一二回と三対二の比率である。

近年、我が国では、阪神・淡路大震災、東日本大震災と地震・津波による巨大災害が続いた。風水害による巨大災害は、一九五九年の伊勢湾台風災害から半世紀近く発生しておらず、危機感の低下が懸念される。アメリカでは二〇〇五年にハリケーン・カトリーナが来襲し、二〇〇〇人以上の死者・行方不明者が出る巨大災害となった。さらに、二〇一二年に発生したハリケーン・サンディはニューヨークを直撃し、地下鉄が浸水するなど、社会・経済活動に大きな影響を及ぼした。風水害による巨大災害は、我が国もひとごとではないとの認識が求められる。東京、大阪、名古屋の三大都市圏への人口集中は、自然災害に対する社会の脆弱性をこれまでにないまでに高めている。また、地球が温暖化すると、台風は、発生頻度が低下し、規模が巨大化するとされている（Webster et al., 2005）。経験したことのないような風水害に備える必要がある。

もちろん地震・津波による巨大災害に対しても警戒が必要である。近い将来の発生が懸念されている南海トラフ沿いの巨大地震や首都直下地震については、政府はいずれも広域巨大災害になることを想定している。広域巨大災害は、被害の巨大性に加えて、被災地域の広域性を伴うため、被災した社会は食糧調達さえままならない困難な状況に陥るなど、様々な特有の課題が生じる。伊勢湾台風と東日本大震災は、戦後、我が国が経験した数少ない広域巨大災害である。これらの被災社会の実態解明を進め、広域巨大災害への理解を深める必要がある。また、我が国は、今、地震の活動期にあり、全国どこにいても直下型地震に遭遇する可能性がある。ちなみに、前回の西日本における地震の活動期では、北丹後地震（一九二七）、鳥取地震（一九四三）、三河地震（一九四五）、福井地震（一九四八）と七回の巨大地震災害が発生している。

巨大津波災害の特徴――東日本大震災から

図 17-3　多数の職員が孤立した宮城県気仙沼合同庁舎

東日本大震災は、戦後二例目の巨大津波災害であった。一例目は、一九四六年昭和南海地震津波（一三三〇人の死者・行方不明者）である。①湛水被害、②面的被害、③広域被害、④行方不明者は、地方自治体の災害対応と被災した社会に大きな影響を与える巨大津波災害の主な特徴である。なお、湛水被害とは、市街地に氾濫した海水が排水されずに滞留したままになることで誘発される被害のことである。

東日本大震災では、湛水被害により災害対応従事者や被災者が湛水エリア内に多数孤立し、地方自治体は活動体制の立ち上げからつまずいた。図17-3は、津波から避難してきた約二〇〇名の住民が、県職員とともに建物内に三日間孤立した宮城県気仙沼合同庁舎である。同庁舎内に孤立した職員が初めに行った対応は、同じ建物内に孤立した住民を安全な避難所に誘導することであった。二日目、県の土木関係職員五名は、湛水エリア外にある避難所までの脱出ルートを自分たちの足で直接確認し、孤立住民が避難所に受け入れてもらえるよう段取りを整えた。三日目、合同庁舎内の県職員は、住民を避難所に誘導した後、被災を免れた宮城県気仙沼保健福祉事務所に仮事務所を開設し、ようやく組織的な災害対応を始めることができるようになった。

こうした活動体制立ち上げの遅れは、当然、その後の初動対応、応急対応を遅らせた。また、面的被害により浸水エリア内にあった様々な社会的機能が失われたことと広域被害により災害対応の需要が巨大化、分散化したことは、多くの対応にその影響が及んだ。例えば、被災者の応急収容や遺体処理などでは被災市町村の行政界を越えた広域的な対応を余儀なくされた。

さらに、行方不明者の発生は、家族や友人を探す多くの被災者や捜索活動従事者を、氾濫域に散乱する有害物質や爆発物による二次災害の危険にさらした。また、行方不明者の数を早期に確定できなかったことで、遺体安置所やドライアイスの確保など、遺体処理に関わる対応も難航した。

様々な顔を見せる巨大津波災害（1）——想定を超える津波

巨大災害は、経験を頼りに対応することが難しい。東日本大震災が発生する前、過去四〇〇年程度の津波の記録に基づいて最大規模の津波が想定されていた。しかし、実際に発生した津波は、その想定の二〜三倍に達する規模であった。著者は、想定を超える津波からの避難の困難さに着目し、想定を超える津波が発生しても柔軟に対応できる社会のあり方を検討している（奥村ほか、二〇一三）。浸水予測範囲の外側にいる人々は、自分たちがいる場所は安全だと考え、なかなかそこからさらに高所へ避難することができない。筆者らが調査した南三陸町にある高齢者施設の職員の話では、津波により次々と倒壊する家屋から砂埃があがったり、電柱が倒れている様子を見ても、避難のための行動を起こすきっかけにはならなかったという。見慣れたスーパーの看板が水平に動く様子や市街地を横断する鉄道盛土を越える津波の様子を見て初めて「ここも危ないかもしれない」と感じたと当時を振り返っている。ちなみに、彼らの施設は従来から想定されていた津波の高さ約七メートルに対して標高一二〜一三メートルの高台にあり、津波が発生したときの避難場所になっていた。実際に、当日も住民が避難してきていた。

結果として、津波が海岸に到達するまでに地震発生から約四五分あったが、その間に避難行動を取ることはできず、さらにその二分後、津波が鉄道盛土を越え始めてからようやく、さらなる高台を目指そうという判断になった。しかし、この時点からこの施設に津波が到達するまでの時間はわずか二分四〇秒程度であった。

こうした状況下での避難では、初めに危機感を抱いた人間の「もしかしたらここも危険かもしれない」という危機感を一秒でも早くその場にいる全体に広げることが重要になってくる。ここでは、ある職員が大声で避難を呼びかけながら施設内を通って高台を目指したことが効果的であった。さらに、当時、(津波ではなく)余震を警戒して、施設利用者と職員は、すぐに屋外に飛び出せる態勢で、四カ所のスペースに分かれて待機していた。本震の直後、一度屋外に出ていたが、雪が降る寒さであったため、待機スペースの引戸を開けた状態にして、再び屋内に戻っていたのである。

こうした屋外と直結の引戸がついたスペースが複数あったことや彼らの待機態勢は、それがいずれも津波対策ではなかったとはいえ、結果的に津波避難に有効であったことは注目に値する。極めて厳しい条件の中で、利用者六九名のうち四一名が亡くなった一方で、二八名は避難に成功した。想定を超える津波からの避難においては、数秒単位の時間の差が避難の成否を大きく左右する。

平時においては、予測浸水範囲の外側に津波防災対策を実施することは容易ではない。南三陸町のこの施設では、介護福祉の教育や世代間交流事業の一環として、この施設とさらに高所にある高校との間に階段が建設されていた。これが同施設からさらなる高台へ向かう唯一のルートであり、この階段がなければ最悪の事態となっていた可能性がある。東日本大震災の教訓を学び、想定を超える津波に対しても柔軟に対応できる社会にしていかなければならない。そこでは教育や福祉、観光などの様々な分野との連携が鍵になってくることを示唆している。

様々な顔を見せる巨大津波災害（2）——ぬるぬる地震

繰り返しになるが、巨大災害は、経験を頼りに行動すると大変危険である。我が国の津波災害史上最大となる二万一九五九人の死者・行方不明者となった一八九六年明治三陸大津波の教訓である。この災害では、あまり大きな揺れがなかったにもかかわらず、一〇メートルを超える巨大な津波が発生した。特に、岩手県では東日本大震災の津波と同規模であった。この約四〇年前にも同地を津波が襲ったが、そのときは大きな揺れのあとに津波が来襲していた。明治三陸大津波では、揺れは現在の震度で二〜三程度であったために油断した可能性がある。また、津波は夜八時頃に来襲しており、異変に気づくのに時間がかかった可能性もある。経験に基づく災害イメージの固定化は非常に危険である。

明治三陸大津波は「ぬるぬる地震」であったと考えられる。揺れが小さいにもかかわらず大きな津波が発生するタイプの地震である。日本近海で発生する津波の一割はこの種の地震だと言われており決して珍しいことではない。南海トラフ沿いの巨大地震でも、一六〇五年に発生した慶長地震がそのタイプであったと考えられている。

東日本大震災では、津波が日中に発生したため、市街地を氾濫する津波や避難する人々の映像が地域住民や報道関係者により多数記録された。直接津波を経験していなくても、ほとんどの国民がそれらの映像を見て、津波災害のイメージをもつようになった。しかし、これが唯一の津波災害像ではないことに注意が必要である。津波イメージの固定化は、被害拡大の要因になりかねない。我が国で最悪の津波災害、明治三陸大津波の教訓を忘れてはいけない。

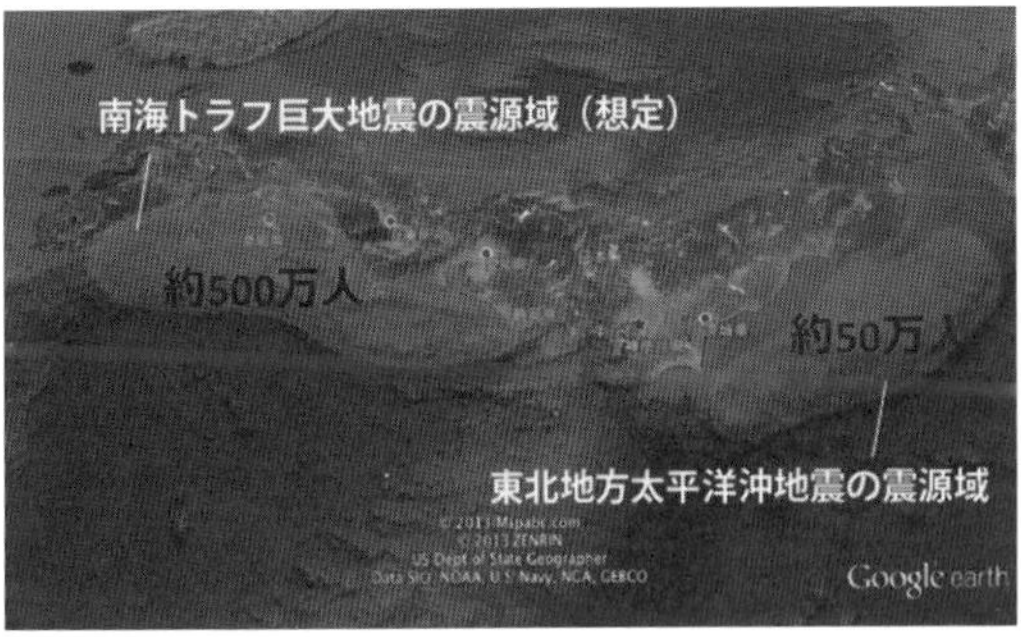

図 17-4　南海トラフ巨大地震と東北地方太平洋沖地震の震源域

東日本大震災の一〇倍の南海トラフ巨大地震

二〇一二年八月、東日本大震災を受けて、近い将来、南海トラフ沿いで発生することが懸念されている地震に関する新たな想定が発表された（図17-4）。従来の想定よりも随分大きくなり、南海トラフ巨大地震と名づけられた。現状のままでは最悪三〇万人にも及ぶ死者・行方不明者が見込まれている。

一般に巨大災害では、厳しい避難生活に伴い犠牲が拡大する可能性が高まる。いわゆる震災関連死である。ここでは五〇〇万人（最大）にも達すると想定された避難生活者数に注目する。これは約五〇万人であった東日本大震災の一〇倍、約三〇万人であった阪神・淡路大震災の一七倍である。今後の対策により、避難対策が徹底されて死者数を減らせたとしても、この避難生活者数は減らない。津波避難に成功して助かった命をその後の厳しい避難生活の中で失わないよう対策が求められる。しかし、この数字を見れば、応急的な避難所生活を乗り切る方策を考えても、これまでの対策の延長線上に解がないことは明らかである。

自立した防災

東日本大震災の一〇倍に達する避難生活者が発生する南海トラフ巨大地震を乗り切るためのヒントが東日本大震災にある。宮城県亘理町では、自治体による防災行政無線を使った呼びかけに被災しなかった住民などが応え、住民自身の手で食糧が集められ、地元の婦人防火クラブなどが炊き出しを行い、避難所生活者や災害対応従事者の食糧が確保された。生協やパンメーカーなどから食糧が安定的に供給されるようになったのは発災六日目、県から二〇トンの玄米が届いたのは発災九日目であった。広域巨大災害を乗り切るためには、このような自分たちで自分たちの命、家族、地域を守る自立した防災が重要な鍵となる。

すでに広域巨大災害を乗り切るためのまちづくり・地域づくりに取り組んでいる地域がある。南海トラフ沿いの巨大地震で和歌山県内で最大の津波が想定されている串本町では、病院と消防を高台に移転した。さらに、学校や給食センター、町庁舎も高台移転に向けて検討が進められている。災害時に重要な町の機能を高台に移すなど、町を自分たちで守る体制が整えられつつある。

一方で、愛知県内で最大規模の津波が想定されている田原市では、地域を巻き込みながら校区単位で避難所宿泊体験訓練が実施されている。小学校高学年の児童が、実際に避難所となる体育館などで段ボールの寝床や間仕切りを作り一泊の宿泊体験をする。児童は自分たちで間仕切りのレイアウトを考え、段ボールなどでパーティションを作る。保護者会や自主防災会、消防団なども避難所生活を良好にするためにできることを検討し、実践する。童浦小学校では、消防団が仮設風呂に挑戦した。自分たちで長期の避難所生活を乗り切るために、多くの関係者が知恵を絞り、試行錯誤しながらできることを増やしていくことが、自立した防災への大きな一歩になる。平成二四年度は二校、平成二五年度は四校が参加した。

数百年、数千年確率の災害とどう向き合うか――地域の活性化を目指す「プラス防災」

数百年、数千年確率の災害と向き合うためには、持続可能性が鍵となる。ここでは、兵庫県で最大規模の津波が想定されている南あわじ市福良地区の取組みを紹介する。二〇一〇年九月福良港津波防災ステーション開館に合わせて、その半年後、同防災ステーションの運営協議会が設立された。同防災ステーションは、水門等の自動閉鎖システムや津波防災教室等を備えた施設である。防災教室は津波の力を身体で理解する装置、津波避難について学べるゲームなどが備えられているほか、地元住民が常駐しており、津波防災の基本や同地区の津波防災の取組みについて解説してもらうこともできる。

同協議会では、防災分野に限らず共有しやすい「日本一の津波防災のまち福良としての地域活性化」を将来目標に設定することで、地域に根差した多様なメンバーが協議に参加しやすい環境を整え

図 17-5　持続可能な防災・減災の試み

ている。津波対策を地域社会の多様な活動の中に機能として付与することで、防災以外の多様な分野の人々が主体的に津波対策に参加する機会を増やし、持続的連続的に津波対策が実施される仕組みが地域の中に構築されることが期待される。

観光客の減少を嫌い、津波災害のリスクを隠すのではなく、他のどこよりも安心して観光を楽しめるまちを目指している。思わず足を運びたくなるような斬新な外観をもった津波防災ステーションがうずしおクルーズの観潮船の船着き場のすぐ隣に建設されたこと自体がそうした動きともいえる。福良路地裏探訪では、防災ステーションを起点に福良のまちの中の観光スポットを巡るコース紹介をしている。観光客は、紹介されたコースに沿って散歩を楽しむだけで、限られた時間内にどの程度避難できるのか、また、どこにどのような道があり高所があるのかを把握することができるように工夫されている。地域で実施している津波避難対策の成果を踏まえたものになっているのである。ほかにも、淡路人形浄瑠璃と津波防災のコラボレーションも実現している。淡路人形浄瑠璃は実に五〇〇年の歴史を誇る国指定重要無形民俗文化財である。平成二五年八月、福良にある淡路人形座にて、NPO法人人形劇プロジェクト「稲村の火」による人形劇が行われた。図17-5は、同地区の取組のイメージ図である。気になるキーワードがあれば、一度、福良港津波防災ステーションを訪問してもらいたい。数百年、数千年確率の災害とどう向き合えばよいのか、きっとヒントが得られるだろう。

災害は巨大災害だけではない――これからの防災・減災

現在、中小規模の自然災害による犠牲者数は戦後の七分の一、年平均一〇〇人規模にまで減少している。これからの防災・減災は、大きく三通りに分けて考えられる。①この防災・減災レベルをいかに維持するか（例えば第13章参照）、②一〇〇人／年規模をいかに〇人／年に近づけるか、③巨大災害による被害をいかに軽減するかである。現在、雨の降り方が極端化している。平成二五年九月に発生した台風第一八号のような経験したことのないような雨は今後も発生する可能性が高い。巨大災害に限らず、経験したことのないような災害にうまく対応できる力が、個人レベル、地域レベル、国レベルで求められている。

［奥村与志弘］

エピローグ
——地球環境学のすすめ

本書を手にとってここまで読み進めてきたあなたは、きっと環境問題に何かしらの興味や関心を抱いているだろう。ひょっとしたら、将来は学んだことを生かして環境保全に関わる仕事に就きたいと思っているかもしれない。

「大学で学んだことをどう生かすのか?」という疑問を抱いたとき、我々はよくその道の先行者たちの経験を参考にする。大学の入学案内には、必ずと言ってよいほど各学部、学科の卒業生がどんな業界で活躍しているのか、統計データや、インタビューによる「卒業生の声」が掲載されている。ところが、本書がテーマとする地球環境学の場合、事情は少し厄介である。まず、環境を冠した教育組織はまだ歴史が浅い。京都大学大学院地球環境学舎(以下、学舎)も、二〇一二年に一〇周年を迎えたばかりで、修了生の数も他研究科より少ない。そして、本書を一読すればわかるように、地球環境学は学際的な領域であるので、学生が身につける知識や技術も多様である。したがって、地球環境学を学ぶことでどのような知識や技術が得られるのか、それらは将来にどう生かすことができるのか、一見するだけではわかり難い。さらに、環境に関連した仕事は、様々な業界にわたる。流通業で環境に関わる仕事もあれば、建築業で環境に関わる仕事もある。メディアや金融といった業界にも環境に関連する業務がある。ＮＰＯスタッフや公務員、国際機関職員として環境保全に関する仕事に携わることもできる。学んだ内容も多岐にわたれば、それを生かす方法も多岐にわたる。法学を学んだものが法曹界で活躍できる、工学を学んだものがエンジニアとして活躍できるといった具合に、学んだ内容とそれを生かす方法が単純に一対一に対応するわけではない。

とはいえ、地球環境学は学びも多様で生かし方も多様だと結論づけてしまうのは早計である。ここで再確認したいのは、地球環境学が目指すものは個別学問を体よく束ねることではなく、学としていくつかの柱の下に環境問題の解決に向けた知の新たな体系を作り出すことである。だとすれば、多様な学びや生かし方の中に、地球環境学ならではの共通項を見つけることができないだろうか。本章では、地球環境学を学んだ学舎修了生の修了後八年間の社会経験を振り返ることを通じて、この問いに答えてみたい。

学舎の理念と教育プログラム

「環境問題のプロ育てます　京大大学院に新課程」二〇〇二年一月一七日朝日新聞朝刊に、こんな見出しの記事が掲載された。同年四月からの京都大学「地球環境学大学院」の新設を伝える記事だ。一期生、二期生の中には、この新聞記事をきっかけに学舎へ進学することになった者も多い。記事によれば「環境問題解決の実務家を養成する」大学院として、「行政や企業の環境部門や環境ＮＧＯ、国連などで働く人材の育成」が狙いと紹介されている。

この大学院の大きな特色は、多くの大学院が研究者養成を目的としていたのに対して、実務家養成を目的としたところにある。修士課程においては環境マネジメント専攻のみが設けられており、その教育目標は「地球環境・地域環境問題を解決するために、実践的活動を行うことのできる知識と問題解決能力をもち、さらに国際的視点をもつ実務者を養成する」[*1]と定められている。研究者養成を目的とする地球環境学専攻は、博士課程においてのみ設けられている。

この実務家養成という目的は、地球環境学が「環境問題をいかに解決するか」という問題意識に端を発することを考えれば、ごく自然なものである。そして、この目的を達成するために、問題解決能力、学際性、国際性を重視した教育プログラムが設けられている。

問題解決能力という点では、インターン研修が特徴的である。これは、一〇単位相当の必修科目であり、全学生が三〜五カ月程度の研修を国内外の行政機関、企業、NGO、研究機関等で行う。また、環境マネジメントセミナーとして、月に一度のペースで行政機関、企業、NPO等で環境問題に取り組む実務家の講演を聞く機会も設けられている。

学際性については、人文科学、社会科学、自然科学の二一分野（二〇一三年度現在）の幅広い研究室から構成されていることが特徴的である。さらに、修士課程では地球環境政策論、地球環境経済論、地球資源・生態系管理論、環境倫理・環境教育論が必修科目となっており、どの研究室に所属していようと、環境問題に関わる人文科学、社会科学、自然科学の基礎に触れるカリキュラムとなっている。また、一週間程度の野外実習を通じて、海、森、土壌などのフィールド調査の基礎を体験する機会も設けられていた（現在は選択制）。

国際性という点では、英語での授業を特徴として挙げることができる。前述の必修科目は基本的に英語で行われており、英語でのプレゼンテーションやディスカッションを行うことが求められている。インターン研修先として海外の機関を選ぶ者も多い。さらに、留学生の数も増え続けている。

学びはどのように生かされているか?

卒業生に聞く

学舎が目指した教育目標は、社会においてどのように生かされているのだろうか。ここでは、学舎卒業生へのインタビューをもとに地球環境学を学んだ意義や効果をまとめる。

インタビュー対象は環境マネジメント専攻修士課程二期生(以下、二期生)にあたる二〇〇三年度入学の二八名のうち九名である。二期生を対象とした主な理由は、学舎設立後初めて幅広く学生募集と選考が行われた学年であること、[*2]卒業から八年を経過してある程度社会経験を積んでいることの二点である。また筆者らとは同期生であるため、当時の状況や卒業後の経緯について率直なインタビューデータが得やすいという利点もある。インタビューは、二〇一二年から二〇一三年の間に行われた。対象者九名の所属や学舎での所属研究室、出身大学は表1の通りである。対象者は、現職が民間企業、公務員、研究機関などなるべく偏りのないように選んだ。なお、筆者らは両名とも学舎では地球環境政策論分野で学び、卒業後に大野が大学、山下が環境NPOに所属している。以下では、インタビューによって得られた情報に加えて筆者らの経験も合わせて記述している。

インタビュー対象者が地球環境学に興味をもったきっかけは多様であるが、生まれ育った環境をきっかけとした自然環境への関心、地球や宇宙への興味、資源問題への懸念といった回答が多かった。また学舎を進学先として選んだ理由では学際性やインターン制度への興味のほか、学部時代の指

表1　インタビュー対象者リスト
（五十音順、所属はインタビュー当時、学舎での所属研究室は2004年度当時）

名前	現所属	学舎での所属研究室	出身大学
赤阪　京子	株式会社国際開発センター　プロジェクト事業部	陸域生態系管理論分野	新潟大学農学部
明石　修	武蔵野大学環境学部講師	環境統合評価モデル論分野	京都大学工学部
一柳　篤志	あずさ監査法人　IT監査部	地球益経済論分野	京都大学農学部
須田　あゆみ	ブーズ・アンド・カンパニー株式会社 マーケティング担当	地球環境政策論分野	千葉大学法経学部
井手　宏明	昭和シェル石油株式会社　供給部	環境生命技術論分野	京都大学工学部
金井　優子	パナソニック株式会社ブランドコミュニケーション本部	景観生態保全論分野	立命館大学理工学部
島　さとみ	株式会社西日本新聞社東京支社	地球環境政策論分野	滋賀大学教育学部
馬場　健	株式会社島津製作所調達部	景観生態保全論分野	広島大学生物生産学部
治田　純子	尼崎市　保健企画課	地球益経済論分野	大阪大学人間科学部

導教員からの助言も挙げられた。

実務家への道

学舎の卒業生は多様な職業に就いている。[*3] 環境問題の解決に直接的に携わる企業や研究機関に所属する者も多いが、現時点では環境問題との関連性が高くない職業に就いている者もいる。しかし、後者の場合であっても、現在の仕事における環境負荷を低減することや、現在の仕事における専門性を高め将来的に環境問題の解決に役立てることが期待できる。例えばメーカーの工場担当者がエネルギーや水の使用量を削減して環境負荷の低い製品を作ることや、企業の広報担当者が環境NPOと連携してその広報スキルを環境配慮行動を促進するために役立てることもできる。地球環境学を学んだ人材が社会のあらゆる分野に広がっていくことは、長期的な視点に立てば持続可能な社会づくりに貢献する大きな可能性をもつ。

さて、実務家として活躍するには多くの場合、就職活動をしなければならない。学舎卒業生も大半は民間企業への就職活動を経験している。環境関連部署での勤務を強く志向する者もいれば、それに限定せずに就職活動を行う者もいる。果たして、学舎で学んだことを実務家として役立てるために学生たちはどのような道をたどったのだろうか？

環境関連企業や部署を目指す場合は、志望者には同じように環境について興味をもつ学生が多い。パナソニックでCSR（企業の社会的責任）ブランディング活動を担当する金井さんは、環境マネジメントセミナーが現在の進路を定めるきっかけとなった。「マネジメントセミナーで損保ジャパンのCSR担当者の話を実際に聞いて興味をもち、在学中からいくつかのCSR活動にも参加しました」。金井さんは就職活動の面接時にもCSR部署で働きたいとアピールしていたが、後にこの戦略を変更する。「企業側からは、CSRに興味がある学生は多いけれど、CSRは経験を備えた人が担当すべき仕事と教えられた。そこからは、様々な部署で経験を積んで、一〇年後にCSR部署で働くというキャリアプランを示すことにしたんです」。そして、金井さんは三洋電機（現パナソニック）へ入社する。後に所属部署で環境教育プロジェクトに携わる機会があり、その経験を買われてCSR部門に配属された。

一方で直接的に環境に関わらない仕事への就職の場合、志望者には環境について学んだ人間が少ない。新聞記者として働く島さんは、就職活動において環境を広く学んだことを強調した。「環境問題は社会のあらゆる側面とつながっており、『自分は興味が広い』と大手を振って言える。新聞社は興味の範囲が狭い志望者を避けるので、自分の芯の部分はもった上で興味を広くもっていることは武器になる」。島さんは記者として経済、農業、司法など各分野を担当してきたが、将来は食や環境についてよりわかりやすく伝えることを目指したいという。

学舎を卒業後に研究機関や環境ＮＰＯに就職し、専門性を追求している者もいるが、二人の経験からは、学舎での学びをどのように実務家として生かすのか、社会のニーズに応じた戦略が重要であることがわかる。

実践的な問題解決能力

環境問題に対する実践的な問題解決能力とは何だろうか。環境問題には科学、政治、社会など多様な要素が絡み合い、利害関係者も多岐にわたる[*4]。その解決のためには、問題と解決策についての幅広い知識、問題の背後にある文脈や解決のための機会を把握する力、合意形成へ導くための能力などが求められる。また「環境保全」という言葉や善意だけでは世の中は動かないこともままある。環境問題解決のためには、社会的、経済的要素が極めて重要になる。そうした複雑な問題を実践的に解決する能力はどのように形成され、生かされているのだろうか。

インタビューから、インターン研修や環境マネジメントセミナーは、実践的問題解決能力の養成に大いに役立っていたと言える。特にインターン研修で実務に触れることによる様々な効用が挙げられた。例えば、現実の問題解決の難しさや醍醐味の一端を知る、研究と社会の接点を実感する、自分の適正や関心を見極めるなどである。

学舎で廃棄物政策を研究し、尼崎市役所で廃棄物行政に携わった治田さんは、現実の問題解決のプロセスをこう語る。「新しい廃棄物政策を作る中では、立場も意見も違う人が集まり、途中でぶつかり合うことも多くあった。事務局としての調整は大変だったけど、何もないところからアイデアを出していき、最終的に一つの制度を作ったことが印象に残っている」。さらに、複雑な状況から問題を整理し、より良い状況へと導くための要点を学舎時代に学んだと話す。「問題解決には、どういう背景や状況があって、何が不足しているか、どんな成果物を作らないといけないかを考える力が必要。ドイツの研究所での廃棄物政策についてのインターン研修をもとに、修士論文で政策策定の要点について検討したことが役に立っています」。現在、治田さんは別部署に異動しているが、どの部署においても現場に関わり、政策を作る力を発揮することを心がけており、学舎で学んだことを生かしていけると感じている。

筆者の一人である山下は環境エネルギー政策研究所でのインターン研修時から地域における自然エネルギー促進に関わっており、政策策定からエネルギー設備導入まで支援を行っている。工学部から学舎に入って環境政策論を中心に学んだため、文系、理系、双方の知識や思考法を組み合わせた検討ができると感じている。実際の自然エネルギー導入プロジェクトでは、地域独自の文脈や政治的な対立構造などを見極め、対応することも肝要である。その際には、内外とのコミュニケーション能力や合意形成のためのファシリテーション能力なども重要である。つまり、エネルギーの技術的要素や環境問題の知識を把握しているだけではなく、前述の実践的な問題解決能力が必要とされる。環境問題の実践的な解決のためには、環境の幅広い知識と専門性をもった上で、実務の中でさらなる学びとプラスアルファの専門性を鍛え、成長していくことが必要なのである。そのための第一歩となる学びや経験は、学舎でのインターンや幅広い分野の人々とのコミュニケーションにより獲得する機会があった。

学際性

学際的な環境の中で、学生はどのように学んでいったのだろうか。

「環境を学ぶにあたり、文系だけの知識や思考法でどれだけ問題の背景を理解しているかが疑問だったため、工学系の問題意識や問題解決手法を聞くだけでもいいから知りたかった」。文系学部出身だが、修士課程で工学部開講授業[*5]を履修していた須田さんはこう語る。授業は「難しかったけど、工学部で環境を学ぶ人はこういうことをやるのか」という発見があったという。須田さんは現在経営コンサルティング会社のマーケティング担当として活躍しており、学際的に環境を学んだことが、今の仕事にも役立っているという。「多角的な視点で物を考えて、こういう視点もありますと提案することは広報としてはとても大切なことです。広報は、社内の目線だけではなく、受け手がどういう風に感じるかを考えながら物事を進めることが必要なためです」。

農学部を卒業後、社会人経験を経て学舎に進学した馬場さんは、人間・環境学研究科開講の国際環境法を受講した感想をこう述べている。「法律の背景にあるものを見るという思考法は、環境法令に対応するという今の業務に役立っています。普段農学部にいてはまず受けない授業だったから、学際的な大学院ならではの経験だと思います」。

このように学部での専攻分野とは異なる様々な分野を学んだ経験は、現在の職業にも生かされているという声が多かった。金井さんは学舎での学びを現在の仕事に生かしており、環境問題の全体像を俯瞰できる知識が重要だという。「環境にも様々な分野がある中でここを取り上げていますとか、大きな目線できちんと物事を捉えられることが大事」。

現在大学において研究、教育に従事する明石さんも学際的に学んだ意義を強調する。「学際性は、現在の自分の仕事に大いに役立っています。私は、持続可能な社会像について研究、教育を行なっていますが、それには経済、制度、技術、人々の暮らしなど社会の様々な側面に関する理解が必要になってきますから」。

文系、理系の枠にとらわれずに学ぶことによって、多角的な視点や俯瞰的に物事を捉える視点が獲得され、仕事の中で生かされている様子をうかがい知ることができる。

国際性

学舎を卒業後、国際的に活躍している人材は多い。二期生二八名のうち、筆者らの知る限りでも、卒業後の八年間で一〇名が海外に滞在しての仕事や留学、国際的プロジェクトへの参加を経験している。また海外に滞在していなくとも、情報収集や共同プロジェクトなどで日常的に諸外国とのコミュニケーションが求められる時代である。

国際性は、どのように獲得されてきたのだろうか。学舎での英語による講義や発表は、学生にとっては英語を積極的に使う良いきっかけとなった。また二期生には留学生が一名のみであったが、授業でも遊びでも英語でコミュニケーションを取ることで物怖じしなくなっていった。現在はより留学生の比率が増えているため、英語でのコミュニケーション能力を高める機会となるだろう。さらに英語でのプレゼンテーションや議論の作法を訓練する場をより多く設け、指導を受けられればより望ましい。

しかしながら、英語はあくまでコミュニケーションのツールでしかない。卒業後、海外青年協力隊や国際開発センターに勤務しタンザニアに多く滞在している赤阪さんは、学舎での授業を通じて英語を使う意識が高まったとしつつ、国際的な活動に必要な能力は協調性だと話した。「一番必要なのは協調性。違う国の人々と一緒に働くわけだから、互いの文化や考え方を理解して協働しないといけない」。加えて、英語を使って伝えるべきものをもっているかも問われるという。「やっぱり普通に自分の専門をちゃんとやることが大事かな。海外だから英語だけやればいいわけじゃなくて、英語を使って何を伝えたいか。例えば自分がどこかに派遣されたら、伝える中身をもっていないといけない」。さらに、柔軟な態度が重要とも指摘する。「自分は理系の人間だから文系のことはわかりませんとかじゃなく、必要なことならなんでもやる、なんでも吸収する態度。そういう意味では学舎で分野にとらわれず、広く浅く学んだことも大事だった」。

今後社会で活躍するためには国際性を身につけることは極めて重要であり、学舎においてその基礎となる英語力や協調性、専門性、柔軟な態度を育む機会があったと言える。

地球環境学を学ぶ意義

修了生による八年間の体験と実践に基づいた語りの中から、我々は地球環境学を学ぶことにどんな可能性を見いだすことができるのだろう。

「学部での専門とは全く異なる他分野を知るという学際的な学びを通じて、多角的視点を得ることができた」「インターン研究や野外実習を通じて現場感覚をもつことができた」。こうした語りから浮かび上がってきたのは、地球環境学を学ぶことを通じて、環境問題に限らない、普遍的な社会課題への対応能力を身につけている修了生の姿である。おそらく、単に環境破壊の現状や防止策を知るだけでは、社会におけるその知識の汎用性は低いものにとどまるだろう。せいぜいエコ意識の高まりを訴えるようになる程度で、社会や経済の仕組みを問い直し、新たな解決策を提示することにまで思いは至らないかもしれない。しかし、学際的な場においてインターンシップや実習を通じた大学院レベルでの実践的な学びの機会をもつことで、様々な社会問題への対処能力が養われている様子がうかがい知れる。

現に、環境問題に限らず「俯瞰力と独創力を備え広く産学官にわたりグローバルに活躍するリーダー」[*6]の養成を目的として各大学が力を注ぐ博士課程教育リーディングプログラムでは、学際性、国際性や問題解決志向を重視し、インターンシップ・プログラムも積極的に実施されている。これらは、学舎のこれまでの取組みとの共通性が極めて高い。

現在の学舎在学生へのメッセージとして、須田さんは「多くのことが学べるすごくいい場にいるので、やりたいことがあったら何でも飛び込んでください」とエールを送る。金井さんは自身の学生時代を振り返り「興味があるところに人って集まってくるので、学舎の人たちは環境をキーワードにゆるやかにつながっている、しかもみんな目がキラキラしている。そんな状況に身を置けたことがよかった」と学舎という場の貴重さを指摘した。

これから地球環境学を学ぼうとする人へのアドバイスとして、明石さんは「学舎はごった煮みたいなところでいろんな先生も学生もいるから、問題意識をもって活動すれば、面白くなる。深めるのは自分だ」と、主体性が学舎で成長する鍵であると指摘する。さらに、実務家としての志をもってほしいと期待を込めた。「自分自身が社会を変えていくんだという志をもって、それが実現できる人材になってほしい。企業のネームバリューだけで判断せず、自分が面白いと思う、社会の役に立つ活動に就いて活躍してもらいたい」。

現実社会との関係を意識しながら、自分の手で思い思いに学びを組み立てていく。その学びを将来それぞれの現場の課題解決に生かしていく。それが、地球環境学を学ぶ面白さであり、意義であると言えるだろう。

［山下紀明・大野智彦］

＊1　京都大学大学院地球環境学堂・地球環境学舎・三才学林「教育目標」http://www.ges.kyoto-u.ac.jp/cyp/modules/contents/index.php/shokai/kyouikuMokuhyo.html（二〇一三年八月一三日閲覧）

＊2　学舎一期生の入試は、大学院設立後の二〇〇二年四月六日・七日に行われた。

＊3　京都大学大学院地球環境学堂・地球環境学舎・三才学林「卒業後の進路」http://www.ges.kyoto-u.ac.jp/cyp/modules/contents/index.php/careers/index.html（二〇一三年八月一二日閲覧）

＊4　例えば、松下（二〇〇二）。

＊5　学舎のカリキュラムでは、他研究科開講科目も一定の範囲内で卒業単位として認められている。

＊6　日本学術振興会「博士課程教育リーディングプログラム」http://www.jsps.go.jp/j-hakasekatei/index.html（二〇一三年八月一二日閲覧）

参考文献

第1章

（1） Cernea, M., Risks, safeguards and reconstruction: A model for population displacement and resettlement. M. Cernea and C. McDowell（Eds.）. *Risks and Reconstruction: Experience of Resettlers and Refugees*, pp. 11-55. Washington, D.C.: The World Bank, 2000.

（2） Geary, K., *Our land, our lives: Time out on the global land rush*. Oxfam International, 2012. http://www.oxfam.org/en/grow/policy/%E2%80%98our-land-our-lives%E2%80%99.

（3） Nakayama, M., Renting submerged land for sustainable livelihood rehabilitation of resettled families: Cases of Jintsu-gawa dams in Japan. *International Journal of Water Resources Development*, 25（3）, 431–439, 2009.

（4） World Bank, Involuntary Resettlement. Report by Independent Evaluation Group, 2011. http://lnweb90.worldbank.org/oed/oeddoclib.nsf/DocUNIDViewForJavaSearch/17FD21DF63BB00CB85267F5005D8603.

【さらに学ぶための文献ガイド】

（1） ＮＨＫ食料危機取材班『ランドラッシュ――激化する世界農地争奪戦』新潮社、二〇一〇

（2） 蔵治光一郎編『水をめぐるガバナンス――日本、アジア、中東、ヨーロッパの現場から』東信堂、二〇〇八

第2章

（1） W・G・リース、久世宏明・飯倉善和・竹内章司・吉森久共訳『リモートセンシングの基礎　第二版』森北出版、二〇〇五

（2） 藤田昇「草原利用からみたモンゴルの遊牧の持続性」小長谷有紀編『モンゴル環境保全ハンドブック』見聞社、一一四～一二四頁、二〇〇六

（3） Saizen I, Matsuoka M, Ishii R, Kusano E, Exploring the Spatial Impact of Livestock Population on the Amount of Vegetation Across Mongolia: A Geographically Weighted Regression approach. in Sakai S, Ishii R, Yamamura N（Eds.）RIHN Project Report: Collapse and Restoration of Ecosystem Networks with Human Activity, pp.83–88, 2013.

【さらに学ぶための文献ガイド】

（1） 岡部篤行・村山祐司編『ＧＩＳで空間分析――ソフトウェア活用術』古今書院、二〇〇六

（2） Yamamura N, Fujita N & Maekawa A, *The Mongolian Ecosystem Network: Environmental Issues Under Climate and Social Changes*, Springer, 2013.

第3章

（1） Millennium Ecosystem Assessment（MA）: *Ecosystems and Human Well-being: A Framework for Assessment*, Island Press, 2003.

（2） Brendan Fisher, Corresponding, R. Kerry Turner, Paul Morling, Defining and classifying ecosystem services for decision making, *Ecological Economics*, 68（3）, 643–653, 2009.

（3） 吉田謙太郎『生物多様性と生態系サービスの経済学』昭和堂、二〇一三

（4） Millennium Ecosystem Assessment（MA）: *Ecosystems and Human Well-being: Synthesis*, Island Press, 2005.

(5) R.S. de Groot, R. Alkemade, L. Braat, L. Hein and L. Willemen, Challenges in integrating the concept of ecosystem services and values in landscape planning, management and decision making, *Ecological Complexity*, 7(3), 260-272, 2010
(6) Gerben Jansea,*, Andreas Ottitsch: Factors influencing the role of Non-Wood Forest Products and Services, *Forest Policy and Economics* 7, 309–319, 2005.
(7) 林希一郎編著『生物多様性・生態系と経済の基礎知識――わかりやすい生物多様性に関わる経済・〝ビジネスの新しい動き〟』中央法規出版、二〇一〇
(8) Elmqvist T., Tuvendal M., Krishnaswamy J., Hylander K.: Managing Trade-offs in Ecosystem Services, Ecosystem Services Economics (ESE) *Working Paper Series* No.4, United Nations Environment Programme, 2011.

【さらに学ぶための文献ガイド】

(1) Millennium Ecosystem Assessment 編・横浜国立大学21世紀COE翻訳委員会翻訳『生態系サービスと人類の将来――国連ミレニアムエコシステム評価』オーム社、二〇〇七
(2) 国際連合大学高等研究所／日本の里山・里海評価委員会編『里山・里海――自然の恵みと人々の暮らし』朝倉書店、二〇一二
(3) 松永勝彦『森が消えれば海も死ぬ――陸と海を結ぶ生態学』講談社、一九九三

第4章

(1) 深町加津枝・井本郁子・倉本宣ほか「特集　里山と人・新たな関係の構築を目指して」『ランドスケープ研究』61(4)275–324、日本造園学会、一九九八
(2) 文化庁文化財部記念物課『日本の文化的景観――農林水産業に関連する文化的景観の保護に関する調査研究報告書』同成社、二〇〇五

（3）石田実監修、（財）日本自然保護協会編『生態学からみた里やまの自然と保護』講談社、二〇〇五
（4）西村幸夫・中井祐・伊藤毅編著、五味文彦ほか『風景の思想』学芸出版社、二〇一二

【さらに学ぶための文献ガイド】

（1）湯本貴和編『里と林の環境史』大住克博・湯本貴和責任編集（シリーズ日本列島の三万五千年―人と自然の環境史第三巻）文一総合出版、二〇一一
（2）Palang, H.& Fry, G.（Eds.）*Landscape Interfaces: Cultural Heritage in Changing Landscapes*, Kluwer, Academic Publishers, 2003

第5章

（1）和辻哲郎『風土――人間学的考察』岩波文庫、一九七九
（2）B・ルドフスキー、渡辺武信訳『建築家なしの建築』鹿島出版会、一九八四
（3）P・オリバー、藤井明訳『世界の住文化図鑑』東洋書林、二〇〇四
（4）HUAF Hue University and GSGES Kyoto University, *Participatory Construction of Traditional House in Mountainous Village of Central Vietnam*, The National Politics Publisher, 2008
（5）H. Kobayashi, T. N. Nguyen, *Body-Based Units of Measurement for Building Katu Community Houses in Central Vietnam*, Vernacular Heritage and Earthen Architecture, CRC Press, pp.359–364, 2013

【さらに学ぶための文献ガイド】

（1）布野修司（編）『世界住居誌』昭和堂、二〇〇五
（2）R・ウォータソン、布野修司訳『生きている住まい』学芸出版社、一九九七
（3）安藤邦廣・乾尚彦・山下浩一『住まいの伝統技術』建築資料研究社、一九九五
（4）長島孝一「グローカル・アプローチ」、岩村和夫監修『サスティナブル建築最前線――建築・都市グロー

カル・ドキュメント２０００』ビオシティ、二一-三一頁、二〇〇〇
（5）Ａ・ラポポート、山本正三ほか訳『住まいと文化』大明堂、一九八七

第6章

（1）竹濱朝美「再生可能エネルギー導入のための電力自由化」植田和弘・梶山恵司編著『国民のためのエネルギー原論』日本経済新聞出版社、二二五-二五二頁、二〇一一
（2）竹森俊平『国策民営の罠――原子力政策に秘められた戦い』日本経済新聞出版社、二〇一一
（3）八田達夫『電力システム改革をどう進めるのか』日本経済新聞出版社、二〇一二
（4）森晶寿「ＥＰＩの国際比較分析(1)　ＥＥＡチェックリストに基づいた検討」森晶寿編著『環境政策統合――日欧政策決定の改革と交通部門の実践』ミネルヴァ書房、三九-五八頁、二〇一三
（5）International Energy Agency (IEA), *World Energy Outlook 2011*, Paris: IEA, 2011.
（6）International Panel on Climate Change (IPCC), *Renewable Energy Sources and Climate Change Mitigation: Special Report of the Intergovernmental Panel on Climate Change*, 2011. http://srren.ipcc-wg3.de/report/IPCC_SRREN_Full_Report.pdf（二〇一三年九月二六日アクセス）
（7）McKinsey&Company (2010), *Impact of the Financial Crisis on Carbon Economics: Version 2.1 of the Global Greenhouse Gas Abatement Cost Curve*, http://www.mckinsey.com/~/media/McKinsey/dotcom/client_service/Sustainability/cost%20curve%20PDFs/ImpactFinancialCrisisCarbonEconomicsGHGcostcurveV21.ashx（2013年9月26日アクセス）
（8）United Nations Framework Convention on Climate Change (UNFCCC), *Investment and Financial Flows to Address Climate Change*, 2007. http://unfccc.int/resource/docs/publications/financial_flows.pdf（二〇一三年九月二六日アクセス）

【さらに学ぶための文献ガイド】

(1) 植田和弘・梶山恵司編著『国民のためのエネルギー原論』日本経済新聞出版社、二〇一一
(2) 八田達夫『電力システム改革をどう進めるのか』日本経済新聞出版社、二〇一二
(3) 森晶寿『環境政策統合——日欧政策決定過程の改革と交通部門の実践』ミネルヴァ書房、二〇一三

第7章

(1) U.S.EPA, Hazard assessment, 2003
(2) 田中周平「ペルフルオロ化合物類による水環境汚染の実態」『水環境学会誌』第三三巻第五号、一五六-一五九頁、二〇一〇
(3) 田中周平、藤井滋穂、Nguyen Pham Hong LIEN、野添宗裕、Chinagarn KUNACHEVA、木村功二、Binaya SHIVAKOTI「世界10カ国21都市の水環境におけるPFOS・PFOA汚染の現況」『水環境学会誌』第三一巻第一一号、六六五-六七〇頁、二〇〇八
(4) U.S.EPA, Provisional Health Advisories for Perfluorooctanoic Acid (PFOA) and Perfluorooctane Sulfonate (PFOS) 2009
(5) U.S.EPA, Revisions to the Unregulated Contaminant Monitoring Regulation (UCMR 3) for Public Water Systems, 2012

第8章

(1) 勝見武「第10章　地下水・土壌の汚染と浄化・保全」京都大学地球環境学研究会『地球環境学のすすめ』一四九頁、丸善、二〇〇四
(2) 嘉門雅史、浅川美利『新体系土木工学16　土の力学(I)』技報堂出版、一九八八
(3) 環境省　水・大気環境局『平成23年度　地下水質測定結果』五六頁、二〇一二

（4）国土交通省　水管理・国土保全局水資源部『平成25年版日本の水資源』六一頁、二〇一三
（5）粘土の不思議編集委員会編『入門シリーズ12　粘土の不思議』三八頁、土質工学会、一九八六

【さらに学ぶための文献ガイド】

（1）嘉門雅史、大嶺聖、勝見武『地盤環境工学』共立出版、二〇一〇
（2）地下水を知る編集委員会編『入門シリーズ34　地下水を知る』地盤工学会、二〇〇八

第9章

（1）H. Harada, S. Matsui, D.T. Phi, Y. Shimizu, T. Matsuda and H. Utsumi (2006) Keys for successful introduction of Ecosan toilets: experiences from an ecosan project in Vietnam, *Proceeding of the IWA 7th Specialized Conference on Small Water and Wastewater Systems*, March 7–10, Mexico City.
（2）H. Harada, H. Kobayashi, A. Fujieda, T. Kusakabe, and Y. Shimizu (2012) Urine-diverting system for securing sanitation in disaster and emergency situations, *Leadership and Management in Engineering*, 12(4), 309–314.
（3）WHO & UNICEF Joint Monitoring Programme（2013）www.wssinfo.org/（アクセス日：2013/09/01）.
（4）Winblad U & Simpson-Hébert M. ed. (2004) *Ecological sanitation –revised and enlarged edition*, SEI, Stockholm, Sweden.
（5）環境省　大臣官房廃棄物・リサイクル対策部廃棄物対策課『日本の廃棄物処理　平成23年度版』二〇一三
（6）原田英典、清水芳久「開発途上国におけるし尿分離型衛生システムの適用可能性とその評価」、特集――開発途上国へ適用可能な分離分散型サニテーションシステム『水環境学会誌』第三二巻九号、四八一-四八五頁、二〇〇九

（7）松井三郎監訳・著、清水芳久・松田知成・内海秀樹ほか訳『都市水管理の先端分野――行きづまりか希望か』技法堂出版、二〇〇三

第10章

（1）「ごみの文化・屎尿の文化」編集委員会編『ごみの文化・屎尿の文化』技報堂出版、二〇〇六
（2）環境省『環境統計集〈一般廃棄物〉4.4 ごみの総排出量の推移、4.5 1人1日当たりのごみ排出量の推移』http://www.env.go.jp/doc/toukei/contents/#ippanhaikibutu
（3）一般社団法人廃棄物資源循環学会監修、武田信生・福永勲・高岡昌輝編『地球温暖化と廃棄物』中央法規出版、二〇〇九

【さらに学ぶための文献ガイド】

（1）廃棄物学会編『廃棄物ハンドブック』オーム社、一九九六
（2）武田信生監修、藤吉秀昭・若倉正英ほか編『廃棄物安全処理・リサイクルハンドブック』丸善、二〇一〇

第11章

（1）鈴木正彦編著『植物の分子育種学』講談社、二〇一一

【さらに学ぶための文献ガイド】

（1）B・アルバーツほか著、中村桂子・松原謙一 監訳『Essential 細胞生物学 原書第三版』南江堂、二〇一一

第12章

（1）金井好克・竹島浩・森泰生・久保義弘編著『トランスポートソームの世界――膜輸送研究の源流から未来へ』京都廣川書店、二〇一一

（2）清中茂樹・高橋重成・森泰生「活性酸素で活性化されるTRPチャネル」『ファルマシア』四八巻、三一-三六頁、二〇一二

（3）Takahashi N, Kuwaki T, Kiyonaka S, Numata T, Kozai D, Mizuno Y, Yamamoto S, Naito S, Knevels E, Carmeliet P, Oga T, Kaneko S, Suga S, Nokami T, Yoshida J & Mori Y, TRPA1 underlies a sensing mechanism for O_2. *Nature Chemical Biology* 7, 701-710, 2011.

第13章

（1）国土交通省「道路構造物の適切な管理のための基準類の在り方と調査の背景 資料3」、http://www.mlit.go.jp/common/000986133.pdf

（2）財務省「日本の財政関係資料」二〇一二 https://www.mof.go.jp/budget/fiscal_condition/related_data/sy014_2409.pdf

（3）依田昭彦、高木千太郎『橋があぶない——迫り来る大修繕時代』ぎょうせい、二〇一〇

（4）Minnesota Department of Transportation：Interstate 35W Bridge Phots, http://www.dot.state.mn.us/i35wbridge/photos/aerial/aug-2/pages/35W% 20bridge% 201% 20030_jpg.htm

（5）山田健太郎「木曽川大橋の斜材の破断から見えるもの」土木学会誌第九三巻第一号、一月号、二〇〇八

（6）国土交通省「鋼橋（上部構造）の損傷事例」、http://www.mlit.go.jp/road/sisaku/yobohozen/yobo3_1_1.pdf

【さらに学ぶための文献ガイド】

（1）大島俊之編『橋梁振動モニタリングのガイドライン』土木学会、丸善（発売）、二〇〇〇

第14章

（1）BSE問題に関する調査検討委員会「BSE問題に関する調査検討委員会報告」二〇〇二
（2）唐木英明「安全の費用」『安全医学』第一巻第一号、二〇〇四
http://www.vm.a.u-tokyo.ac.jp/yakuri/kaizen/PDF/BSE%20anzen.pdf

【さらに学ぶための文献ガイド】

（1）National Research Council, *Improving Risk Communication*, National Academy Press, Washington, D. C., 1989.（林裕造・関沢純監訳『リスクコミュニケーション——前進への提言』化学工業日報社、一九九七）
（2）吉野章「環境リスクコミュニケーションにおける共有知識の役割」松下和夫編『環境ガバナンス論』京都大学学術出版会、二〇〇七
（3）Rosenthal, R., Games of perfect information, predatory pricing, and the chain store paradox, *Journal of Economic Theory*, 25, 92-100, 1982.
（4）Slovic, P., *Perception of risk*, *Science*, Vol. 236 No. 4799 pp. 280-285, 1987.
（5）吉野章・中島有紀子・南口晶平・山根史博・竹下広宣「BSEに関する対消費者リスクコミュニケーション」『二〇〇五年度日本農業経済学会論文集』日本農業経済学会、一六六-一七三頁、二〇〇五

第15章

（1）内閣府「防災白書」二〇一〇
（2）総務省消防庁「平成二三年（二〇一一年）東北地方太平洋沖地震（東日本大震災）について（第一四七報）」、消防庁災害対策本部、二〇一三
（3）ベン・ワイズナーほか著、岡田憲夫監訳『防災学原論』築地書館、二〇一〇
（4）鈴木榮太郎『日本農村社会学原理』時潮社、一九四〇

（５） 鳥越皓之『家と村の社会学（世界思想ゼミナール）』世界思想社、一九八五

第16章

（１） Shaw R., Community Based Disaster Risk Reduction, Emerald Publisher, UK, 2012.

（２） Matsuura S. and Shaw R. (in press): School Based Community Recovery in Kamaishi, Japan. In *Disaster Recovery: Used or Misused Development Opportunity*, Rajib Shaw [ed.]. p.165–194. Springer Publication.

（３） Oikawa Y. and Shaw R. (in press): Institutional Response in Education Sector in Kesennuma City. In *Disaster Recovery: Used or Misused Development Opportunity,* Rajib Shaw [ed.]. p.89–116. Springer Publication.

（４） SEEDS Asia, Community Recovery of the Great East Japan Earthquake and Tsunami: Kesennuma Experiences, 2012.

【さらに学ぶための文献ガイド】

（１） Shaw R. and Takeuchi Y., *East Japan Earthquake and Tsunami: Evacuation, Communication, Education and Voluntarism*, Research Publisher, 2012.

（２） ショウ ラジブ、竹内裕希子「人とコミュニティと情報」清野純史編『巨大災害と人間の安全保障』芙蓉書房出版、九五–一三五頁、二〇一三

第17章

（１） P. J. Webster et al., Changes in Tropical Cyclone Number, Duration, and Intensity in a Warming Environment, *Science*, 309(5742), 1844–1846, 2005.

（２） 奥村与志弘・中道尚宏・清野純史「想定を超える津波からの避難の特徴と対策——宮城県志津川地区

の事例分析」『土木学会論文集B2（海岸工学）』六九巻、二号、I一三六六―I一三七〇、二〇一三

エピローグ

（1）松下和夫『環境ガバナンス――市民・企業・自治体・政府の役割』環境学入門〈12〉岩波書店、二〇〇二

執筆者一覧〔執筆順〕

藤井　滋穂（ふじい・しげお）［刊行によせて］
京都大学大学院地球環境学学堂教授／学堂長。1980 年京都大学大学院工学研究科修士課程衛生工学専攻修了。博士（工学）。専門は流域の水・汚濁物の循環とその管理手法。

ジェーン・シンガー（Jane SINGER）［**第 1 章**］
京都大学大学院地球環境学堂准教授。コロンビア大学国際公共政策大学院修士課程修了。修士（国際関係学）。専門は開発学。研究テーマは開発と強制移住、持続可能な発展のための教育。

西前　出（さいぜん・いずる）［**第 2 章**］
京都大学大学院地球環境学堂准教授。1972 年生まれ。京都大学大学院農学研究科博士後期課程修了。博士（農学）。専門は地域計画学、空間統計学。

橋本　禅（はしもと・しずか）［**第 3 章**］
京都大学大学院地球環境学堂准教授。1975 年生まれ。東京大学大学院博士課程修了。博士（農学）。研究テーマは農村開発、農村計画

深町　加津枝（ふかまち・かつえ）［**第 4 章**］
京都大学大学院地球環境学堂准教授。1992 年東京大学大学院農学系研究科修士課程修了。博士（農学）。専門は景観生態学、環境デザイン学。

小林　広英（こばやし・ひろひで）［**第 5 章**］
京都大学大学院地球環境学堂准教授。1966 年生まれ。京都大学大学院工学研究科建築学専攻修士課程修了。博士（地球環境学）。専門は人間環境設計論。

森　晶寿（もり・あきひさ）［**第 6 章**］
京都大学大学院地球環境学堂准教授。1970 年生まれ。京都大学大学院経済学研究科博士課程修了。博士（経済学・地球環境学）。研究テーマは環境保全・気候変動緩和・適応の財政・資金メカニズム、東アジアの経済発展と環境政策。

田中　周平（たなか・しゅうへい）［**第 7 章**］
京都大学大学院地球環境学堂准教授。1975 年生まれ。立命館大学大学院博士課程修了。博士（工学）取得。専門は環境工学。

乾　徹（いぬい・とおる）［**第 8 章**］
京都大学大学院地球環境学堂准教授。1974 年生まれ。京都大学大学院工学研究科修士課程修了。博士（工学）。専門は地盤工学。特に地盤環境問題に関する研究に従事。

原田　英典（はらだ・ひでのり）［**第 9 章**］
京都大学大学院地球環境学堂助教。1979 年生まれ。京都大学大学院地球環境学舎博士課程修了。博士（地球環境学）。専門は開発途上国の水・衛生管理、物質循環解析。

大下　和徹（おおした・かずゆき）［**第 10 章**］
京都大学大学院地球環境学堂准教授。1974 年生まれ。京都大学大学院工学研究科環境工学専攻修士課程修了。博士（工学）。専門は廃棄物工学、資源循環科学。

土屋　徹（つちや・とおる）［**第 11 章**］
京都大学大学院地球環境学堂准教授。1971 年生まれ。東京工業大学大学院生命理工学研究科博士課程修了。博士（理学）。研究テーマは光合成生物の研究。

清中　茂樹（きよなか・しげき）［**第 12 章**］
京都大学大学院地球環境学堂准教授。1975 年生まれ。九州大学大学院工学府博士課程修了。博士（工学）。専門は生物有機化学、生化学、化学生物学（ケミカルバイオロジー）。

古川　愛子（ふるかわ・あいこ）［**第 13 章**］
京都大学大学院地球環境学堂准教授。京都大学大学院工学研究科土木システム工学専攻修士課程修了。博士（工学）。専門は地震工学、構造ヘルスモニタリング。

吉野　章（よしの・あきら）［**第 14 章**］
京都大学大学院地球環境学堂准教授。1964 年生まれ。京都大学大学院農学研究科博士課程中退。博士（農学）。農産物および環境マーケティング論。

落合　知帆（おちあい・ちほ）［**第 15 章**］
京都大学大学院地球環境学堂助教。1974 年生まれ。京都大学大学院地球環境学舎修士課程修了。博士（地球環境学）。研究テーマは、コミュニティ防災、地域住民を主体とした住宅再建。

ショウ　ラジブ（Shaw RAJIB）［**第 16 章**］
京都大学大学院地球環境学堂教授。1968 年生まれ。大阪市立大学大学院博士課程修了。博士（理学）。研究テーマは環境防災マネジメント論。

松浦　象平（まつうら・しょうへい）［**第 16 章**］
京都大学大学院地球環境学堂特定研究員。1972 年生まれ。ロンドン大学東洋アフリカ研究学院修士課程修了。修士（環境開発学）。専門は防災政策と国際協力学。

奥村　与志弘（おくむら・よしひろ）［**第 17 章**］
京都大学大学院地球環境学堂助教。1980 年生まれ。京都大学大学院情報学研究科博士後期課程修了。博士（情報学）。専門は津波防災、巨大災害。

山下　紀明（やました・のりあき）［**エピローグ**］
認定 NPO 法人環境エネルギー政策研究所主任研究員。立教大学経済学部兼任講師。1980 年生まれ。京都大学大学院地球環境学舎修士課程修了。研究テーマは環境政策、自治体のエネルギー戦略。

大野　智彦（おおの・ともひこ）［**エピローグ**］
阪南大学経済学部准教授。1980 年生まれ。京都大学大学院地球環境学舎博士課程修了。博士（地球環境学）。研究テーマは河川政策、環境政策、地域環境ガバナンスなど。

地球環境学
——複眼的な見方と対応力を学ぶ　〈京大人気講義シリーズ〉

平成26年2月28日　発　行

編　者　京都大学地球環境学堂

発行者　池　田　和　博

発行所　丸善出版株式会社
〒101-0051 東京都千代田区神田神保町二丁目17番
編集：電話(03)3512-3264／FAX(03)3512-3272
営業：電話(03)3512-3256／FAX(03)3512-3270
http://pub.maruzen.co.jp/

組版印刷・株式会社 日本制作センター／製本・株式会社 松岳社

ISBN 978-4-621-08807-4 C1336　Printed in Japan